ब्रह्मोस
की सफलता के मंत्र

ब्रह्मोस
की सफलता के मंत्र

ए. शिवताणु पिल्लै

प्राक्कथन

डॉ. ए.पी.जे. अब्दुल कलाम

प्र
प्रभात
प्रकाशन

प्रकाशक • **प्रभात प्रकाशन प्रा. लि.**
4/19 आसफ अली रोड,
नई दिल्ली–110002

संस्करण • 2025
मूल्य • चार सौ पचास रुपए
अनुवाद • नितिन माथुर
मुद्रक • प्रिंट मीडिया, नई दिल्ली

BRAHMOS KI SAFALTA KE MANTRA

by A. Sivathanu Pillai ₹ 450.00

(Hindi translation of 'SUCCESS MANTRA OF BRAHMOS')

Published by Prabhat Prakashan, 4/19 Asaf Ali Road, New Delhi-2
by arrangement with Pentagon Press

e-mail: prabhatbooks@gmail.com ISBN 978-93-5266-945-5

यह पुस्तक

भारत व रूसी संघ के बीच

चिरस्थायी मित्रता व टीम ब्रह्मोस को

समर्पित है।

प्राक्कथन

डॉ. ए.पी.जे. अब्दुल कलाम
पूर्व राष्ट्रपति भारत

10, राजाजी मार्ग
नई दिल्ली-110011

सत्यमेव जयते

अद्भुत संयुक्त प्रौद्योगिकी उपक्रम

संयुक्त उपक्रम ब्रह्मोस भारत व रूस के बीच उच्च प्रौद्योगिकी सहयोग में गहन मित्रता व विश्वास का प्रतीक है। इसने विकसित दुनिया को मात देनेवाली सुपरसोनिक क्रूज मिसाइल के निर्माण के उद्देश्य से दोनों राष्ट्रों के प्रतिभावान व्यक्तियों को साथ जोड़ा है, उनका 'पूल' बनाया है।

मेरी सदा से अभिलाषा रही है कि भारत इस उच्चतम प्रणाली को हासिल करनेवाला पहला देश बने। ब्रह्मोस से भारत ऐसा पहला देश बना, जिसे अपनी भारतीय सशस्त्र सेनाओं को सार्वभौमिक परिचालन क्षमता युक्त सुपरसोनिक क्रूज मिसाइल देने का गौरव प्राप्त हुआ और इससे हमारी 'छठा देश' होने की ग्रंथि (सिक्सथ नेशन सिंड्रोम) भी समाप्त हो गई। ब्रह्मोस जैसी गतिवान, सटीक व शक्तिशाली परिचालन प्रणाली विश्व में किसी के पास नहीं है। मुझे पता है कि ब्रह्मोस की शुरुआत दोनों देशों द्वारा मात्र 300 मिलियन डॉलर के निवेश से हुई और आज इस कंपनी का बिजनेस 6 बिलियन डॉलर से भी अधिक का हो गया है। मेरी अभिलाषा है कि ब्रह्मोस का व्यापार 10 बिलियन डॉलर के भी पार हो जाए और वह विश्व में ऐसी प्रतिष्ठा प्राप्त करे कि उसे महासागरों को जोड़ते हुए सीमाओं के पार नए रणनीतिक भागीदार प्राप्त हो सकें।

हमने ब्रह्मोस को यथार्थ रूप कैसे दिया? इसके पीछे एक लंबी कहानी है। इस नवीन संयुक्त उपक्रम का गठन कोई सरल कार्य नहीं था। इसके लिए मेरे मित्र और एन.पी.ओ. मशीनोस्त्रोयेनिया के तत्कालीन महानिदेशक डॉ. येफ्रीमोव विशेष सम्मान के पात्र हैं, जिन्होंने डी.आर.डी.ओ. की प्रयोगशालाओं का दौरा कर संयुक्त उपक्रम की संभावना की पुष्टि की। इस विशिष्ट संयुक्त उपक्रम में 50.5:49.5 की हिस्सेदारी से सारे अधिकार संयुक्त उपक्रम कंपनी के पास रहे, जिसके परिणामस्वरूप वह विचारों से लेकर बाजार की यात्रा तय कर सका। ब्रह्मोस साहस व नेतृत्व की बेजोड़ मिसाल है। इसके विभिन्न संस्करण, उत्पाद में निरंतर सुधार और हर स्तर पर उपयोगकर्ता के समन्वयन ने इस अस्त्र प्रणाली को प्रयोक्ता-अनुकूल बना दिया। भारतीय सशस्त्र बलों

के तीनों अंगों के इस उत्पाद को अपने प्रमुख हथियार के रूप में तैनात करने से ब्रह्मोस का उत्साहवर्धन हुआ। इस प्रकार ब्रह्मोस बेहतरीन नेतृत्व, डिजाइन प्रणाली, इंजीनियरिंग प्रणाली, समन्वय प्रणाली और प्रबंधन प्रणाली का प्रत्यक्ष उदाहरण है। इससे मिले परिणाम दरशाते हैं कि इस सफल मॉडल का उपयोग सभी सैन्य व नागरिक—क्षेत्रों में राष्ट्रीय मॉडल के रूप में होना चाहिए।

ब्रह्मोस एयरोस्पेस के संस्थापक सी.ई.ओ. व एम.डी. तथा डी.आर.डी.ओ. के अनुसंधान व विकास के मुख्य नियंत्रक रहे डॉ. ए. शिवताणु पिल्लै, एस.एल.वी.-3 के दिनों से आई.जी.एम.डी.पी. के दिनों तक तथा इसके बाद भी तीन दशकों तक मेरे सहकर्मी रहे हैं। उन्होंने इसरो के प्रक्षेपण यान कार्यक्रम के अलावा डी.आर.डी.ओ. के निर्देशित मिसाइल कार्यक्रम हेतु जटिल प्रक्षेपण तकनीक विकसित करने के लिए शैक्षणिक संस्थानों व उद्योगों का नेटवर्क तैयार कर प्रौद्योगिकी नियंत्रण व्यवस्था से जूझने में विशेष योगदान दिया। ब्रह्मोस को विचार के धरातल से बाजार तक पहुँचाने, भारत व रूस की बेहतरीन प्रतिभा तथा कई संस्थानों व उद्योगों को साथ जोड़कर इस विश्वस्तरीय उत्पाद के निर्माण में डॉ. पिल्लै का नेतृत्व प्रशंसनीय रहा। ब्रह्मोस के अधिष्ठापन से भारतीय सैन्य बल पूरी तरह संतुष्ट है।

ब्रह्मोस ने दुनिया के इतिहास में अपनी जगह बना ली है और डॉ. पिल्लै ब्रह्मोस के पर्यायवाची बन गए हैं। उन्होंने इस पुस्तक में ब्रह्मोस के निर्माण से जुड़े कई दिलचस्प अनुभव साझा किए हैं। मेरे विचार से इस प्रतिस्पर्धात्मक विश्व में सबसे आगे रहने की इच्छा रखनेवाले युवा वैज्ञानिकों, प्रौद्योगिकीविद्, टेक्नो प्रबंधकों, युवा वर्ग व अनुभवी व्यक्तियों के लिए इस पुस्तक में वर्णित अनुभव मूल्यवान साबित होंगे। मैं आशा करता हूँ कि पाठक ब्रह्मोस के संयुक्त उपक्रम के रोल मॉडल को अपनाकर उससे प्राप्त अनुभवों से कुछ सीख सकेंगे।

प्रस्तावना

यह पुस्तक ऐसा रचनात्मक कार्य है, जो नौका-भेदी मिसाइल के नए प्रतिरूप के परिनियोजन हेतु नए मिसाइल संकुल के निर्माण के लिए रूस-भारत की संयुक्त परियोजना (परियोजना ब्रह्मोस) में उच्च स्तरीय सैन्य-तकनीकी सहयोग, विकास व परिप्रेक्ष्य के इतिहास के प्रति समर्पित है।

इस पुस्तक का मूल्य इसी बात से आँका जा सकता है कि इसके लेखक प्रसिद्ध वैज्ञानिक डॉ. पिल्लै परियोजना ब्रह्मोस के अंतर्गत कार्यान्वयन हेतु गठित संयुक्त उपक्रम ब्रह्मोस परियोजना के प्रबंध संचालक व मुख्य कार्यपालन अधिकारी हैं। ये इसके प्रवर्तकों में से एक होने के साथ ही इस संस्थान के गठन में सीधे तौर पर सक्रिय भागीदारी निभानेवाले अच्छे सलाहकार हैं।

प्रक्षेपास्त्र कॉम्प्लेक्स का विकास उत्पाद की पूरी निर्माण प्रक्रिया से जुड़ा है, जिसमें उसके डिजाइन से परीक्षण तक एवं इसकी उत्पादन मॉडल इंजीनियरिंग को तैयार करना भी शामिल है।

इस पुस्तक में विकास के इन सभी चरणों को पूरी स्पष्टता व दिलचस्प तरीके से समझाया गया है। इसमें प्रक्षेपास्त्र कॉम्प्लेक्स के स्थल, जहाज व पनडुब्बी जैसे विभिन्न प्लेटफॉर्म से समुद्री व जमीनी लक्ष्यों पर किए गए प्रक्षेपण परीक्षण का विशेष रूप से वर्णन किया गया है। इन परीक्षणों ने संयुक्त रूप से विकसित इस मिसाइल तकनीक के उच्चतम प्रभावों व विश्वसनीयता को प्रमाणित किया। इस सार्वभौमिक मिसाइल में समुद्री व विभिन्न जमीनी लक्ष्यों पर प्रहार करने की क्षमता है तथा इसकी मारक क्षमता में वृद्धि करना भी संभव है।

इस पुस्तक में डॉ.ए.पी.जे. अब्दुल कलाम व गेर्बेर्ट येफ्रेमोव का विशेष तौर पर उल्लेख किया गया है, जो इस कार्य के निष्पादन काल में क्रमशः डी.आर.डी.ओ. के निदेशक व एन.पी.ओ. मशीनोस्त्रोयिनिया के महानिदेशक थे। इस मिसाइल कॉम्प्लेक्स के निर्माण हेतु संयुक्त रूसी-भारतीय संस्थान का गठन करना भी इन्हीं का विचार था और

इस संयुक्त परियोजना को संभव बनाने हेतु कार्य सौंपने व उन्हें सफलापूर्वक निष्पादित करने में भी इनका प्रमुख योगदान रहा।

यह बात ध्यान देने योग्य है कि लेखक ने इस पुस्तक में परियोजना के आगे बढ़ने के मार्ग व दिशा का वर्णन किया है, जिसमें इसकी निर्माण क्षमता बढ़ाने हेतु ढाँचागत विकास, मरम्मत व देखरेख व उन्नत विशेषताओंवाली प्रक्षेपास्त्र योजना को विकसित करना शामिल है।

मुझे लगता है कि यह पुस्तक न केवल पाठकों का ध्यान अपनी ओर खींचेगी अपितु सैन्य-प्रौद्योगिकी सहयोग के अंतर्गत कार्य करनेवाले रूसी व भारतीय विशेषज्ञों के लिए ही नहीं, अपितु अन्य देशों के विशेषज्ञों के लिए भी उपयोगी सिद्ध होगी।

मैं इस पुस्तक के लेखक व उनके नेतृत्व में कार्य कर रही टीम को इस संयुक्त परियोजना में नई सफलता व उपलब्धियाँ प्राप्त करने की शुभकामनाएँ देता हूँ, जो हम दोनों ही राष्ट्रों के लिए महत्त्वपूर्ण है।

—ए.जी. लेनोव

महानिदेशक

एन.पी.ओ. मशीनोस्त्रोयिनिया, मॉस्को

भूमिका

अरब सागर में नौसेना के युद्धपोत से ब्रह्मोस के उड़ान परीक्षण की असाधारण सफलता के बाद अगले दिन मैं भारत के पश्चिमी तट पर गोवा की लंबी यात्रा पर था। जहाज पर परीक्षण की सफलता का उत्सव मनाया जा रहा था। हमारे पास कितनी बेहतरीन प्रणाली है! बिल्कुल त्रुटिहीन, सटीक व सबसे अधिक तेज। मैं कप्तान के चैंबर में लौट गया, जो मुझे इस यात्रा के दौरान रहने के लिए दिया गया था और वहाँ बैठकर आगे किए जानेवाले कार्यों को लिखने लगा। तभी मुझे महसूस हुआ कि नए विचारों के लिए मुझे ताजा हवा की आवश्यकता है। मैं जहाज के ऊपर बने ब्रिज पर गया और फ्लीट कमांडर की सफेद कपड़े से ढकी ऊँची कुरसी पर बैठ गया। उस समय मैं ब्रिज पर निपट अकेला था, मैं चारों ओर प्रकृति की सुंदरता को निहारने लगा। संध्या की समुद्री हवा की ठंडक मुझे हौले से सहला रही थी। डूबते सूरज की छितराई हुई किरणों का अपरिवर्तित प्रकाश पूरे समुद्र पर फैला हुआ था, अस्त हो रहे सूरज की नारंगी किरणें बादलों के पार जा रही थीं। सागर का गहरा नीला, बल्कि कुछ हद तक काला जल जहाज के किनारों से अपनी संगीतमयी गति से टकरा रहा था, जिससे उसकी कुछ बूँदें डेक तक भी पहुँच रही थीं। खूबसूरत मछलियों का झुंड एक के बाद एक पानी से बाहर कूदता और फिर पानी में लौट जाता। रात बस होने को ही थी। मैंने ऊपर देखा। चाँद उग रहा था और आसमान में उसकी दूध जैसी चाँदनी बिखरती जा रही थी। थोड़े-बहुत तारे भी दिखने लगे थे। मैं जैसे किसी दूसरी ही दुनिया में पहुँच गया था। अरब सागर का यह कैसा मनमोहक रूप है!

अचानक मेरा दिमाग वहाँ के खूबसूरत नजारों से हट गया। जिन बीते पलों की बदौलत हमें इस मिसाइल परियोजना में यह शानदार सफलता मिली थी, वे मेरे दिमाग में फ्लैशबैक की तरह चलने लगे। इसकी शुरुआत तब हुई, जब मिसाइल ने कई मार्ग-बिंदुओं पर यात्रा करते हुए लक्षित काम में न आने लायक जहाज को सटीक निशाना बनाया और उसे अपनी तेज गति व बचे हुए ईंधन से जलाकर राख कर दिया। इस उड़ान

परीक्षण का परिणाम बिल्कुल पाठ्य–पुस्तिका जैसा था, जो मिशन के लिए निर्धारित सभी मापदंडों पर खरा उतरा और निशाने को उड़ा दिया। भारतीय नौसेना के लिए यह अभूतपूर्व अहसास था। भारतीय व रूसी वैज्ञानिकों के सामूहिक प्रयासों ने सशस्त्र सेनाओं की विभिन्न आवश्यकताओं की पूर्ति के लिए मिसाइल का सुदृढ डिजाइन तैयार किया। इस मिसाइल के शानदार प्रदर्शन और विश्वसनीयता ने दुनिया भर के मिसाइल वैज्ञानिकों को चकित कर दिया। इसकी प्रखर प्रदर्शन क्षमता दुनिया में बनी किसी भी अन्य क्रूज मिसाइल से बेहतर थी। मैं बहुत भावुक हो गया था। ब्रह्मोस ने एक बार फिर पूरी दुनिया के सामने अपनी श्रेष्ठता सिद्ध कर दी थी।

प्रत्येक सफल प्रक्षेपण के बाद उससे उत्पन्न प्रसन्नता मुझे घेर लेती है। क्रू द्वारा मनाया जा रहा उत्सव गूँज रहा था। लेकिन इस बार के उड़ान परीक्षण से मेरा मूड कुछ अलग ही हो गया था। इस परियोजना के शुरुआती दिनों को याद करते हुए मैं यह सोचकर चकित था कि आखिर किस कारण से यह संयुक्त उपक्रम सफल हुआ। इस विशाल परियोजना के स्थापन व जड़ पकड़ने से संयुक्त उपक्रम के गठन के बाद के वे शुरुआती दिन इस संयुक्त उपक्रम के सबसे उत्पादक दिन थे। हमारे द्वारा लगाए अनगिनत घंटों से इस संयुक्त उपक्रम को नया आयाम मिला।

सन् 1995 में जब संयुक्त उपक्रम बनाने का विचार परवान चढ़ा, तब मैं एकीकृत निर्देशित मिसाइल विकास कार्यक्रम (आई.जी.एम.डी.पी.) का प्रोग्राम निदेशक था, तब डॉ. कलाम ने सुझाव दिया कि मैं भारत सरकार से आज्ञा लेकर इस संयुक्त उपक्रम कंपनी का सीईओ व एमडी बन जाऊँ। मैं भारत में क्रूज मिसाइलों के प्रवेश का प्रबल समर्थक था और संयुक्त उपक्रम के गठन हेतु शुरू से ही काम कर रहा था, इसलिए इस संयुक्त उपक्रम के नेतृत्व के लिए मेरा चयन स्वाभाविक था।

मेरे बहुत से शुभचिंतक, जिनमें कई वरिष्ठ अफसर भी शामिल थे, मानते थे कि रूस के साथ हुआ यह संयुक्त उपक्रम सफल नहीं होगा, इसलिए वे मुझे इससे न जुड़ने की सलाह देने लगे। इस दृष्टिकोण का मुख्य कारण यह था कि कुछ ही समय पूर्व सोवियत संघ का विघटन हुआ था और रूस की आर्थिक स्थिति में सन् 1990 के बाद से ही गिरावट आती जा रही थी। इसके अलावा, इससे पहले बने संयुक्त उपक्रमों के अनुभव बहुत उत्सावर्धक नहीं रहे थे, खासतौर पर उच्च प्रौद्योगिकी क्षेत्र में, क्योंकि इनमें उत्पाद कार्यान्वयन में जोखिम बहुत अधिक रहता है। हालाँकि तकनीकी रूप से विकसित भारत की नींव रखनेवाले अपने समय के विशिष्ट महान् विचारकों, जिनमें डॉ. विक्रम साराभाई, प्रो. सतीश धवन व डॉ. अब्दुल कलाम जैसे नाम शामिल हैं, उनसे मिली शिक्षा पर मुझे पूरा भरोसा था, इसलिए मैं अपने फैसले पर अटल रहा। मैं अपने सामने आनेवाली किसी भी संभावित चुनौती का सामना करने के लिए पूरी तरह से तैयार था।

इन विचारक नेताओं ने ऐसी शानदार संस्कृति को मन में बैठाया था, जो अपेक्षित परिणाम देने में सक्षम थी। उनका किसी भी पद पर बैठे युवा इंजीनियरों व वैज्ञानिकों की छोटी सी सफलताओं पर उनकी सराहना करना व उनती त्रुटियाँ बताने का मधुर तरीका सबसे अलग था। मुझे पूरा विश्वास था कि दोनों देशों के महान् वैज्ञानिकों को एक साथ लाने, मित्रता व आपसी भरोसे की ताकत से ब्रह्मोस सफलता की अप्रतिम कहानी बन जाएगी।

मैंने संयुक्त उपक्रम ब्रह्मोस के सी.ई.ओ. व एम.डी. की जिम्मेदारी सँभाल ली। अब मुझे डी.आर.डी.ओ. के मिसाइल परियोजना के मुख्य नियंत्रक (अनुसंधान व विकास) के साथ ही ब्रह्मोस के सी.ई.ओ. व एम.डी. की जिम्मेदारी भी निभानी थी और मुझे इन दोनों कार्यों को ऐसे निष्पादित करना था कि इनमें कहीं भी हितों का संघर्ष न हो। आज जब मैं उन स्थितियों पर विचार करता हूँ तो मेरे रोंगटे खड़े हो जाते हैं और उन बेहद व्यस्त, लेकिन खुशनुमा दिनों को याद करके मैं प्रफुल्लित हो उठता हूँ।

आज भारत व रूस के बीच हुए इस ब्रह्मोस संयुक्त उपक्रम को दुनिया भर में अंतरराष्ट्रीय सैन्य सहयोग का सबसे सफल उदाहरण माना जाता है। दो देशों के बीच विभिन्न मिसाइल तकनीकों की विशेषज्ञता को साझा करने से यह मिसाइल अपनी श्रेणी में सबसे दमदार बन गई। वैज्ञानिकों ने इसके डिजाइन से उत्पाद चरण तक मिल-जुलकर काम किया। इसके डिजाइन, विकास, उत्पादन व विपणन से प्राप्त हुए अनुभव हमारे लिए बहुत अच्छे व विलक्षण रहे। आज जहाँ बहुत से देश अपने सैन्य बलों में तैनाती के लिए भारत से ब्रह्मोस मिसाइल प्रणाली बेचने का अनुरोध कर रहे हैं, वहीं कुछ शक्तिशाली देशों सहित कई अन्य देश चिंता में डूब गए हैं। ब्रह्मोस सुपरसोनिक क्रूज मिसाइल बहुत बड़ी तकनीकी उपलब्धि है, जिसका पूरा श्रेय संयुक्त उपक्रम के प्रगतिशील प्रारूप को जाता है।

पुराने समय में जाएँ, तो हम देखेंगे कि पिछले युग में भारत गणित, विज्ञान, प्रौद्योगिकी, चिकित्सा, खगोल विद्या व ब्रह्मांड विज्ञान में बहुत उन्नत था। उस समय बहुत सी खोज हुईं, जिनका दुर्भाग्यवश नकल या किसी दुरुपयोग के भय से सही तरह से प्रलेखन नहीं किया गया। पुराने समय में खोजी गई कई अद्‌भुत अभियांत्रिक सफलताएँ तकनीकी तौर पर आधुनिक मापदंडों से बहुत आगे थीं। तमिलनाडु राज्य के तिरुचिरापल्ली जिले में बने इस बाँध पर ध्यान दीजिए। इसे लगभग 2,000 वर्ष पहले करिकाल चोल ने बनवाया था। बैराज के रूप में बने इस बाँध को केवल चूने व पत्थर की मदद से बनाया गया है, दूर से देखने पर यह सर्प के रेंगने से बने निशान जैसा लगता है। ब्रिटिश लोगों द्वारा 18वीं सदी के अंत में पुनर्निर्माण किए जाने से पूर्व इसमें एक शताब्दी से भी अधिक समय तक पानी एकत्र रहता था। कर्नाटक व तमिलनाडु में कावेरी व इसकी अन्य सहायक नदियों पर कई बाँध बनने से अब यहाँ जल का प्रवाह धीमा हो गया है। लेकिन उन दिनों जब ये बाँध नहीं थे, तब यहाँ जल का प्रवाह बहुत तीव्र था।

इतने तेज प्रवाह को किस प्रकार मोड़ा गया या इस बाँध का निर्माण किस प्रकार किया गया होगा, विशेषज्ञ आज भी इसे समझ नहीं सके हैं। इसके निर्माण में बहुत अधिक मनुष्यों व पशुओं का उपयोग हुआ होगा, लेकिन हमारे पास ऐसा कोई दस्तावेज मौजूद नहीं है, जो यह बता सके कि इस अद्‌भुत कार्य को सिविल इंजीनियरिंग की किस विधि द्वारा अंजाम दिया गया। इसी तरह कुतुब मीनार का लौह स्तंभ दो शताब्दियों (912 ई.पू.) से वैसा ही खड़ा है। इसके बारे में भी कोई दस्तावेज नहीं मिलते कि इस स्तंभ को किस धातु या विधि से बनाया गया था।

प्राचीन भारत में चिकित्सा विज्ञान भी अपने चरम पर था। माना जाता है, आचार्य सुश्रुत उस समय भी प्लास्टिक सर्जरी किया करते थे। उस समय सिद्ध कैंसर जैसी घातक बीमारियों को ठीक करने में पारे व आर्सेनिक जैसे विषैले रसायनों का उपयोग करने में निपुण थे। वे पाउडर के रूप में इन रसायनों की बहुत नैनो (कम) मात्रा (पाशपम) का उपयोग करते थे, जो इस बात का प्रमाण है कि नैनो टेक्नोलॉजी भारत के लिए कोई नई बात नहीं है। ऐसी दवाओं को तैयार करते समय विषैले स्राव को नियंत्रित करना आवश्यक रहा होगा, क्योंकि यदि वह श्वास के साथ भीतर चली जाती, तो इसका परिणाम मृत्यु के रूप में सामने आता। इन स्थितियों से बचने के लिए वे अपने योग कौशल का उपयोग कर अपनी श्वास को नियंत्रित कर लेते थे।

उनके द्वारा लिखे गए कुछ रासायनिक मिश्रणों का उल्लेख उनके बहुत कम मात्रा में उपलब्ध साहित्य में मिलता है, उन्हें आज की वर्तमान आधुनिक सुविधाओं के बावजूद बनाना संभव नहीं है। उनके कुछ अति गंभीर बीमारियों को ठीक करने के लिखित प्रमाण मौजूद हैं, लेकिन हमारे पास उससे जुड़ा कोई मैनुअल मौजूद नहीं है। मैंने ऐसे बहुत से चिकित्सीय चमत्कार देखे हैं। जब मैं दस वर्ष का बालक था, तब मैंने आयुर्वेद व योग में सिद्ध अपने पिताश्री अपथु कथा पिल्लै (अर्थात् दूसरों को जोखिमों से बचानेवाला) को कैंसर जैसी कुछ भयानक बीमारियों का उपचार करते देखा था। लेकिन अपने जैसे अन्य लोगों की तरह ही उन्होंने भी इससे जुड़ी कोई लिखित सामग्री नहीं छोड़ी।

उस समय बहुत से प्रौद्योगिक आश्चर्य मौजूद थे, लेकिन उनके निर्माण की प्रक्रिया से जुड़ा कोई भी दस्तावेज आज मौजूद नहीं है। निस्संदेह, एक समय भारत अपने विशद ज्ञान के बल पर विश्व में सबसे आगे था। लेकिन बीते लगभग एक हजार वर्षों में आनेवाले विदेशी आक्रांताओं के कारण हम दासता के अँधेरे में फँस गए। आज हम लंबे समय तक दासता का श्राप भोग चुके हैं। हमें बहुत से नेताओं व आम लोगों के त्याग से यह आजादी प्राप्त हुई है। लेकिन हमने इस आजादी को कैसे पाया या इसका जश्न मनाने के लिए या उन महान् लोगों को सम्मान देने के लिए हमारे देश में कोई युद्ध स्मारक मौजूद नहीं है। आज हमारे देश के युवाओं में भारत को खुशहाल देखने का

उत्साह भरा है। लेकिन उन्हें न तो स्वतंत्रता संग्राम के बारे में कोई जानकारी है और न ही उन्हें बीते समय में अपने देश की महानता के बारे में कुछ पता है। उनमें देशभक्ति की भावना विकसित करने में ऐसे दस्तावेज बहुत सहायक सिद्ध होते।

वर्तमान की बात करें तो ब्रह्मोस कोई छोटी उपलब्धि नहीं है। हर शुरुआत छोटी ही होती है। जहाँ केवल जहाज-भेदी मिसाइल विकसित करने की गुंजाइश थी, वहाँ हमने सार्वदेशिक मिसाइल निर्मित कर दी। अब यह बहु-मंचीय, बहु-लक्ष्य, बहु-भूमिका व बहु-प्रक्षेपण क्षमतावाली मिसाइल है। इस मिसाइल ने एक दशक से भी कम के रिकॉर्ड समय में ड्राइंग बोर्ड से अग्रिम मोरचों पर तैनाती का अपना सफर तय किया। ब्रह्मोस ने अपनी ताकत व विशिष्टता से विश्व-इतिहास में अपना स्थान बना लिया।

आज मैं यहाँ था, अरब सागर में नौसेना के युद्धपोत पर उत्सव के बीच भारत के पश्चिमी तट पर वापसी की जलयात्रा में बीते समय को याद कर रहा था। तभी कप्तान ने मुझे सूचित किया कि जहाज तट पर पहुँचनेवाला है। जब मैं नौसेना के बेस पर वापस लौटा, तभी मेरे दिमाग में ब्रह्मोस से मिले अनुभवों पर एक पुस्तक लिखने का विचार आया। यदि इसे ठीक प्रकार से नहीं लिखा गया तो भविष्य में हमारे प्रयास व तकनीक भुला दिए जाएँगे और आनेवाले युवा उसी खोज में लगे रहेंगे, जो हम पहले ही कर चुके हैं। आज मैंने ब्रह्मोस पर ऐसी पुस्तक तैयार कर दी है, जैसी अभी तक नहीं हुई।

हमारी इस यात्रा का मार्ग कहीं भी सुगम नहीं रहा। हमारी बहुत सी पद्धतियाँ साहसिक थीं, जिनका इससे पहले कभी उपयोग नहीं हुआ था। मैं आशा करता हूँ कि यह पुस्तक हमारे भावी नेताओं के लिए मददगार सिद्ध होगी, जिससे उन्हें एक छलाँग में सभी बाधाओं को पार करने व हिम्मत बाँधे रखने की प्रेरणा मिले।

इस पुस्तक की रचना का उद्‌देश्य सभी तक पहुँचना है, इसलिए मैंने इसमें गहन तकनीकी जटिलताओं का वर्णन नहीं किया है। निस्संदेह हमारे सशस्त्र बलों की प्रमुख हथियार प्रणाली होने के कारण इसके डिजाइन व कुछ कार्यों से जुड़े जटिल पहलुओं को समझाना भी उतना ही आवश्यक था।

अपने अनुभव बयान करने के लिए मैंने इसमें जहाज की समुद्र-यात्रा को रूपक के तौर पर चुना है। शायद ऐसा इसलिए हुआ, क्योंकि इस पुस्तक की रचना का विचार एक जहाज की यात्रा के दौरान ही आया था।

आपके साथ अपनी जलयात्रा शुरू करने के पूर्व मैं कहना चाहूँगा कि दस्तावेजों से ज्ञान संरक्षित होता है और यह ज्ञान हमारी अगली पीढ़ी की सहायता करता है।

—डॉ. ए. शिवताणु पिल्लै

आभार

इस संयुक्त उपक्रम की सफलता में भारत सरकार व रूसी संघ के उच्च्व नेतृत्व के विशिष्ट समर्थन व निरंतर प्रोत्साहन ने प्रमुख भूमिका निभाई। टीम ब्रह्मोस के लिए दोनों देशों के राष्ट्रपतियों, प्रधानमंत्रियों व रक्षा मंत्रियों की यात्रा प्रेरणा का महान् स्रोत रही। ब्रह्मोस इन नेताओं का सदा ऋणी रहेगा।

हमारे पथप्रदर्शक व स्वप्नद्रष्टा डॉ. ए.पी.जे. अब्दुल कलाम और डॉ. एच.ए. येफ्रेमोव से सतत चर्चा, निर्देशन व परामर्श ने प्रोग्राम की गति को तेज रखने में सहायता दी। राष्ट्रीय सुरक्षा सलाहकार, भारत के रक्षा मंत्री के वैज्ञानिक सलाहकारों, डी.आर. डी.ओ. प्रयोगशाला के निदेशक, सरकार के सचिव, भारतीय उद्योगों के कप्तानों, भारत व रूसी दूतावास के राजदूत व सैन्य तकनीकी सहयोग के लिए रूसी संघ सेवा के अधिकारी निरंतर प्रोत्साहन का स्रोत बने रहे। भारतीय सैन्य बलों के तीनों अंगों के प्रमुखों के अथक सहयोग ने हमें प्रदर्शन का उच्च्व स्तर प्राप्त करते हुए इसे लगातार विकसित करने में मदद दी। डॉ. ए.जी. लेनोव, डॉ. ए.ए. दर्गाचोफ, श्री ए.एन. सेमोफ, डॉ. ए.वी. ख्रोमोच्किन, श्री ए.एन. स्त्राखोव, श्री ए.बी. माक्सिचोफ, श्री वी.एम. किस्लेव, श्री वी.ए. मेरकुलोव व एन.पी.ओ.एम. के कई अन्य वैज्ञानिकों व साझेदार रहे रूसी उद्योगों ने इस प्रोग्राम की हर तरह से सहायता की।

टीम ब्रह्मोस में प्रसिद्ध वैज्ञानिक, इंजीनियर, सशस्त्र बलों के सेवानिवृत्त अधिकारी व अफसर पर्यवेक्षक व डी.आर.डी.ओ., एन.पी.ओ.एम. व ब्रह्मोस के तकनीशियन व स्टाफ शामिल हैं। इन सभी की निष्ठा व कड़ी मेहनत ने इस संयुक्त उपक्रम को सफल बनाने में योगदान दिया है। ब्रह्मोस के प्रक्षेप–पथ में विकास के प्रत्येक चरण पर इनके द्वारा साझा किए गए अनुभवों से ही यह परियोजना अंतरराष्ट्रीय सहभागिता का शानदार उदाहरण बन सकी।

इस पुस्तक को लिखते समय मेरे बहुत से सहयोगियों ने मुझे अपने अनुभव बताए। इस पुस्तक में उद्योग समागम, भागीदारी प्रोग्राम और जमीन व जहाज से इसके उड़ान

परीक्षण के अतिरिक्त अधिकारियों व सेना के लोगों से जुड़ी बातें भी शामिल हैं। मैं अपने उन सहयोगियों व सहकर्मियों का आभारी हूँ, जिन्होंने इस पुस्तक में उनके विचारों को समाहित करने का योगदान दिया।

मैं विशेष रूप से श्री बी. कमलनाथ का धन्यवाद करता हूँ, जिन्होंने इस पुस्तक की रचना में अपने नवीन विचारों द्वारा सहायता दी है। खाड़ी युद्ध से जुड़ा उनका विश्लेषण विशेष रूप से उल्लेखनीय है। मैं श्री के. हरिहरन का भी शुक्रगुजार हूँ, जिन्होंने इस पुस्तक के लेखों में निरंतर सुधार करने का श्रमसाध्य कार्य किया। इन दोनों सहकर्मियों ने मेरा इस कार्य में दिन-रात साथ दिया।

और अंत में मैं अपने सहकर्मी सर्वश्री प्रवीन पाठक, रोहन मिश्रा और रूपेश वर्मा का शुक्रगुजार हूँ, साथ ही मैं श्री राजन आर्या का भी उनकी सहायता के लिए धन्यवाद करता हूँ।

—डॉ. ए. शिवताणु पिल्लै

अनुक्रम

भाग-5
अशांत जल में साहस

भाग-6
सभी डेक पर पहुँचें

भाग-7
क्षितिज के पार—भविष्य

भाग-8
प्रकाश स्तंभ

भाग-9
पथप्रदर्शक

भाग-10
मंजिल पर पहुँचना

भाग-1

जलयात्रा का आरंभ

'' जमीन पर सुरक्षित रहने के लिए, हमें सागर में सर्वश्रेष्ठ होना होगा।''

—पंडित जवाहरलाल नेहरू
भारत के प्रथम प्रधानमंत्री

इस भाग में मैं उन दो महत्त्वपूर्ण घटनाओं का वर्णन करूँगा, जिन्होंने भारतीय नौसेना की दिशा ही बदल दी—जहाँ एक घटना आनंददायक है, वहीं दूसरी घटना घातक जोखिम से परिपूर्ण है। इन घटनाओं ने ही भारतीय नौसेना को सर्वोत्तम शस्त्र प्रणाली की खोज में अग्रसर किया। लेकिन उन्हें ऐसी शस्त्र प्रणाली कहीं से नहीं मिली। यह बात स्पष्ट हो गई कि ऐसी हथियार प्रणाली प्राप्त करने के लिए दुष्कर यात्रा पर जाना ही होगा। यह यात्रा केवल भारतीय नौसेना की ही नहीं, बल्कि पूरे राष्ट्र की थी।

1

खुले समुद्र में युद्ध

4 दिसंबर, 1971 की रात

कराची का व्यस्त बंदरगाह अँधेरे में डूबा हुआ था। पाकिस्तानी नौसेना का मुख्यालय कराची औपनिवेशिक काल से ही महत्त्वपूर्ण समुद्री अड्डा रहा है। यहाँ व्यापारिक जहाजों का आवामगन प्रतिबंधित है और इस क्षेत्र के अधिकांश हिस्से पर युद्ध-काल की कालिमा छाई है—पाकिस्तान ने भारत के साथ युद्ध छेड़ दिया है।

पिछली शाम को पाकिस्तान ने भारतीय वायु सेना (आई.ए.एफ.) को निष्प्रभावी करने के लिए उस पर हमला किया था, जो असफल सिद्ध हुआ। इस कारण पाकिस्तान को उम्मीद थी कि भारत जवाबी काररवाई में पूरे पाकिस्तान में कहीं भी हमला कर सकता है।

आधी रात के करीब इस क्षेत्र की निगरानी कर रहे पाकिस्तान के विध्वंसक पोत पी.एन.एस. खैबर को आकाश से उनकी ओर आती एक रोशनी दिखाई दी। चूँकि उन्हें हवाई हमले की उम्मीद थी, इसलिए उस तेज रोशनी को हमलावर विमान मानकर पाकिस्तानी नाविकों ने अपने पोत की विमान भेदी बंदूकें निकालीं और उस रोशनी की ओर निशाना साध लिया। लेकिन वह दृढ़प्रतिज्ञ रहस्यमय रोशनी लगातार पास आती गई और बम गिराने की जगह वह उस पोत से टकराई और फट गई। उस सच्चाई को जानकर उनके ठंडे पसीने छूट गए—वह रोशनी कोई हवाई जहाज न होकर एक मिसाइल थी। भारतीय महाद्वीप से आक्रोश में छोड़ी गई वह पहली मिसाइल थी। इससे पहले कि पाकिस्तानी अपने आश्चर्य व भय से उबर पाते, भारत के तीन युद्धपोतों द्वारा दागी गई मिसाइलों ने कई अन्य पाकिस्तानी जहाजों पर प्रहार किया और बंदरगाह पर हुए निर्माणों को ध्वस्त करते हुए दीपावली (भारत का रोशनी से भरपूर त्योहार) के उत्सव जैसा माहौल बना दिया। इन युद्धपोतों का आकार मछली पकड़नेवाले जहाजी जलपोत से अधिक बड़ा नहीं था, इन्हें तकनीकी तौर पर 'मिसाइल नौका' कहा जाता है। भारतीय नौसेना बहुत कठिनाई से इन छोटे पोतों को दुश्मन की जमीन के निकट लाई और वहाँ

से सोवियत एस.एस.एन.-2बी सिटेक्स मिसाइलों द्वारा जोरदार हमला कर दिया। इसके बाद जो भी हुआ, वह इतिहास बन गया।

सुपरपॉवर का खतरा

इस युद्ध में भारतीय नौसेना ने एक सुपरपॉवर से गंभीर खतरे का सामना किया। भारतीय नौसेना को पश्चिमी व पूर्वी पाकिस्तान में जहाजी गतिविधियों को बलपूर्वक रोकने का कार्य सौंपा गया। कराची पर हुआ हमला इसी काररवाई का हिस्सा था। बंगाल की खाड़ी में बाधा पहुँचाने के कार्य को विमानवाहक आई.एन.एस. विक्रांत की सहायता से अंजाम दिया गया। भारत को भयभीत करने व पाकिस्तान के समर्थन के प्रयोजन से अमेरिकी नौसेना के सातवें बेड़े ने एक कार्यदल को बांग्लादेश की ओर रवाना किया। इसका नेतृत्व परमाणु-शक्ति संपन्न विमानभेदी वाहक यू.एस.एस. एंटरप्राइस कर रहा था, जो उस समय दुनिया का सबसे बड़ा विमानवाहक पोत था।

इस कार्यदल में एक अन्य छोटा वाहक भी था, जिसमें 25 हमलावर हेलिकॉप्टर व सैन्य दल शामिल थे। इस पोत के साथ मिसाइलों से लैस तीन युद्धपोत, नाभिकीय हमले में सक्षम एक पनडुब्बी व चार अन्य पोत भी थे। इनका उद्देश्य बंगाल की खाड़ी में आई.एन.एस. विक्रांत द्वारा लगाई बाधा को हटाना था। आई.एन.एस. विक्रांत के कार्यदल का इस अमेरिकी शत्रु से कोई मुकाबला नहीं था और यह उनके लिए एक भयंकर खतरा था।

लेकिन इस बहुप्रचारित व प्रतीक्षित कार्यदल ने कोई कदम नहीं उठाया। बाद में पता चला कि अमेरिका के वापस लौटने का कारण भारत के समर्थन में हिंद महासागर में मौजूद सोवियत परमाणु पनडुब्बियों की ताकतवर उपस्थिति रही। इस तरह यह भयंकर खतरा टल गया, इसके लिए भारत व रूसी संघ के बीच भाईचारे को सलाम है।

जीत व जोखिम की ये दोनों महत्त्वपूर्ण घटनाएँ सन् 1971 के भारत-पाक युद्ध के दौरान घटीं। इसके बाद भारतीय नौसेना ने ऐसी विशिष्ट शस्त्र प्रणाली के बारे में विचार करना शुरू किया, जो किसी भी खतरे का लंबी दूरी से भी सामना करने में सक्षम हो। लेकिन उनकी यह खोज कई वर्षों तक जारी रही।

34 वर्ष बाद—15 अप्रैल, 2005

अरब सागर में मुंबई के निकट भारतीय नौसेना का एक अग्रणी युद्धपोत आई.एन.एस. राजपूत गश्त लगा रहा था। उस सुबह मौसम बहुत खुशनुमा व खूबसूरत था। अचानक 0745 घंटे पर रडार ऑपरेटर चिल्लाया—दुश्मन का जहाज! रडार ऑपरेटर ने मुंबई की ओर बढ़े चले आ रहे उस दुश्मन के जहाज की गति व दूरी बताई। आई.एन.एस.

राजपूत के कप्तान को यह सूचना दी गई। उन्होंने सभी आवश्यक निर्देश दिए। खतरे की घंटी लगातार बजने लगी और स्पीकर चीख-चीखकर नाविकों को अपने नियत स्टेशन पर एकत्र होने के आदेश देने लगा। कुछ मिनटों में ही जहाज अपने सभी हथियारों को दागने की तैयारी के साथ युद्धकालीन स्थिति जैसा चौकस हो गया। हर व्यक्ति के हृदय की धड़कन बढ़ गई, क्योंकि यह युद्ध के शुरुआत की भूमिका हो सकती थी। भारतीय नौसेना के वे जवान अपनी विशिष्ट ट्रेनिंग के कारण ही स्वयं पर काबू रख पा रहे थे। दुश्मन के वापस लौटने की प्रतीक्षा करने के वे क्षण बहुत बेसब्री भरे थे। लेकिन दुश्मन पलटा नहीं, बल्कि और आगे बढ़ आया।

'फायर!' कप्तान ने आदेश दिया और पल भर में ही आई.एन.एस. राजपूत के डेक से एक मिसाइल दाग दी गई। मिसाइल के छूटने से शांत सागर में जोरदार धमाका हुआ और मिसाइल आवाज से तीन गुना तीव्र गति से अपने लक्ष्य की ओर चल पड़ी। हॉलीवुड की फिल्मों की तरह ही मिसाइल लक्षित जहाज पर बिजली की तरह गिरी और वह दो टुकड़े होकर पल भर में पानी में डूब गया। इस कार्य ने युद्ध के मंच पर एक नए युग की शुरुआत कर दी।

दुनिया की सबसे बेहतरीन सुपरसोनिक क्रूज मिसाइल ब्रह्मोस ने अपनी पहली परीक्षा पार कर ली। जी हाँ, मैंने अभी ऊपर जो किस्सा बताया, वह ब्रह्मोस मिसाइल की कॉम्बेट फायरिंग ड्रिल थी और डूबनेवाला जहाज था—भारतीय नौसेना का काम में न आने लायक पोत आई.एन.एस. सिंधुदुर्ग। इस पूरे परीक्षण को भारतीय नौसेना के उच्च पदाधिकारी ने भी देखा, जिनमें तत्कालीन नौसेना प्रमुख एडमिरल अरुण प्रकाश भी शामिल थे।

युद्ध के समय दुश्मन ब्रह्मोस को मार गिराने की कल्पना भी नहीं कर सकता। इससे बढ़कर इसके सुपरसोनिक व गोपनीय होने से उनको मिसाइल की धमक भी सुनाई नहीं देगी। लक्ष्य की ओर जाते समय इसकी ध्वनि न्यूनतम होती है और जब यह मिसाइल दुश्मन तक पहुँचती है, तब वह इसे सुनने में सक्षम नहीं होता, क्योंकि तब तक वह समाप्त हो गया होता है।

उम्मीद के अनुसार, जब इस कॉम्बेट फायर ड्रिल से मिले परिणामों को मीडिया को बताया गया तो हमारे दुश्मनों की घिग्घी बँध गई। अब अगर युद्ध हुआ तो उनके युद्धपोतों का भी वही हश्र होगा, जो आई.एन.एस. सिंधुदुर्ग का हुआ है।

आज सुपरसोनिक क्रूज मिसाइल ब्रह्मोस की भारत की सशस्त्र सेना में उत्तरोत्तर तैनाती जारी है, साथ ही इसकी क्षमता में लगातार बढ़ोतरी की जा रही है। सबसे पहले यह मिसाइल प्रणाली भारतीय नौसेना को सौंपी गई, उसके बाद भारतीय थल सेना को और अंत में इसे भारतीय वायु सेना को दिया गया। यह मिसाइल भारतीय सशस्त्र बलों

की शस्त्र प्रणाली के लिए अग्रणी गुणात्मक शक्ति बन गई है।

सन् 1971 के विपरीत आज भारतीय नौसेना दुश्मन के इलाके के निकट जाए बिना इस मिसाइल को दाग सकती है और इससे इसकी मारक क्षमता बिल्कुल भी प्रभावित नहीं होती। इसके साथ ही, अब भारतीय नौसेना को किसी भी बड़े खतरे का सामना करने के लिए किसी बाहरी ताकत की आवश्यकता नहीं होगी। 12 जून, 2001 को हुए इसके पहले उड़ान परीक्षण के बाद से ही ब्रह्मोस के समान या इसे बेअसर करनेवाली कोई अन्य शस्त्र प्रणाली दूर-दूर तक मौजूद नहीं है, जबकि इसके 12 जून, 2001 को हुए पहले परीक्षण को एक दशक बीत गया है। इसका यह अर्थ बिल्कुल नहीं है कि हम आत्मसंतुष्ट हो जाएँ—तकनीक को हमेशा आगे बढ़ते रहना चाहिए। इसका अगला चरण हाइपरसोनिक गति है और फिर इससे और आगे ले जाना होगा। युद्धकाल में दुश्मन से एक कदम आगे रहने के लिए नई प्रणालियों के बारे में विचार करना व इन्हें विकसित करते रहना आवश्यक है।

□

भाग–2

पाल उठाओ

जिन दूरदर्शी राजकुमारों* को वर्तमान के साथ भविष्य की समस्याओं से भी जूझना है, उन्हें इसके लिए हर शक्ति को तैयार रखना होगा, क्योंकि तैयार रहें तो उनका उपचार सरल होगा; लेकिन यदि आप उनके सामने आने की प्रतीक्षा करेंगे तो दवा निष्प्रभावी रहेगी, क्योंकि तब तक घाव लाइलाज हो गया होगा।

—निकोलो मैक्यावली

* राजकुमार = राष्ट्र

सवाल उठता है कि अन्य राष्ट्रों द्वारा शांति का दूत माने जानेवाले देश भारत ने नाभिकीय शस्त्र व उन्हें दागने की प्रणाली (मिसाइल) विकसित करना क्यों शुरू किया? अगले चरण में बताएँगे कि इन्हें कैसे विकसित किया गया और कैसे इन्होंने ब्रह्मोस की नींव रखी।

2

शांति दूत भारत का शस्त्र : परमाणु शक्ति

पाठक यह अवश्य जानना चाहेंगे कि जहाँ एक ओर भारत निशस्त्रीकरण की बात करता है, वहीं दूसरी ओर वह ऐसी खतरनाक नाभिकीय मिसाइलों और नाभिकीय युद्धपोतों का निर्माण क्यों कर रहा है। तो उन्हें यह भी समझना चाहिए कि क्यों परमाणु शक्तिसंपन्न देश पर्याप्त रूप से जिम्मेदार व परिपक्व देश साबित होगा।

भारत की चिंता

किसी देश को किस तरह के खतरे हो सकते हैं ? इन खतरों की आर्थिक, सैन्य, अस्तित्व संबंधों में से कोई एक या एक से अधिक किस्म भी हो सकती है। सैन्य खतरा प्रायः राष्ट्र की कमजोर सैन्य शक्ति के कारण होता है। यदि सेना कमजोर है तो राष्ट्र समझौते की चादर बिछाए हानिकर शर्तों से जूझता रहता है। जैसा कि रणनीतिकार कार्ल वॉन क्लॉजविट्ज कहते हैं—'नीतियों (राजनीति) को जारी रखने का युद्ध भी एक माध्यम है।' इसका अर्थ है कि युद्ध केवल नीतियों का क्रियान्वयन नहीं है बल्कि सत्य यह है कि यह राजनीतिक औजार भी है, जो राजनीतिक क्रिया जारी रखने का एक अन्य (सैन्य) तरीका है। प्रथम विश्वयुद्ध के बाद जर्मनी को मित्र देशों द्वारा लागू की गई वर्साय संधि के तहत अपना बहुत सा इलाका सौंपने के अतिरिक्त भारी मात्रा में जुरमाना भी देना पड़ा।

प्रायः हर युद्ध के उत्प्रेरक आर्थिक कारण ही होते हैं और जब परिस्थितियाँ युद्ध आरंभ करनेवाले के अनुकूल हो जाती हैं, युद्ध समाप्त हो जाता है। सैन्य खतरों के पीछे जातीय व धार्मिक घृणा भी कारण बनते हैं।

यदि घृणा ही उत्प्रेरक हो तो राष्ट्र की सेना को समाप्त करने के बाद दुश्मन वहाँ के लोगों का अस्तित्व मिटाने या उस राष्ट्र पर कब्जा करने का प्रयास करता है। यहाँ वह सैन्य खतरा रूप बदलकर राष्ट्र के अस्तित्व के लिए खतरा बन जाता है। उदाहरण के लिए, इजराइल अपने आसपास के देशों से अस्तित्व संबंधी खतरे का सामना कर

रहा है। चूँकि इजराइल की सेना मजबूत है और उसे अन्य शक्तिशाली देशों का समर्थन प्राप्त है, इसलिए वह इन खतरों की धार कमजोर करने में सक्षम है।

इस दृष्टिकोण से देखें तो भारत के सामने कौन सा खतरा है?

फिलहाल भारत को किसी तरह का सीधा खतरा नहीं है, लेकिन कुछ चिंताएँ ऐसी हैं, जो खतरे का रूप ले सकती हैं। यदि हम किसी भी खतरे का सामना करने के लिए तैयार हों, तो शांति का काल लंबा हो जाता है और ये चिंताएँ केवल सोच ही बनी रहती हैं। लेकिन ये चिंताएँ हैं क्या? ये दो हैं—पहले की जड़ें बिल्कुल हमारे पड़ोस में हैं और दूसरा भी हमसे अधिक दूर नहीं है। इनमें प्रमुख हैं सैन्य साहस व क्षेत्रीय दावेदारी, जिन पर इन दोनों पड़ोसियों से भारत की जंग भी हो चुकी है। यदि आसपास नजर डालें तो हर जगह शस्त्रों की प्रचुरता व आयुध उपकरणों का बड़े पैमाने पर आधुनिकीकरण होता दिखाई देता है। हथियारों की यह प्रचुरता ही भविष्य में भारत के लिए खतरा बन सकती है। जैसा निकोलो मैक्यावली ने कहा है, 'सुरक्षित भविष्य के लिए खतरों की सही समय पर पहचान करना आवश्यक होता है।' किसी भी राष्ट्र की सुरक्षा के लिए इन खतरों को पहचानना व इनसे निपटने के लिए तैयार रहने से संबंधित विस्तृत विश्लेषण का होना अति आवश्यक है।

पड़ोस में खतरे

चीन का भूभागीय दावा

भारत-चीन के संबंधों में कड़वाहट का मूल कारण तिब्बत के प्रति पहले ब्रिटिश राज व वर्तमान में स्वतंत्र भारत का दृष्टिकोण तथा चीनी दृष्टिकोण का अंतर्विरोध है। ब्रिटिश शासन में तिब्बत व भारत के बीच की सीमा चिह्नित की गई थी, जिसकी सुरक्षा सीमा समझौते के तहत होती थी। इस समझौते के अनुसार तिब्बत एक स्वतंत्र राष्ट्र है, जिसे मध्यवर्ती राष्ट्र की संज्ञा दी गई। लेकिन साम्यवादी चीन का कहना है कि तिब्बत चीनी भूभाग का हिस्सा है। चीन ने चिह्नित सीमा को कभी नहीं माना और वह तिब्बत को अपनी सीमा के भीतर ही मानता है।

सन् 1950 में चीन ने तिब्बत पर जबरन कब्जा कर लिया। चीन ने बड़े भारतीय भूभाग का उल्लंघन करते हुए उसे अक्साइ चिन का नाम दिया। इन सब असहजताओं के बीच सन् 1950 में चीनी नेताओं ने भारत को मैत्रीपूर्ण रिश्ते बने रहने के प्रति आश्वस्त किया। लेकिन इससे भी चीनी सेना के भारत में अतिक्रमण पर लगाम नहीं लगी और सन् 1962 में सीमा पर हुई छोटी सी लड़ाई में उन्होंने भारत की कई चौकियों पर कब्जा

कर लिया। वर्तमान समय में चीन केवल अक्साइ चिन पर ही दावा नहीं जता रहा, बल्कि भारत के अरुणाचल प्रदेश को भी अपना हिस्सा बता रहा है।

यह सत्य है कि भारत व चीन के बीच बहुत अधिक व्यापारिक गतिविधियाँ जारी हैं और दोनों देशों ने विश्वास-निर्माण के मापदंड भी अपना लिए हैं। लेकिन वहीं सुरक्षा सरोकार अभी भी असलियत बयान नहीं करते हैं।

चीन की सैन्य शक्ति आकार में भारत से तीन गुना अधिक है, जिनमें युद्धपोत, पनडुब्बी, लड़ाकू जहाज, टैंक व सैनिक शामिल हैं। चीन के पास नाभिकीय हथियार भी बड़ी संख्या में हैं, जिनमें वह रूस व अमेरिका के बाद तीसरे स्थान पर है। केवल नाभिकीय हथियार ही नहीं, चीन के पास नाभिकीय क्षमता संपन्न बैलेस्टिक व क्रूज मिसाइलों का जखीरा भी मौजूद है। साथ ही इस राष्ट्र के पास पनडुब्बी से प्रक्षेपित होनेवाली बैलेस्टिक मिसाइल (एस.एल.बी.एम.) क्षमता भी है। चीनी मिसाइलों में मल्टिपल इंडिपेंडेंट री-एंट्री व्हीकल (एम.आइ.आर.वी.) है, जिसका अर्थ है कि जब मिसाइल का स्फोटक शीर्ष (वॉरहैड) वातावरण में फिर से प्रवेश करता है तो वह युद्धक सामग्री फेंकता है। प्रत्येक युद्धक सामग्री में परमाणु स्फोटक शीर्ष (वॉरहैड) होता है, जो अकेला ही किसी भी शहर को तबाह कर सकता है। चीन में लगातार प्रयास जारी हैं कि वह बैलेस्टिक मिसाइलों को एक कदम आगे लेकर और अधिक सक्षम बना सके।

पाकिस्तान का शत्रुतापूर्ण व्यवहार

स्वतंत्रता के तुरंत बाद से नवनिर्मित राष्ट्र पाकिस्तान हमेशा कबीलों को आगे कर स्वयं कश्मीर में अतिक्रमण करता रहता है। आज कश्मीर का अधिकांश भूभाग पाक-अधिकृत कश्मीर के नाम से पाकिस्तान के कब्जे में है। इसके बाद पाकिस्तान ने सन् 1965 व 1971 में भारत के साथ दो बड़े युद्ध किए, इसके अतिरिक्त सन् 1999 में हिमालय में हुआ युद्ध, जिसे 'कारगिल की जंग' के नाम से जाना जाता है, इसमें उनकी भारी दुर्गति हुई।

भारत की सैन्य शक्ति तुलनात्मक रूप से पाकिस्तान की सैन्य शक्ति से तीन गुना अधिक है। यह तुलना परंपरागत सैन्य शक्ति की है, जिसमें युद्धपोत, लड़ाकू विमान, तोपें, टैंक आदि शामिल हैं। गैर-पारंपरिक पैमाने पर पाकिस्तान के पास नाभिकीय-क्षमतावाली बैलेस्टिक मिसाइलें हैं। पाकिस्तान बहुत आक्रामकता से हवा से जमीन पर मार करनेवाली नाभिकीय क्षमता संपन्न क्रूज मिसाइलों को विकसित करने में प्रयासरत है। पाकिस्तान का परमाणु कार्यक्रम बहुत सक्रिय है और ऐसी जानकारी है कि उनके पास 70-110 नाभिकीय हथियार मौजूद हैं। विवादास्पद रूप से पाकिस्तान ने इन शस्त्रों का विकास अपने आर्थिक विकास से समझौता करके किया है। अंतरराष्ट्रीय स्तर पर यह

डर व्याप्त है कि पाकिस्तान की खराब होती आंतरिक स्थिति के कारण उसके नाभिकीय हथियार और मिसाइलें आतंकवादियों के हाथ लग सकते हैं। यदि ऐसा हुआ तो इससे उत्पन्न प्रभाव अप्रत्याशित व अति गंभीर हो सकते हैं।

वहीं दूसरी ओर चीन व पाकिस्तान के रिश्ते भी बहुत दिलचस्प हो रहे हैं। पाकिस्तान द्वारा सन् 1965 व 1971 में लड़े गए युद्धों के बाद चीन ने उसे दी जानेवाली सहायता में वृद्धि कर दी है। इस चीनी सहायता से पाकिस्तान को अपने परमाणु कार्यक्रम के तहत बननेवाले नाभिकीय हथियार व मिसाइल विकसित करने में बहुत मदद मिली। बहुत सी चीनी बैलेस्टिक मिसाइलें पाकिस्तानी नाम व रंग अपनाकर फिर प्रकट हो गईं।

भारत के कुछ बेचैन रणनीतिकारों का दावा है कि यहाँ दोहरे मोरचे की स्थिति उत्पन्न हो गई है। उनके अनुसार यदि पाकिस्तान भारत के साथ युद्ध की शुरुआत कर देता है तो उसी समय चीन भी भारतीय सीमा पर हमला कर सकता है। इसी तरह यदि चीन भारत के साथ युद्ध शुरू करेगा तो पाकिस्तान भारतीय सीमा को निशाना बनाएगा। रणनीतिकार इससे भी आगे सोचते हैं, वे मानते हैं कि ऐसे समय में पाकिस्तान के आतंकवादी संस्थानों के माध्यम से छद्‌म युद्ध क्षमता समस्या को बढ़ा देगी।

ध्यान देनेवाली बात यह है कि यदि ऐसा होता है तो संभव है कि भारत को गुजरात के कच्छ, राजस्थान के रेगिस्तान, हिमालय की ऊँचाइयों पर बर्फ के बीच और दुर्गम पहुँचवाली उत्तर-पूर्वी सीमा पर भी जंग लड़नी पड़े। इतिहास बताता है कि दोहरे मोरचे की जंग में जान-माल की अधिक हानि होती है। याद रखना चाहिए कि प्रथम विश्वयुद्ध के समय जब जर्मनी पूर्वी हिस्से में सोवियत संघ व पश्चिमी हिस्से में मित्र राष्ट्रों की सेना के दोहरे मोरचे पर जूझ रहा था, तभी उसकी हार निश्चित हो गई थी।

हम नहीं कह सकते कि भारत को कभी दो ऐसे देशों के दोहरे मोरचे पर लोहा लेना होगा, जिनके पास शक्तिवाली नाभिकीय बैलेस्टिक व क्रूज मिसाइलें हैं। यदि ऐसी स्थिति आती है तो यह भारत का देखा गया अब तक का सबसे बड़ा खतरा होगा।

पड़ोस में चिंता : सामूहिक विनाश के हथियारों का प्रसार

अमेरिका, इंग्लैंड, रूस, फ्रांस और चीन घोषित नाभिकीय शक्ति संपन्न राष्ट्र हैं। ये सभी संयुक्त राष्ट्र सुरक्षा परिषद् के पाँच स्थायी सदस्य हैं, जिन्हें पी5 के नाम से भी जाना जाता है। भारत ने सन् 1974 में परमाणु क्षमता हासिल की और सन् 1998 में अपने परमाणु शक्ति संपन्न राष्ट्र होने की स्वयं घोषणा की। सन् 1998 में ही पाकिस्तान ने भी परमाणु शक्ति हासिल कर ली। इनमें इजराइल का मामला सबसे दिलचस्प है। माना जाता है कि इजराइल के पास परमाणु शक्ति है, लेकिन आज तक न उन्होंने इसे स्वीकार किया है और न ही इसे नकारा है। इसके चलते उनकी नाभिकीय क्षमता स्पष्ट

नहीं है। उत्तरी कोरिया व ईरान की भी यही स्थिति है। सैद्धांतिक रूप से जापान नाभिकीय हथियारों के विकास में बाकी सबसे एक कदम आगे है। जापान के पास नाभिकीय हथियार बनाने की संपूर्ण प्रौद्योगिकी व विशेषज्ञता मौजूद है, इसलिए वह आवश्यकता होने पर इसे तुरंत बना सकता है। यद्यपि जापानी संविधान उनके नाभिकीय हथियारों के निर्माण पर रोक लगाता है।

जब किसी राष्ट्र के पास बैलेस्टिक मिसाइलें हों, फिर चाहे उसने इनका आविष्कार स्वयं किया हो, निर्माण करता हो या आयात करे तो उसके मित्रवत् होने पर भी उसे चिंता का कारण ही मानना चाहिए। चूँकि उस राष्ट्र के अपनी मिसाइलों में सुधार करने के अलावा उसके कभी भी किसी अन्य राष्ट्र से प्रक्षेपास्त्र संधि करने की भी अशुभ संभावना बनी रहती है।

जब तक मिसाइल युद्ध की अग्रिम पंक्ति पर और रक्षा की अंतिम पंक्ति में मौजूद है, ऐसी प्रक्षेपास्त्र संधि होती रहेंगी। इन सभी संधियों पर नजर बनाए रखना आवश्यक है। रिपोर्टों के अनुसार पाकिस्तान ने उत्तर कोरिया को नाभिकीय तकनीक देने के बदले उनसे नोदोंग मिसाइल हासिल की है। इसी तरह ईरान की शाहाब मिसाइलों पर भी उत्तर कोरिया के दस्तखत मौजूद हैं। इस कारण इनके बड़ी संख्या में निर्माण या खरीद या संख्या बढ़ने को खतरे के तौर पर ही देखा जाना चाहिए।

सामूहिक विनाश के हथियार (डब्ल्यू.एम.डी.) में ऐसे नाभिकीय, जैविक व रासायनिक (एन.बी.सी.) हथियार शामिल हैं, जो मनुष्यों के लिए घातक होने के साथ ही मानव निर्मित संरचना को भी नुकसान पहुँचाते हैं। इन हथियारों को भेजने हेतु बैलेस्टिक मिसाइलों व कुछ मामलों में क्रूज मिसाइलों को प्रक्षेपण प्रणाली के तौर पर उपयोग किया जाता है। ये मिसाइल इस स्फोटक शीर्ष (वॉरहैड) को दुश्मन की सीमा में पहुँचाकर एक बार में ही हजारों जानें ले लेती हैं। जो राष्ट्र इस भीषण डब्ल्यू.एम.डी. को प्राप्त करना चाहते हैं, उन्हें प्रक्षेपण प्रणाली व एन.बी.सी. हथियारों की भी आवश्यकता होती है।

एक परंपरागत स्फोटक शीर्ष में सीमित क्षेत्र में भारी विध्वंस करने के लिए बड़ी मात्रा में विस्फोटक सामग्री रहती है। इन स्फोटक शीर्ष (वॉरहैड) की प्रभाव सीमा प्रायः कुछ 100 मीटर तक की होती है। एन.बी.सी. या अपरंपरागत स्फोटक शीर्ष (वॉरहेड) का उपयोग बहुसंख्य असैनिक आबादी के कल्पनातीत परिमाण में विनाश करने में होता है।

यह अपरंपरागत स्फोटक शीर्ष (वॉरहैड) विज्ञान की तीनों श्रेणियों में

मिलते हैं—भौतिक विज्ञान में नाभिकीय, रसायन विज्ञान में रासायनिक और जीव विज्ञान में जैविक। जैविक स्फोटक शीर्ष (वॉरहैड) में एंथ्रेक्स जैसे हानिकारक सूक्ष्मजीव होते हैं, जो लक्षित क्षेत्र, जैसे किसी शहर को इन जीवों द्वारा दूषित कर देते हैं। वहाँ फैलकर ये जीव तुरंत ही संक्रामक रोग पैदा कर देते हैं, जिससे मची अफरा-तफरी विध्वंस का कारण बनती है। जरा उस शहर की कल्पना कीजिए, जिसके निवासी इन स्फोटक शीर्ष (वॉरहैड) सूक्ष्म जीवों से संक्रमित हो जाएँ और उस शहर में दाखिल होनेवाले सभी लोगों को भी संक्रमित कर दें। 100 किलो एंथ्रेक्स फैलने से 42,000 से 1,40,000 लोगों की मौत हो सकती है। अमेरिका के पास ऐसे जैविक हथियारों का बड़ा जखीरा था, लेकिन उसने घोषणा की है कि वह उन सभी को समाप्त कर चुका है। भारत के पास कोई जैविक हथियार नहीं है और उसने जैविक अस्त्र सम्मेलन में जैविक हथियारों के निर्माण पर रोक लगानेवाली संधि पर भी हस्ताक्षर किए हैं।

रासायनिक हथियारों से खतरनाक रसायनों का रिसाव होता है। नर्व एजेंट जैसे रसायन स्नायु तंत्र को अवरुद्ध कर सकते हैं; कुछ श्वसन प्रणाली को नुकसान पहुँचाते हैं; कुछ अंधा कर देते हैं और कुछ से शरीर की त्वचा गलने लगती है। प्रचलित नर्व एजेंट सेरिन की लगभग 1,000 किलो मात्रा को यदि विमान से गिराया जाए तो इससे लगभग 400 से 800 लोगों की मौत हो सकती है। भारत के पास रासायनिक हथियार थे, लेकिन आज वह उन सबको समाप्त कर चुका है। भारत ने रासायनिक शस्त्र सम्मेलन में संधि पर हस्ताक्षर किए, जिसके बाद अब वह रासायनिक हथियारों का निर्माण नहीं करेगा।

स्पष्ट है कि जिस राष्ट्र में जैव-रासायनिक तकनीक की उचित आधारभूत संरचना मौजूद हो, वह रासायनिक व जैविक दोनों प्रकार के हथियार बनाने में सक्षम है, उसे केवल इसके लिए प्रक्षेपण प्रणाली व प्रसार तंत्र बनाने में विशेषज्ञता हासिल करनी होगी।

सैद्धांतिक रूप से जिस राष्ट्र के पास ऊर्जा निर्माण के लिए सक्रिय परमाणु कार्यक्रम है, वह नाभिकीय हथियारों का निर्माण करने में सक्षम है। कैसे? मंदक के रूप में हल्के जल का उपयोग करनेवाले नाभिकीय रिएक्टरों में विशिष्ट प्रकार के यूरेनियम की आवश्यकता होती है, जिसे 'संवर्धित यूरेनियम' कहा जाता है, जो प्राकृतिक यूरेनियम का उच्चतम रेडियोएक्टिव समस्थानिक होता है। प्राकृतिक यूरेनियम में इस समस्थानिक की बहुत ही कम मात्रा होती है, जिसे इसमें से निकाला जाता है। इस प्रक्रिया को 'यूरेनियम संवर्धन' कहते

हैं। नाभिकीय हथियारों में भी इसी 'संवर्धित यूरेनियम' का उपयोग होता है। नाभिकीय हथियारों की मूल तकनीक में इस संवर्धित यूरेनियम को निर्धारित समय व निर्धारित स्थान पर रेडियोधर्मी बनाना होता है। इस यूरेनियम को रेडियोधर्मी बनाने के लिए इसे बहुत ताकत से दबाना होता है। प्राय: ऐसा विस्फोट यंत्रों द्वारा किया जाता है। इस तरह तकनीकी दक्षता व यूरेनियम संवर्धन सुविधा के उपयोग द्वारा नाभिकीय हथियार बनाना संभव होता है।

इससे क्या निष्कर्ष निकालें?

पी5 राष्ट्रों के पास नाभिकीय हथियारों व उनके लिए अंतरमहाद्वीपीय बैलेस्टिक मिसाइल (आई.सी.बी.एम.एस.) जैसे संवाहक बड़ी संख्या में मौजूद हैं। इस क्षमता ने उन्हें शक्तिशाली बनाने के साथ ही वैश्विक मामलों को अपने मुताबिक मोड़ने का लाभ भी प्रदान किया है। वे सभी संयुक्त राष्ट्र सुरक्षा परिषद् के सदस्य हैं। भारत, पाकिस्तान, ईरान, इजराइल व उत्तरी कोरिया जैसे देशों के पास नाभिकीय हथियार व मध्यम दूरी की बैलेस्टिक मिसाइलें हैं, जिनकी पहुँच 1,000 किलोमीटर से भी कम है। (यह डेटा कार्नेगी एंडोमेंट फॉर इंटरनेशनल पीस के अध्ययन पर आधारित है)

आज भारत ऐसे राष्ट्रों से घिरा हुआ है, जिनके पास यह विध्वंसक हथियार होने के साथ ही उनके पास आयात और/या स्वदेश में विकसित की गई मिसाइल क्षमता भी मौजूद है। विशेषकर भारत से युद्ध लड़ चुके चीन व पाकिस्तान के पास नाभिकीय हथियार व लंबी दूरी तक मार करने की क्षमता है। इसका निष्कर्ष यह है कि भारत को हमेशा तैयार रहना चाहिए, क्योंकि भूराजनैतिक हवाएँ कभी भी बदल जाएँगी, जिनसे शस्त्रों की ये प्रसार क्रियाएँ खतरे के रूप में सामने खड़ी हो जाएँगी।

खतरों से निपटने हेतु भारत का शस्त्रीकरण कार्यक्रम

नाभिकीय क्षमता

भारत ने देश पर काबिज होनेवाले विदेशियों से अहिंसा के बल पर स्वतंत्रता प्राप्त की। मानवता के इतिहास में कभी भी कोई समूचा देश बिना हथियार आक्रांताओं के विरुद्ध खड़ा नहीं हुआ। सत्याग्रह—भारत का नवीन हथियार था। अन्य देशों को अपनी स्वतंत्रता की भारी कीमत चुकानी पड़ी है।

पंडित जवाहर लाल नेहरू ने भाईचारे व शांतिपूर्ण सह-अस्तित्व को प्रकट करनेवाली गैर-आक्रामक व उदार विदेश नीति बनाई। इस नीति की संरचना को 'पंचशील' नाम दिया गया। औपनिवेशवादी युग के बाद उभरते इन नए राष्ट्रों के बीच

बेहतर संबंधों के लिए ये पाँच सिद्धांत बनाए गए। इसी पर चलते हए भारत व चीन के बीच सन् 1954 में समझौता हुआ। ये पाँच सिद्धांत थे—

1. एक दूसरे की प्रादेशिक अखंडता और प्रभुसत्ता का सम्मान करना,
2. एक दूसरे के विरुद्ध आक्रामक काररवाई न करना,
3. एक दूसरे के आंतरिक मामलों में हस्तक्षेप नहीं करना,
4. समानता और परस्पर लाभ की नीति का पालन करना ,
5. शांतिपूर्ण सहअस्तित्व की नीति में विश्वास रखना।

नेहरू के शब्दों में, 'यदि सभी राष्ट्र आपसी संबंधों में इन सिद्धांतों का पालन करें तो निस्संदेह न तो कभी कोई टकराव होगा और न ही युद्ध की स्थिति आएगी।'

इसके बावजूद सन् 1962 में भारत को युद्ध का सामना करना पड़ा। इस युद्ध के बाद सन् 1964 में चीन परमाणु शक्ति संपन्न हो गया। इसके साथ ही उन्होंने मिसाइल निर्माण के अपने कार्यक्रम की गति तेज कर दी। साठ के दशक के मध्य में उनकी पहली बैलेस्टिक मिसाइलें डीएफ–1 व डीएफ–2 तैयार हो गईं।

सन् 1965 में पाकिस्तान ने अपने 'ऑपरेशन जिब्राल्टर' के तहत कश्मीर पर आक्रमण कर दिया। जल्द ही यह हमला युद्ध में तब्दील हो गया, जिसमें पाकिस्तान को मुँह की खानी पड़ी। तब तक पाकिस्तान को चीन से पर्याप्त सामग्री व राजनयिक समर्थन मिलने लगा था। उन दोनों के इसे रिश्ते के पीछे संभवत: 'शत्रु का शत्रु अपना मित्र होता है' की नीति रही। तभी से पाकिस्तान ने नाभिकीय हथियारों के निर्माण में रुचि दिखाना आरंभ कर दिया।

इस काल में भारत परमाणु तकनीक में ईर्ष्या की हद तक सफल रहा, इस सफलता के पीछे डॉ. होमी जहाँगीर भाभा का अथक प्रयास था, वस्तुत: इनके द्वारा भारतीय परमाणु ऊर्जा प्रयासों को सामने लाया गया। भारत के असैनिक नाभिकीय ऊर्जा उद्यम के सैन्य उपयोग का पहलू भी विकल्प के तौर पर खुला था। सन् 1966 में डॉ. भाभा के हवाई दुर्घटना में निधन के बाद यह जिम्मेदारी डॉ. विक्रम साराभाई के कंधों पर आ गई। सन् 1971 के दिसंबर में डॉ. साराभाई के आकस्मिक निधन के बाद डॉ. एच.एन. सेठना ने इसके विकास का जिम्मा लिया और सन् 1974 में पहला परमाणु परीक्षण किया गया। बाद में इस परमाणु परीक्षण में मुख्य भूमिका निभानेवाले डॉ. राजा रमन्ना परमाणु ऊर्जा आयोग के अध्यक्ष बने और उन्होंने देश के लिए इसका रणनीतिक खाका तैयार किया।

सन् 1971 में भारत व पाकिस्तान के बीच हुए युद्ध के दौरान चीन ने एक बार फिर पाकिस्तान की सहायता की। पूर्वी पाकिस्तान (अब बांग्लादेश) में प्रवेश करने से पहले भारतीय सेनाओं को अपनी सीमा

पर चीनी गतिविधियों पर नजर बनाए रखने के लिए पर्याप्त मशक्कत करनी पड़ती थी। जब पाकिस्तान बुरी तरह हार गया और उनका यह भूभाग विभाजित हो गया, तब चीन व पाकिस्तान के रिश्ते इतने परिपक्व हो गए थे कि वे आपस में सैन्य गठबंधन कर सकें। सन् 1972 में पाकिस्तान प्रमुख श्री भुट्टो ने सन् 1965 में दावा किया कि पाकिस्तान किसी भी तरह परमाणु शक्ति संपन्न देश बनकर रहेगा। रिपोर्ट के अनुसार उन्होंने कहा था—'पाकिस्तानी घास की रोटी खाएँगे, लेकिन परमाणु बम बनाकर रहेंगे।'

कहा जाता है कि पाकिस्तान की करारी हार के बाद चीन ने पाकिस्तान को बहुत आर्थिक मदद दी, साथ ही उन्हें परमाणु शक्तिसंपन्न बनाने के हरसंभव प्रयास में पूरा समर्थन दिया। इससे स्थिति और भी खराब हो गई। एक तरफ तो नाभिकीय व मिसाइल शक्ति से संपन्न चीन था, वहीं दूसरी ओर पाकिस्तान किसी भी तरह परमाणु शक्तिसंपन्न राष्ट्र बनने की कोशिश में था। भारत के पास कोई और रास्ता नहीं था।

आखिरकार भारत सरकार ने भी परमाणु हथियारों के निर्माण को हरी झंडी दिखा दी। जिस समय यह आज्ञा दी जा रही थी, तब तक परमाणु बम बनाने की प्रौद्योगिकी बहुत आगे बढ़ चुकी थी। इससे संबंधित केवल कुछ छोटे-मोटे काम करना ही बाकी बचा था। भारत ने सन् 1974 में अपने पहले नाभिकीय हथियार का परीक्षण किया। इसके बाद सन् 1998 में हुए परीक्षण के बाद भारत ने स्वयं को परमाणु शस्त्रसंपन्न राष्ट्र घोषित कर दिया। देश में सुदृढ़ नेतृत्व व तत्कालीन प्रधानमंत्रियों क्रमशः श्रीमती इंदिरा गांधी व श्री अटल बिहारी वाजपेयी के साहस के कारण ही ये दोनों परीक्षण करना संभव हो सका। लेकिन विश्व को अभी यह समझना बाकी था कि भारत एक जिम्मेदार राष्ट्र है। भारत ने आज तक इस परमाणु तकनीक में न तो किसी राष्ट्र को भागीदार बनाया है और न ही कभी परमाणु सामग्री का विक्रय ही किया है। भारत की नाभिकीय नीति स्पष्ट है।

भारत का नाभिकीय सिद्धांत

- **पहले उपयोग नहीं**—किसी परमाणु शक्तिसंपन्न राष्ट्र से युद्ध होने पर भी भारत पहले नाभिकीय शस्त्र का उपयोग नहीं करेगा। लेकिन यदि भारत पर परमाणु हथियार से हमला हुआ तो शत्रु पर होनेवाला दंडनीय हमला उसके अनुमान से कहीं अधिक बड़ा होगा।
- **गैर-नाभिकीय राष्ट्रों पर उपयोग नहीं**—भारत कभी भी किसी गैर-नाभिकीय राष्ट्र पर परमाणु हथियार का उपयोग नहीं करेगा—यह अमेरिका द्वारा जापान पर नाभिकीय हमले से एक झटके में ही हजारों नागरिकों की मौत के बिल्कुल विपरीत है।
- **आवश्यक न्यूनतम रोक**—परमाणु जखीरा न्यूनतम प्रतिबंध के पैमाने तक ही सीमित रखा जाएगा।

प्रक्षेपण प्रणाली की आवश्यकता

पचास व साठ के दशक में पूरी दुनिया में नाभिकीय हथियार विमान द्वारा ही गिराए जा सकते थे। सत्तर के दशक में वायु रक्षा प्रणाली में विकास हुआ, जिसका अर्थ है कि विमान द्वारा नाभिकीय हथियार गिराने के लिए शत्रु की हवाई सुरक्षा को भेदना होगा, लक्ष्य तक पहुँचना होगा और इन सबसे बचने के बाद ही बम गिरा सकेंगे।

स्पष्ट है कि नाभिकीय हमला करने के लिए एक व्यवहार्य व भरोसेमंद पद्धति होना आवश्यक है, जो अंततोगत्वा बैलेस्टिक मिसाइल ही है। सत्तर के दशक में बैलेस्टिक मिसाइलों ने लंबी दूरी तक मार करनेवाले बमवर्षकों का स्थान ले लिया, जिसमें इसके अतिरिक्त कई अन्य ताकतें भी मौजूद हैं।

भारत को भी बैलेस्टिक मिसाइलों की आवश्यकता है। लेकिन भारत द्वारा अपनी परमाणु क्षमता साबित करने के बाद कोई देश इसे ऐसा आयुध बेचने को तैयार नहीं हुआ। उसी समय स्वदेशी बैलेस्टिक मिसाइल निर्माण कार्यक्रम की शुरुआत में तेजी आई।

□

3

मिसाइलों की खोज में

विभिन्न तरह की मिसाइलों के निर्माण का भारत का प्रयास निरंतर सफल रहा। यह कोई सरल कार्य नहीं था और यह कामयाबी इसलिए भी प्रशंसनीय थी, क्योंकि इसके लिए किसी भी अन्य देश से तकनीकी सहयोग नहीं लिया गया था।

प्रारंभिक प्रयास

रक्षा अनुसंधान एवं विकास संगठन (डी.आर.डी.ओ.) का गठन सन् 1958 में हुआ था, जिसके प्रमुख डॉ. डी.एस. कोठारी थे। डी.आर.डी.ओ. का कार्य भारतीय सशस्त्र सेनाओं के लिए शस्त्र प्रणाली व अन्य उपकरण विकसित करते हुए रक्षा संबंधी शोध को आगे बढ़ाना था। भारत के नाभिकीय हथियारों की अनुमति मिलने से बहुत पहले मिसाइल तकनीक आने के बाद से ही डी.आर.डी.ओ. ने अपने मिसाइल कार्यक्रमों पर कार्य करना शुरू कर दिया था।

उन दिनों में ही डी.आर.डी.ओ. ने निर्देशित मिसाइल अध्ययन दल का गठन कर दिया था, जिसका नाम बाद में विशेष शस्त्र विकास दल (एस.डब्ल्यू.डी.टी.) कर दिया गया। एस.डब्ल्यू.डी.टी. का कार्य भारत में निर्देशित मिसाइलों के निर्माण की संभावनाओं का अध्ययन करना था। शुरुआत में एस.डब्ल्यू.डी.टी. नई दिल्ली में स्थित था, जिसे बाद में जून 1962 में वहाँ से हटाकर हैदराबाद भेज दिया, रक्षा अनुसंधान एवं विकास लेबोरेटरी (डी.आर.डी.एल.) के साथ भी यही हुआ। बाद के वर्षों में मिसाइल विकास का कार्य मुख्यत: डी.आर.डी.एल. ही करने लगा।

एस.डब्ल्यू.डी.टी. ने अपने अध्ययन में प्रथम पीढ़ी की टैंक-भेदी मिसाइल (ए.टी.एम.) के निर्माण की संभावना जताई, जिसे आवश्यक अनुमति मिल गई। ए.टी.एम. के निर्माण के प्रारंभिक कार्य की शुरुआत सन् 1964 में हुई। सन् 1965 में हुए भारत-पाक युद्ध के बाद सन् 1966 से इन प्रयासों में तेजी आई। अगले पाँच वर्षों में प्रथम पीढ़ी की टैंक-भेदी मिसाइल बनकर तैयार हो गई। अपने मार्ग पर उड़ते हुए यह

मिसाइल पूरे रास्ते पर एक तार बिछा देती थी। एक ऑपरेटर इस मिसाइल की उड़ान को कंसोल (रिमोट कंट्रोल जैसा) द्वारा नियंत्रित करता था। ये संचालन आदेश वहाँ बिछी तार के माध्यम से मिसाइल की निर्देशन प्रणाली तक पहुँच जाते। इसमें गतिशील लक्ष्य की स्थिति पहचानकर उड़ती मिसाइल की स्थिति देख उसे लक्ष्य पर हमला करने का निर्देश देना होता था। हालाँकि यह मिसाइल कई परीक्षणों में खरी उतरी, लेकिन भारतीय सेना ने इसमें कोई रुचि नहीं दिखाई, क्योंकि अंतरराष्ट्रीय आयुध बाजार में उस समय तक टैंक-भेदी मिसाइलों की दूसरी पीढ़ी आ गई थी। इस तरह स्वदेशी ए.टी.एम. परियोजना का अंत हो गया।

इसके बाद बहुमंचीय धरातल से हवा में मार करनेवाली मिसाइल (सैम) के डिजाइन के लिए अध्ययन शुरू किया गया। सन् 1972 में भारतीय वायु सेना के सहयोग से डी.आर.डी.एल. ने एक कार्यक्रम आरंभ किया, जिसका नाम था—'डेविल'। यह सोवियत संघ की सतह से हवा में मार करनेवाली मिसाइल एसए-75 सैम प्रणाली पर आधारित था। उन दिनों एसए-75 का संचालन भारतीय वायु सेना के पास था। डेविल की निर्माण प्रक्रिया रिवर्स इंजीनियरिंग पर आधारित थी। इसमें एक नई मिसाइल को खोलकर उसका आवश्यक हिस्सा निकाल लिया जाता है। बाहर निकाले गए इस हिस्से की प्रत्येक नट व बोल्ट की शुद्धता तक प्रतिकृति तैयार की जाती है। फिर इस प्रतिकृति को असली मिसाइल में लगा दिया जाता है। इसके बाद वह मिसाइल दागी जाती है, यदि वह सफल रही तो उस प्रतिकृति को सटीक माना जाता है।

इस दौरान आवश्यकता पड़ने पर मौजूदा पुरजों का उपयोग किया जाता। इस तरह धीरे-धीरे मिसाइल के सारे पुर्जे बना लिये जाते हैं। अंततः वह स्थिति आ जाती है, जहाँ संपूर्ण मिसाइल का निर्माण डी.आर.डी.एल. द्वारा ही हुआ होता है।

डेविल उड़ान परीक्षणों के सफल होने के बावजूद इस परियोजना को सन् 1980 में बंद कर दिया गया। इसके बाद ए.टी.एम. परियोजना का भी बंद होना मिसाइल वैज्ञानिकों के लिए हतोत्साहित करनेवाला साबित हुआ। इसके बाद लोक लेखा आयोग (पी.ए.सी.) ने डी.आर.डी.एल. के बने रहने पर पुनर्विचार करना आरंभ कर दिया।

सन् 1978 में परमाणु ऊर्जा विभाग (डी.ए.ई.) के डॉ. राजा रमन्ना ने रक्षा मंत्री के वैज्ञानिक सलाहकार (एस.ए.) का पदभार सँभाला। उन्हें महसूस हुआ कि डी.आर. डी.एल. में योग्यता की कमी नहीं है, बस वहाँ सही नेतृत्व की आवश्यकता है। वे मानते थे कि उचित मार्गदर्शन मिलने पर डी.आर.डी.एल. भी भारतीय अंतरिक्ष शोध संस्थान (इसरो) व परमाणु ऊर्जा विभाग (डी.ए.ई.) जैसी सफलता प्राप्त कर सकता है। इसरो को अपने कार्यों में लगातार सफलता मिल रही थी। उन्होंने हाल ही में स्वदेश निर्मित एस.एल.वी.-3 के माध्यम से रोहिणी उपग्रह का सफल प्रक्षेपण किया था। डी.ए.ई. ने

डॉ. रमन्ना के नेतृत्व में नाभिकीय हथियारों को दागने का सफल परीक्षण किया; इसके अतिरिक्त वहाँ परमाणु तकनीक से जुड़ी कई अन्य खोजें भी जारी थीं।

डॉ. रमन्ना ने एस.एल.वी.-3 के परियोजना निर्देशक डॉ. कलाम को मिसाइल विकास परियोजनाओं का प्रमुख बना दिया। यह एक निर्णायक फैसला साबित हुआ।

मैंने इसरो में डॉ. कलाम के साथ एस.एल.वी.-3 के सफल व विक्रम साराभाई अंतरिक्ष केंद्र (वी.एस.एस.सी.) के अंतरिक्ष डिजाइन व गतिक समूह के परेशानी भरे दिन गुजारे थे।

वी.एस.एस.सी. ने ध्रुवीय उपग्रह प्रक्षेपण यान (पी.एस.एल.वी.) के लिए अध्ययन दल बनाया था, जिसे एक विन्यास तैयार करना था। वी.एस.एस.सी. द्वारा सुझाए मूल विन्यास 400 टन वजन का विशाल यान था, जिसमें दो बड़े स्ट्रैप-ऑन बूस्टर लगे थे। सतीश धवन को लगा कि सुझाया गया विन्यास बहुत जटिल है। वे ऐसा विश्वसनीय पी.एस.एल.वी. बनाना चाहते थे, जो इसरो व उसके सहयोगियों के लिए भविष्य के प्रक्षेपण यान का कार्य कर सके। उन्होंने डॉ. कलाम को पी.एस.एल.वी. के लिए वैकल्पिक विन्यास बनाने का निर्देश दिया। प्रो. सतीश धवन के निर्देशन में दो वर्ष तक लगातार काम करने के बाद हमने बिल्कुल नया विन्यास बना लिया, जो पहले से कहीं अधिक हल्का था। आज मुझे इस बात पर प्रसन्नता है कि इसरो ध्रुवीय कक्षा में सेटैलाइटों के प्रक्षेपण में इसी विन्यास का सफलतापूर्वक उपयोग कर रहा है।

डॉ. कलाम ने अपनी आत्मकथा 'अग्नि की उड़ान' में लिखा—

"मुझे बतौर निदेशक बैंगलोर स्थित इसरो मुख्यालय का अपना कार्यकाल याद है, जब सन् 1980 के आरंभ में हम प्रक्षेपण यान प्रोग्राम व प्रणालियों पर काम कर रहे थे, तब हमारी चर्चा का विषय इन प्रक्षेपण वाहनों की कीमत व इनकी कार्यक्षमता रहता। सन् 1981 में वी.एस.एस.सी., तिरुअनंतपुरम ने अन्य इसरो केंद्रों की सहायता से पी.एस.एल.वी. के कोर यान के लिए विन्यास तैयार किया, जिसमें दो बड़े स्ट्रैप-ऑन बूस्टर लगे थे। उड़ान के समय पी.एस.एल.वी. का वजन लगभग 400 टन होता। प्रो. धवन इसका वैकल्पिक व सरल विन्यास चाहते थे। मैंने व मेरे कुछ सहकर्मियों, जिनमें ए. शिवताणु पिल्लै, एन. सुंदरराजन और के. पद्मनाभ मेनन ने इसके इष्टतम विन्यास हेतु मिशन, तकनीक व इसकी संभावना का अध्ययन किया। टीम ने कुछ विकल्प तैयार किए, जिनमें एक विशिष्ट मुख्य यान था, इसमें उन्नत ठोस प्रोपलेंट बूस्टर लगे थे, जिसमें एस.एल.वी.-3 के प्रथम चरण रॉकेट स्ट्रैप-ऑन के तौर पर इस्तेमाल किए गए थे। इससे उड़ान के समय पी.एस.एल.वी. का वजन कम होकर मात्र 275 टन रह गया।"

हम एक और मिसाइल परियोजना पर विचार कर रहे हैं, जिसका नाम री-एंट्री एक्सपेरिमेंट (रैक्स) है। डॉ. कलाम एस.एल.वी.-3 को मिसाइल का रूप देना चाहते थे, लेकिन प्रो. धवन इसरो को मिसाइल निर्माण से दूर रखना चाहते थे, क्योंकि इससे इसरो की अन्य देशों के साथ हुई अंतरराष्ट्रीय साझेदारी प्रभावित हो सकती थी। इसके बावजूद डॉ. कलाम के मस्तिष्क में री-एंट्री श्रेणी की मिसाइलें बनाने की बात घर कर गई। उन्होंने ऐसा कर दिखाया भी, लेकिन इस काम को उन्होंने इसरो में नहीं, बल्कि डी.आर.डी.ओ. में अंजाम दिया। क्या आप जानते हैं, वह कौन सी मिसाइल थी। उस मिसाइल का नाम था—'अग्नि'।

डॉ. कलाम अपनी पुस्तक 'अग्नि की उड़ान' में लिखते हैं—

"उस दौरान मैंने शिवताणु पिल्लै के साथ मिलकर एस.एल.वी.-3 व इसके अन्य संस्करणों के अनुप्रयोगों का विश्लेषण तैयार किया और इसकी तुलना दुनिया के मौजूदा प्रक्षेपण वाहन अनुप्रयोगों से की। हम इस निर्णय पर पहुँचे कि एस.एल.वी.-3 की ठोस रॉकेट प्रणाली से देश की लघु व मध्यम दूरी (4,000 किलोमीटर) तक पेलोड ले जानेवाले यान की आवश्यकता पूरी हो सकती है। हमें ज्ञात हुआ कि एस.एल.वी.-3 की उपप्रणाली सहित 36 टन के प्रोपेलेंट वाले 1.8 मीटर व्यास का अतिरिक्त ठोस बूस्टर बनाने से आइसीबीएम आवश्यकता (1,000 किलो पेलोड को 5,500 किलोमीटर से अधिक तक) को पूरा किया जा सकता है। यद्यपि इस प्रस्ताव पर कभी ध्यान नहीं दिया गया। लेकिन इससे री-एंट्री एक्सपेरिमेंट (रैक्स) का मार्ग सुनिश्चित कर दिया, जिसने आगे चलकर अग्नि का रूप लिया।"

इसरो में एस.एल.वी.-3 की सफलता के बाद डॉ. कलाम को टकराव का सामना करना पड़ा। वे मिसाइल विकास के क्षेत्र में जाना चाहते थे, लेकिन प्रो. धवन इसकी अनुमति देने को तैयार नहीं थे। डॉ. कलाम ने प्रो. धवन को अपने हाथ से पत्र लिखकर उसमें कहा, 'मेरा मन मिसाइलों में बसता है और मैं अब जाना चाहता हूँ।' डॉ. राजा रमन्ना ने डॉ. कलाम के मामले में अपने कनिष्ठ डॉ. वी.एस. अरुणाचलम को विश्वास में ले लिया। डॉ. अरुणाचलम तत्कालीन रक्षा मंत्री श्री आर. वेंकटरामन से मिले और डॉ. कलाम की नियुक्ति डी.आर.डी.एल. में हो गई। यहीं से भारतीय मिसाइल के विकास के नए युग की शुरुआत हुई।

आई.जी.एम.डी.पी.

डी.आर.डी.एल. में डॉ. कलाम ने प्रक्षेपास्त्र अध्ययन दल (एम.एस.टी.) का नेतृत्व

सँभाला, जिसका कार्य थलसेना, नौसेना व वायु सेना के लिए मिसाइलों का निर्माण करना था। इस टीम के सदस्यों में शामिल अनुसंधान व विकास, उत्पादन व सेवाओं के लोगों को पाँच परियोजनाओं में बाँटा गया—एए-150, सैम-एक्स, सामरिक कोर यान, तीसरी पीढ़ी की टैंक-भेदी मिसाइल व री-एंट्री तकनीक प्रदर्शक—ये सभी निर्देशित प्रक्षेपास्त्र विकास कार्यक्रम (जी.एम.डी.पी.) का हिस्सा थे। उन्होंने संभावित अध्ययन तैयार कर उसे डॉ. वी.एस. अरुणाचलम और तत्कालीन सशस्त्र सेनाओं के प्रमुख व रक्षा मंत्री श्री आर. वेंकटरामन को दिखाया। रक्षा मंत्री ने निर्देश दिया कि इन सब मिसाइलों को एक-एक कर बनाने की जगह सभी का निर्माण एक साथ किया जाए। इसलिए इस परियोजना का नाम बदलकर एकीकृत निर्देशित प्रक्षेपास्त्र विकास कार्यक्रम (आई.जी.एम.डी.पी.) रख दिया गया।

सरकार ने जुलाई 1983 में इस कार्यक्रम को अधिकृत अनुमति देते हुए इसकी पूर्ति हेतु 12 वर्ष का समय निर्धारित किया।

इतने कम समय में एक साथ पाँच मिसाइलों का निर्माण कोई सरल कार्य नहीं था। इसके लिए डी.आर.डी.एल. में कई बड़े बदलाव करने की आवश्यकता थी। ऐसे कठिन समय में भी डॉ. कलाम बैंगलोर आते रहते थे। ऐसे दौरे पर बैंगलोर स्थित इसरो के अपने मित्रों, खासतौर पर मुझसे मिलने आते और हम आई.जी.एम.डी.पी. के तकनीकी-प्रबंधन मुद्दों पर चर्चा करते, जो प्राय: वुडलैंड होटल में दोपहर के भोजन के दौरान होतीं। इस दौरान उन्होंने मुझे निर्णय समिति का हिस्सा बना लिया और वे चाहते थे कि मैं उनके मिसाइल दल में शामिल हो जाऊँ।

आई.जी.एम.डी.पी. की पाँच परियोजनाएँ—

- एसएस-150 : थल सेना के लिए सतह से सतह पर मार करनेवाली सामरिक मिसाइल (150 किलोमीटर रेंज), जिसे पृथ्वी नाम मिला।
- बहूद्देशीय सामरिक कोर : थलसेना, नौसेना व वायुसेना के लिए बहूद्देशीय मिसाइल प्रणाली, जिसे त्रिशूल नाम मिला।
- सैम-एक्स : थलसेना व वायुसेना के लिए बहु-लक्ष्यभेदी क्षमतावाली सतह से हवा में (25 किलोमीटर तक) मार करनेवाली मिसाइल, जिसे बाद में आकाश नाम दिया गया।
- एटीएम-3 : थल सेना के लिए उन्नत तीसरी पीढ़ी की टैंक-भेदी मिसाइल, जिसे बाद में 'नाग' नाम दिया गया।
- आरटीवी : री-एंट्री तकनीक के लिए विकसित किया गया री-एंट्री जाँच यान; जिसे बाद में अग्नि का नाम दिया गया (इस तकनीक निदर्शक (Demonstrator) को बाद में संपूर्ण शस्त्र प्रणाली के तौर पर विकसित किया गया)

मुझे तैयार करनेवाले प्रो. धवन ने डॉ. कलाम की इस सलाह को कई बार ठुकराया और मुझे हर बार इसकी सूचना भी दी। वहीं इसरो के लचीले वातावरण में काम कर चुके डॉ. कलाम के लिए डी.आर.डी.एल. के अनुशासन को अपनाना बहुत कठिन हो रहा था। उन्होंने इस संबंध में कई बार अपनी चिंता व्यक्त की थी। कलाम सहायता के तौर पर अग्नि के लिए एस.एल.वी.-3 के ठोस बूस्टर के तकनीकी पुनरीक्षण में व मिसाइल प्रक्षेपण में श्रीहरिकोटा रेंज के उपयोग आदि कई बातों में इसरो के विशेषज्ञों की सलाह चाहते थे। सौभाग्य से इसरो मुख्यालय में मेरी मौजूदगी से उन्हें सभी प्रकार की सहायता मिल गईं।

प्रो. धवन के बाद प्रो. यू.आर. राव इसरो के निदेशक बने। इस समय डॉ. कलाम व डॉ. अरुणाचलम मेरी डी.आर.डी.एल. में प्रतिनियुक्ति करवाने में सफल हो गए। जब मैं डी.आर.डी.एल. में पहुँचा तो पृथ्वी व अग्नि मिसाइलों का डिजाइन कार्य पूरा ही हुआ था। हालाँकि इन परियोजनाओं को पूरा होने में बहुत सा विकास कार्य होना था।

मुझे योजना व कार्यक्रम विश्लेषण का निदेशक बनाया गया। हमारा कार्य तकनीकी विकास में तेजी लाना, अन्य दलों के बीच समन्वय स्थापित करना व पाँच परियोजनाओं का कार्यक्रम प्रबंधन करना था। मेरा काम डॉ. कलाम को डी.आर.डी.एल. का नया ढाँचा बनाकर उसे विशिष्ट मैट्रिक्स सेट-अप प्रदान करने में मदद देना था। इस नए ढाँचे में इसरो की भाँति परियोजना निदेशकों को और अधिक प्रबंधकीय व आर्थिक शक्तियाँ मिलनी थीं। डी.आर.डी.एल. में कार्यक्रम प्रबंधन की संस्कृति मौजूद नहीं थी। मेरे इसरो व डॉ. कलाम के करीब रहकर काम करने के अनुभव से जटिल तकनीकी विकास प्रक्रिया को कारगर बनाने हेतु प्रभावी कार्यक्रम प्रबंधन प्रणाली तैयार करना सरल हो गया। आई.जी.एम.डी.पी. के लक्ष्यों को प्राप्त करने के लिए ऐसे बहु-परियोजना वातावरण में जहाँ सीमित संसाधन व मतभेद हों, वहाँ कार्यक्रम प्रबंधन अति आवश्यक था।

आई.जी.एम.डी.पी. का लक्ष्य क्या है?

डॉ. कलाम के अनुसार जब कोई मिसाइल बना ली जाती है तो उसकी तैनाती के समय उसे सामयिक प्रदर्शन पर खरा उतरना चाहिए व उसमें यह तत्त्व होने आवश्यक हैं—(क) तकनीक व सिद्धांत में भविष्योन्मुखी हो, (ख) विभिन्न प्रकार की क्षमता हों (बहूद्देशीय), और (ग) थलसेना, नौसेना व वायुसेना तीनों के काम की हो (बहूपयोगी)।

भविष्योन्मुखी

डेविल व ए.टी.एम. परियोजना जैसा दुखद इतिहास की पुनरावृत्ति न हो। उनके

विकास से पहले ही वह प्रौद्योगिकी पुरानी होने लगी थी। जब तक विकास पूरा होकर हथियार प्रणाली परिपक्व हुई, वह पूर्णत: प्रचलन से बाहर हो गई। इससे बढ़कर, सशस्त्र सेनाओं की मौजूदा प्रणालियाँ भी चलन से बाहर हो चुकी थीं, क्योंकि कोई भी देश किसी अन्य देश को स्वयं द्वारा उपयोग की जा रही शस्त्र प्रणाली नहीं देता है। अन्य देशों को निर्यात के लिए केवल कमतर प्रणालियों को ही उपयुक्त माना जाता है।

भविष्योन्मुखी प्रणालियों पर काम करने से भारतीय सशस्त्र सेनाओं में तैनाती के समय भी प्रणालियाँ सर्वश्रेष्ठ व समकालिक रहेंगी। इसका अर्थ यह है कि हमें नए विचारों, डिजाइन प्रणालियों व प्रबंधन दृष्टिकोणों को एक साथ लाते हुए उन्नत या उच्च प्रौद्योगिकी प्राप्त करनी होंगी और बनी-बनाई लीक को छोड़ना होगा।

शस्त्र बाजारों की निर्यात गुणवत्ता क्या है?

व्यापारिक वस्तुओं में निर्यात गुणवत्ता उत्पाद का सबसे बेहतरीन रूप होता है। लेकिन वहीं शस्त्र बाजारों में निर्यात गुणवत्ता का अर्थ वास्तविक शस्त्र प्रणाली का सबसे तुच्छ रूप होता है। साथ ही, जिन प्रणालियों की वैश्विक बाजार में अधिक माँग होती है, उनकी कीमत भी बहुत अधिक होती है।

बहुमुखी व बहूपयोगी

कई मिशनों में एक ही प्रणाली का उपयोग हो सकता है। इससे निर्माता व उपयोगकर्ता दोनों को लाभ होगा। जहाँ निर्माता माँग बढ़ने से अधिक मुनाफा कमाएगा, वहीं उपयोगकर्ता को बड़े पैमाने पर निर्माण होने ये यह कम कीमत पर मिलने लगेगा।

उपयोगकर्ता अपनी सैन्य संख्या बढ़ा सकेगा क्योंकि उसे हर मिशन के लिए भिन्न प्रणाली की आवश्यकता नहीं होगी। प्रशिक्षण व देखरेख की दृष्टि से भी यह सरल रहेगा। अपने शस्त्रागार में विभिन्न प्रकार की प्रणालियाँ रखने की जगह उसे केवल एक ही तरह की प्रणाली रखनी होगी।

हमने निश्चय किया कि सभी पाँच मिसाइलों में एक समान बहुमुखी क्षमता होनी चाहिए। उदाहरण के लिए, 'त्रिशूल' मिसाइल सतह से हवा में मार करनेवाली विमान-भेदी, पानी-से-पानी पर जहाज द्वारा दागी जानेवाली नौका-भेदी और हवा से सतह पर मार करनेवाली रेडार-भेदी, तीनों कार्य कर सकती है, इसीलिए इसका नाम 'त्रिशूल' पर रखा गया है।

'पृथ्वी' का नाम भी इसी तरह पड़ा—यह सतह से सतह पर मार करनेवाली मिसाइल है, जिसमें युद्धक्षेत्र के बीच ही स्फोटक शीर्ष (वॉरहैड) बदलने की सुविधा है। उपयोगकर्ता युद्धक्षेत्र में ही प्रहार के लिए लक्ष्य के अनुरूप स्फोटक शीर्ष (वॉरहैड)

चुनकर उसे लगा सकता है। पृथ्वी को किसी गतिशील प्रक्षेपण प्रणाली द्वारा सतह या जहाज पर से सतह पर किसी को भी निशाना बनाया जा सकता है, और तीनों सेनाओं के लिए यह समान रूप से उपयोगी है। मध्यम दूरी तक सतह से हवा में मार करनेवाली मिसाइल 'आकाश' पहियों पर या पहियोंवाले वाहन द्वारा कहीं भी ले जाई जा सकती है और यह थलसेना व वायुसेना के लिए समान रूप से उपयोगी है। इसका यह नाम इसलिए रखा गया, क्योंकि युद्ध में इसका काररवाई क्षेत्र आसमान (आकाश) है। तीसरी पीढ़ी की टैंक-भेदी मिसाइल 'नाग' का प्रक्षेपण किसी भी टैंक या हेलीकॉप्टर से किया जा सकता है। लंबी दूरी तक मार करनेवाली अग्नि अंतरिक्ष में जाकर पुनः धरती के वातावरण में प्रविष्ट होती है। धरती पर आते समय मिसाइल को 2500 डिग्री से भी अधिक ऊष्ण वातावरण झेलना होता है। इस अग्नि प्रवेश की प्रक्रिया के चलते ही इसे 'अग्नि' नाम दिया गया।

अवरोध व समस्याएँ

सन् 1980 के दशक में जब हमने आई.जी.एम.डी.पी. की शुरुआत की, तब प्रौद्योगिकी-अंतराल बहुत अधिक था। प्रौद्योगिकी में हम विकसित देशों से 30 वर्ष पीछे थे। सोवियत संघ व अमेरिका के बीच चले शीतयुद्ध के दौरान हमारा सबसे अधिक प्रौद्योगिकी विकास हुआ।

औपनिवेशिक शासन ने भारत को औद्योगिक क्रांति से दूर रखा। इसका गंभीर निहितार्थ यह रहा कि भारत में बड़े मिसाइल निर्माण कार्यक्रमों के लिए पर्याप्त उद्योग मौजूद नहीं थे। सन् 1962 के भारत-चीन युद्ध के बाद का लाइसेंस युग शुरू हो गया। निर्माणकर्ता देश, रक्षाक्षेत्र की सार्वजनिक इकाई को इसके निर्माण से जुड़ी बहुत सीमित जानकारी देते थे। इसका अर्थ यह था कि उद्योग इसकी केवल 'कैसे होगा' क्षमता जानते थे, उन्हें इसकी 'क्यों होगा' क्षमता का कुछ पता नहीं था। भारत के लिए प्रो. सतीश धवन का उद्योगों को अंतरिक्ष कार्यक्रमों में शामिल होने के लिए प्रोत्साहित करना ही एकमात्र उत्साहवर्धक पहलू था। आई.जी.एम.डी.पी. को अंतरिक्ष प्रौद्योगिकी उपकरणों के निर्माण में इसरो से मिला न्यूनतम सहयोग बहुत महत्त्वपूर्ण रहा।

स्पष्ट था, यह विकसित देशों द्वारा थोपी गई प्रौद्योगिकी की अस्वीकृति व्यवस्था थी। एम.टी.सी.आर. विभिन्न देशों की अनौपचारिक व स्वैच्छिक संस्था थी, जिसका कार्य 500 किलोग्राम के पेलोड (इसे नाभिकीय स्फोटक शीर्ष (वॉरहैड) पढ़ें) को 300 किलोमीटर तक ले जानेवाली स्वचालित प्रक्षेपण

प्रणाली के प्रसार को रोकना था। संपूर्ण रॉकेट प्रणाली, स्वचालित हवाई वाहनों व उससे संबंधित टेक्नोलॉजी के निर्यात पर लगे प्रतिबंधों का पालन कराने का कार्य एम.टी.सी.आर. का ही था।

दुर्भाग्यवश इनमें से कई अनेक प्रकार की प्रौद्योगिकी व प्रणालियों का असैनिक उपयोग करना प्रतिबंधित था अन्यथा इससे जुड़े वास्तविक-प्रयोक्ता अनुबंध इतने कठोर होते कि इनका उपयोग सैन्य कार्यों में किया ही नहीं जा सकता था। एम.टी.सी.आर. की स्थापना 16 अप्रैल, 1987 को कनाडा, फ्रांस, जर्मनी, इटली, जापान, ब्रिटेन व अमरीका ने की। रूसी संघ ने इस पर सन् 1995 में हस्ताक्षर किए।

एम.टी.सी.आर. में ऐसी तकनीकों व प्रणालियों की सूची बहुत लंबी है, जिनका निर्यात करना प्रतिबंधित है। कुछ सामान्य प्रणालियाँ, जैसे कंप्यूटराइज्ड टोमोग्राफिक स्कैनिंग सिस्टम (जिसे सीटी स्कैन नाम से जाना जाता है) के साथ वास्तविक-प्रयोक्ता सर्टिफिकेट मिलता है। यदि इन प्रणालियों के सैन्य कार्यों में उपयोग की जानकारी मिलती तो उस संस्थान को काली सूची में डाल दिया जाता और आगे उनके साथ आयात करना प्रतिबंधित हो जाता। कई सैन्य-स्तर के कंप्यूटर प्रोसेसरों को भी इसी व्यवस्था द्वारा प्रतिबंधित किया गया। हालाँकि इनमें से हर हस्तांतरण पृथक्-पृथक् आधारित होता था (इसे ऐसे समझें—बड़े राष्ट्रों द्वारा सहायता प्राप्त राष्ट्रों को इन तकनीकों को आयात कर अपनी मिसाइलों का प्रसार कर सकते थे)।

भारत ने एम.टी.सी.आर. व गैर-अप्रसार संधि (एन.पी.टी.) जैसी कई अन्य विवादित संधियों व व्यापक परमाणु-परीक्षण निषेध संधि (सी.टी.बी.टी.) पर हस्ताक्षर नहीं किए हैं। इसलिए ऐसी कई तकनीकें, जिन्हें विदेशों से सरलता से आयात किया जा सकता है, हमें नहीं मिल पातीं। कोई तकनीक या उपकरण मौजूद होने पर उसका सीधे उपयोग किया जा सकता है। वहीं दूसरी ओर उसे फिर से विकसित करने में समय व्यर्थ जाता है, इसे ही उल्टा पहिया घुमाना कहते हैं।

वहीं विचार करें तो यह श्राप हमारे लिए प्रच्छन्न आशीर्वाद के तौर पर उभरकर सामने आया। भारत को जो भी तकनीकें, देने से इनकार किया गया, वे हमने स्वयं विकसित कर लीं और इस स्थिति को हमने 'तकनीक इनकार, तो तकनीक तैयार' के आदर्श मौके में बदल लिया।

लेकिन यह हुआ कैसे?

सबसे पहले आई.जी.एम.डी.पी. को सफल बनाने के लिए विकसित करने हेतु लगभग 200 तकनीकी पैकेजों को छाँटा गया। ये सभी तकनीकें भारत में पहली बार विकसित होनेवाली थीं। इनमें असफल होने का अर्थ होता आई.जी.एम.डी.पी. की असफलता। इन जटिल तकनीकों को विकसित करना चुनौती से परिपूर्ण था, क्योंकि एक तो ये बहुत नई थीं, दूसरा इनसे जुड़ी मूल जानकारियाँ पर्याप्त नहीं थीं। आई.जी.एम.डी.पी. द्वारा विकसित की जा रही तकनीक के प्रासंगिक महत्त्व के अनुसार ही जानकारी, कर्मचारी, बुनियादी ढाँचा व औद्योगिक सहायता उपलब्ध करवाना था। विकास की गति को लगातार पुनरीक्षित करना और समस्याओं का तुरंत निदान आवश्यक था।

अनुसंधान व विकास प्रयोगशालाओं, अकादमिक संस्थानों व चुनिंदा औद्योगिक भागीदारों के बीच सहयोगी दृष्टिकोण व सहभागितापूर्ण साझेदारी से ही प्रौद्योगिकी सशक्तीकरण होना संभव हुआ। जटिल प्रौद्योगिकी के निर्माण हेतु इन कार्यों का योजनाबद्ध तरीके से रणनीतिक प्रबंधन करना था। इन सब उपायों से बढ़कर हमारा प्रगतिशील होना सबसे आवश्यक था। सबसे बढ़कर तो हमें प्रगतिशील होना था। जैसे ही हमने लीक पर चलना छोड़ा, सफलता हमारी गोद में फल की तरह टपक गई।

नवाचार के माध्यम से बड़ी उपलब्धि

अब मैं पाठकों को एम.टी.सी.आर. के विरोधस्वरूप भारत द्वारा निर्मित दो महत्त्वपूर्ण तकनीकी आविष्कारों के बारे में बताता हूँ—इनमें एक है अग्नि के लिए निर्मित री-एंट्री उष्णता रक्षी और पृथ्वी के लिए बनाई गई निर्देशन प्रणाली। अंततः इन आविष्कारों से हमारी प्रौद्योगिकी क्षमता अंतरराष्ट्रीय स्तर पर आ गई, जिससे संयुक्त उपक्रम का रास्ता बना।

'अग्नि' के लिए निर्मित री-एंट्री उष्णता रक्षी

जब एक बैलेस्टिक मिसाइल वायुमंडल के सिरे पर पहुँचती है (100 किलोमीटर की ऊँचाई मानिए) तो उसका स्फोटक शीर्ष (वॉरहैड) अलग होकर नीचे लक्ष्य की ओर जाने लगता है। गिरते समय जब वह फिर से वायुमंडल में प्रविष्ट होती है, तब उसकी गति 10 माख (1 माख = 330 मिलिसेकेंड) से अधिक होती है। उस समय स्फोटक शीर्ष (वॉरहैड) पर हवा का दबाव बहुत बढ़ जाता है, इस घर्षण से 2,500 डिग्री सेंटीग्रेड की अत्यधिक ऊष्मा उत्पन्न होती है। किसी सामान्य बस या

मोटरसाइकिल पर तेज गति से जाते हुए हम अपने सिर पर हवा का दबाव महसूस करते हैं। अब यदि यह घर्षण ध्वनि से 10 गुना अधिक तेज हो तो जरा इसकी कल्पना कीजिए।

इस स्फोटक शीर्ष (वॉरहैड) में विस्फोटक के तौर पर परंपरागत या परमाणु सामग्री होती है। यदि यह ऊष्मा अंदर तक पहुँच जाए तो स्फोटक शीर्ष (वॉरहैड) अनुपयोगी हो जाएगा। इसलिए स्फोटक शीर्ष (वॉरहैड) को गरम होने से बचाने के लिए थर्मल इंसुलेटर का उपयोग किया जाता है। मुझे लगता है कि कल्पना चावला के साथ क्या हुआ था, वह सभी को याद होगा। 'कोलंबिया' स्पेस शटल में बैठे कल्पना व उनके साथी धरती पर लौट रहे थे। जैसे ही वे पुनः प्रविष्ट हुए, थर्मल इंसुलेटर ने काम करना बंद कर दिया, जिसके परिणामस्वरूप शटल व उसके क्रू दोनों से हाथ धोना पड़ा।

ऐसे थर्मल इंसुलेटरों का निर्माण कैसे होता है? सामान्यतः ऊष्मा बढ़ने पर धातु गलकर धुआँ बन जाती है, इसे सुरक्षित रखने के लिए ढाँचे पर कार्बन-आधारित मिश्रित पदार्थ व इसके शीर्ष पर कार्बन मिश्रित पदार्थ लगाया जाता है। इस पदार्थ में तेज ऊष्मा को काटने की क्षमता व समान मात्रा का उच्च वेग होता है। इससे प्रक्षेपण उड़ान का अनुरक्षण होता है और स्फोटक शीर्ष (वॉरहैड) का तापमान 50 डिग्री सेल्सियस से भी कम रहने से वह सुरक्षित बना रहता है। यह तकनीक महाद्वीपीय बैलेस्टिक मिसाइलों (आई.सी.बी.एम.) या मानवयुक्त अंतरिक्ष मिशन जैसे लंबी दूरी के मिशनों में भी आवश्यक होती है। इसीलिए जिन थोड़े से देशों के पास री-एंट्री तकनीक है, वे इसे कड़ी सुरक्षा में रखते हैं। भारत में वैज्ञानिकों की एक टीम ने श्रीमती रोहिणी देवी के नेतृत्व में इस चुनौती को स्वीकार करते हुए री-एंट्री तकनीक को सफलतापूर्वक विकसित किया।

किसी भी उड़नेवाली मशीन के निर्माण से पहले ही हम उसके वायुगतिक क्रिया के बारे में कैसे जान सकते हैं? पहला विकल्प, उसी माप के मॉडल की वात-सुरंग में जाँच करना। उस सुरंग में मॉडल को स्थिर रखा जाता है और जिस गति पर उस यान के उड़ने की आशा है, उसमें उतनी ही तेजी से हवा फेंकी जाती है। उस यान की संभावित गतियों के अनुसार ही विभिन्न कृत्रिम गति पर उड़ान परिस्थितियाँ तैयार की जाती हैं। विभिन्न वायुगतिक परिस्थितियों के पैमाने पर उसके ढाँचे पर पड़े दबाव के अध्ययन के बाद ही उस डिजाइन को स्वीकृति मिलती है।

अब बैलेस्टिक मिसाइल के प्रक्षेपण-पथ पर ध्यान दें; यह यान धरती के वायुमंडल में हाइपरसोनिक गति से पुनः प्रविष्ट होता है। इसकी अग्रनोक की वायुगतिक पुष्टि हेतु हमें हाइपरसोनिक वात सुरंग की आवश्यकता पड़ती है—ऐसी,

जिसमें हाइपरसोनिक गति से हवा को गुजारा जा सके। हमारे पास यह सुविधा मौजूद नहीं थी।

दूसरा विकल्प था—कंप्यूटेशनल ईंधन गतिशीलता (सी.एफ.डी.) के माध्यम से सर्वोत्तम आकार निश्चित करना, जिससे किसी भी हवाई मशीन के वायुगतिक डिजाइन को प्रमाणित करने में मदद मिलती है। वायुगतिक डिजाइन में हजारों ग्रिड बिंदु होते हैं; इन ग्रिड बिंदुओं को कंकाल के जोड़ों जैसा समझिए। सी.एफ.जी. सॉफ्टवेयर हर ग्रिड बिंदु की गणितीय पैमाने पर गणना कर डिजाइन की प्रामाणिकता निश्चित करता है। लेकिन कंप्यूटर के आगमन से पहले यह सब कार्य गणितीय आकलन से किए जाते थे। अग्र-नोक को जानने के लिए हाथ से किए जानेवाले गणितीय आकलन को पूरा होने में वर्षों लगते थे। सन् 1980 में हम सूचना युग में दाखिल हुए तो गणितीय आकलन का कार्य डेस्कटॉप कंप्यूटर पर होने लगा, इसमें भी अन्य हजारों ग्रिड बिंदुओं में से अग्र-नोक के एक ग्रिड बिंदु के मूल्यांकन व अनुकूलन में नौ दिन लग जाते थे। हमें सुपरकंप्यूटर की आवश्यकता थी। इसे प्राप्त करना कहीं अधिक कठिन था। अमेरिका में बना सुपरकंप्यूटर क्रे एक्स-एमपी भारतीय मौसम विभाग के पास था, लेकिन वह इसका उपयोग मौसम की भविष्यवाणी में करता था।

यहाँ बाधा खड़ी हुई; यह कंप्यूटर देते समय अमेरिका ने शर्त रखी थी कि इसका उपयोग किसी भी अन्य कार्य (जैसे रक्षा) में नहीं किया जाएगा। इसलिए मशीन उपलब्ध होने के बाद भी हम उसका उपयोग नहीं कर सकते थे। संस्थान के तत्कालीन प्रमुख डॉ. वी.एस. अरुणाचलम और मिसाइल परियोजना के तत्कालीन प्रमुख डॉ. कलाम अमेरिका गए और वहाँ के रक्षा सचिव श्री विलियम पैरी से मौजूदा सुपरकंप्यूटर के उपयोग की अनुमति देने या सैन्य अनुसंधान व विकास हेतु नया कंप्यूटर बेचने की बात कही। श्री पैरी ने उन्हें दोपहर में बढ़िया भोजन करवाया, लेकिन सुपरकंप्यूटर नहीं दिया। खाली हाथ लौटे डॉ. अरुणाचलम ने एडवांस्ड न्यूमेरिकल रिसर्च एंड एनालेसिस ग्रुप (अनुराग) की स्थापना की, जिसका प्रमुख इंदिरा गांधी परमाणु अनुसंधान केंद्र (आई.जी.सी.ए.आर.), कलपक्कम में कार्यरत प्रो. जी. वेंकटरमन को बनाया गया और उन्हें अग्नि री-एंट्री मॉड्यूल डिजाइन पर काम करने के लिए सुपरकंप्यूटर को डिजाइन व विकसित करने की जिम्मेदारी सौंपी गई। उन्हें इस काम को पूरा करने के लिए 24 महीने का समय दिया गया।

25 वर्ष पहले के इन हालात की कल्पना कीजिए। उस समय भारत की आम जनता कैलकुलेटर को ही कंप्यूटर मानती थी। जिस देश में साधारण कंप्यूटर बनाने की भी क्षमता मौजूद नहीं थी, क्या हम उससे सुपरकंप्यूटर बनाने की उम्मीद कर सकते थे?

लेकिन डॉ. वेंकटरामन, डॉ. नीलकांतन और 14 अन्य युवाओं ने मिलकर सी.एफ. डी. विश्लेषण के लिए हाइपरक्यूब आधारित समानांतर प्रोसेसिंगवाले सुपरकंप्यूटर का आविष्कार कर लिया। इसी दौरान सी.एफ.डी. के लिए नया सॉफ्टवेयर कोड बनाने के लिए भारतीय विज्ञान संस्थान (आई.आई.एस.सी.) में प्रो. देशपांडे के नेतृत्व में एक अन्य दल का गठन कर दिया गया।

अंततः कार्य की पूर्ति हेतु दिए गए 24 महीनों में 1.7 गीगाफ्लॉप्स की क्षमतावाला पेस+ नाम का 32-नोड का समानांतर कंप्यूटर बना लिया गया। मोटे तौर पर एक फ्लॉप की तुलना एक गणना से हो सकती है। पेस+ प्रत्येक सेकेंड में 1,700,000,000 फ्लोटिंग बिंदुओं की गणना की क्षमता रखता था। यह हमें देने से मना किए गए क्रे एक्स-एमपी से 20 गुना अधिक तेज था। पेस+ और सी.एफ.डी. के लिए बने नए सॉफ्टवेयर कोड से पहले जिस गणना में नौ दिन लगते थे, अब वह घटकर केवल पाँच मिनट में होने लगी।

अग्र-नोक मॉडल खोज लिया गया और इसे मिसाइल में लगाने की अनुमति मिल गई। विडंबना देखिए, जैसे ही हमने अपना सुपरकंप्यूटर बना लिया, अमेरिका हमें अपना क्रे एक्स-एमपी देने को राजी हो गया। इस पेशकश को तुरंत ही ठुकरा दिया गया। आज हम री-एंट्री की तकनीक में माहिर हैं और अग्नि के 700 किलोमीटर से 5,000 किलोमीटर तक मार करनेवाले कई संस्करण बनाए गए हैं। इस तरह सुपरकंप्यूटर के मूल आविष्कार और घर में निर्मित सॉफ्टवेयर ने हमारे लिए सफलता के द्वार खोल दिए।

पृथ्वी के लिए अक्रिय निर्देशन प्रणाली

पृथ्वी एक विशिष्ट डिजाइनवाली कम दूरी की बैलेस्टिक मिसाइल है। ऐसा नहीं है कि कम दूरी की बैलेस्टिक मिसाइल सबसे पहले हमने ही बनाई है। कई देशों ने हमसे बहुत पहले इसका निर्माण कर लिया था। तो पृथ्वी में विशेष क्या है?

इसका प्रक्षेपण-पथ युद्धकौशल से परिपूर्ण था। पृथ्वी की निर्देशन प्रणाली ही उसके युद्धकौशल व उसकी लक्ष्य तक पहुँचने में अत्यंत सटीक क्षमता को सुनिश्चित करती है। इस निर्देशन प्रणाली को उच्च परिशुद्धतावाले नेविगेशन सेंसर की आवश्यकता थी। यह भी भारत में उपलब्ध नहीं था। सेंसर के बिना सटीक निर्देशन प्रणाली बनाना संभव नहीं था। यह कार्य चार युवा वैज्ञानिकों को सौंपा गया, जिन्होंने हिंदुस्तान एयरोनॉटिक्स लिमिटेड (एच.ए.एल.) द्वारा बनाए जानेवाले प्राथमिक गेरोस्कोप्स के उपयोग से ऐसा समाधान खोजा, जिससे इसकी सटीकता बढ़ाने में सहायता मिली।

> ### युक्ति चालन प्रक्षेप पथ क्या होता है?
>
> इसके पूर्व बैलेस्टिक मिसाइल परंपरागत परवलयिक (Paravalic) प्रक्षेप पथ पर उड़ने के लिए डिजाइन की जाती थीं। जब एक बैलेस्टिक मिसाइल को हमले के लिए तैयार किया जाता, तो शत्रुपक्ष की मिसाइल सुरक्षा प्रणाली निरंतर उस पर व उसके प्रक्षेप पथ पर नजर रखती। इसे भेदने के लिए वह एक सुनिश्चित बिंदु का चयन करके बैलेस्टिक-भेदी मिसाइल (इंटरसेप्टर मिसाइल) दाग दिया जाता था। इसके बाद वह इंटरसेप्टर मिसाइल निश्चित किए गए बिंदु पर उस हमलावर मिसाइल को नष्ट करने के लिए उसमें या उसके करीब जाकर फट जाती। इन सब क्रियाओं के लिए शत्रु के पास बहुत कम समय होता था, जिसमें असफलता का अर्थ था हमलावर मिसाइल अपना काम कर देगी। इस इंटरसेप्शन को त्रुटिरहित बनाने के लिए मिसाइल की रक्षा प्रणाली का सटीक आकलन करना सबसे महत्त्वपूर्ण था।
>
> आई.जी.एम.डी.पी. का ध्येय था कि यह भविष्योन्मुखी पृथ्वी, बैलेस्टिक-भेदी मिसाइलों से बचकर निकल सके। इसके लिए पृथ्वी को युद्धकुशल होना चाहिए था। क्रूज मिसाइल युद्धकुशल बन सकती थी, लेकिन बैलेस्टिक मिसाइल का युद्धकुशल होना बहुत कठिन था।
>
> इसलिए वैज्ञानिक ने पृथ्वी को पंख दिए। इन पंखों से पृथ्वी को गति व मुड़ने का युद्धकौशल मिल गया। इस कुशलता के कारण शत्रु की मिसाइल रक्षा प्रणाली या तो हमलावर पृथ्वी मिसाइल के प्रक्षेप पथ के सटीक आकलन में असमर्थ रहती या फिर पृथ्वी के लक्ष्य को ही नहीं पहचान पाती।

इससे त्रुटि पूर्ति के लिए शानदार तरीका मिल गया। युवा वैज्ञानिकों के इस दल ने सेंसरों का अध्ययन किया, सेंसरों के गुण निर्धारण के लिए कुछ मिशन अंजाम दिए और उड़ान संबंधी विभिन्न चरणों की त्रुटियों की गणना की। त्रुटियों का अनुमान लगाने के लिए प्रक्षेप-पथ के परीक्षण में कई गलत व असफल तरीके भी अपनाए गए। इसके पीछे मंशा थी कि निर्देशक कंप्यूटर उन त्रुटियों को समझकर उन्हें दूर कर सके। एक बार जब कंप्यूटर किसी त्रुटि को समझ जाएगा, तो वह उस त्रुटि की क्षतिपूर्ति भी कर देगा। सॉफ्टवेयर को बता दिया गया कि उड़ान को अंतिम रूप से और बेहतर बनाने के लिए किस तरह क्षतिपूर्ति करनी है।

यह प्रणाली हार्डवेयर की निरंतर जाँच व तत्पश्चात् उड़ान परीक्षण में भी सफल रही। हार्डवेयर की त्रुटि की सॉफ्टवेयर द्वारा क्षतिपूर्ति की नवीनता ने इस अक्रिय निर्देशन प्रणाली को बेहतरीन बनाने में मुख्य भूमिका अदा की।

आई.जी.एम.डी.पी. का अंतिम परिणाम

आई.जी.एम.डी.पी. ने पृथ्वी व अग्नि जैसी निर्देशित मिसाइलों के विभिन्न संस्करणों के निर्माण में भारत को आत्म-निर्भर बनाया। अब किसी भी तरह की टैक्टिकल सामरिक मिसाइल के निर्माण में सक्षम थी, जिसके लिए आवश्यक जटिल तकनीकें, मिसाइल वैज्ञानिक व उचित बुनियादी ढाँचा इनके पास मौजूद है। कुछ सफल उड़ान परीक्षणों के बाद आकाश को तैनाती के लिए भारतीय वायु सेना को सौंप दिया गया। इसके बाद आई.जी.एम.डी.पी. ने मिसाइलों की बहुत सी शाखाओं का निर्माण किया।

कार्यक्रम प्रबंधन : सफलता की कुंजी

आई.जी.एम.डी.पी. ने बहूपयोगी मिसाइल विकास कार्यक्रम की शुरुआत की थी, लेकिन उचित तकनीक के अभाव में यह तकनीकी विकास कार्यक्रम में बदल गया, जिसमें मिसाइल निर्माण करना भी समाहित है। समाहित होने की इस क्रिया ने इसे दुनिया का सबसे जटिल तकनीक विकास कार्यक्रम बना दिया। इसकी तकनीकें बहुत नवीन व भविष्योन्मुखी हैं। जबकि डी.आर.डी.एल. का अपना तकनीकी आधार बहुत सीमित है। इस कारण इसमें बड़ी संख्या में सरकारी लैब, अकादमिक संस्थान, निजी व सरकारी उपक्रमों को साथ लिया गया। ये सभी तकनीकें विभिन्न संस्थानों व प्रयोगशालाओं में नेटवर्क संगठन के माध्यम से विकसित हुईं। आज हमारे पास इंटरनेट है, जो सभी सूचनाओं को जमा कर एक ही स्थान पर दरशा सकता है, जबकि उस समय कंप्यूटर अपनी प्रारंभिक अवस्था में था, जिसके मोनोक्रोम मॉनीटर की काली पृष्ठभूमि पर हरे रंग के फॉण्ट दिखाई देते थे और इन्हें केवल एयरकंडीशंड कमरे में ही उपयोग किया जा सकता था। हमें विभिन्न उद्योगों, शोध प्रयोगशालाओं व अकादमिक संस्थानों में स्वयं जाकर उनकी रिपोर्टों को देखना व लोगों से संपर्क करना पड़ता था।

आई.जी.एम.डी.पी. को अनिश्चितता, जटिलताएँ, भिन्न कार्य संस्कृतियों व दृष्टिकोण, कठिन प्रक्रियाओं, सैन्य वातावरण और गोपनीयता बनाए रखने से एक साथ जूझना पड़ा। इन सब बातों को देखते हुए डी.आर.डी.एल. प्रबंधन ने स्वयं को मैट्रिक्स ढाँचे में परिवर्तित कर लिया। संक्षेप में कहें तो इस नए ढाँचे में सिस्टम मैनेजर अपने क्षेत्र के तकनीकी पक्ष पर नजर बनाए रखता, वहीं परियोजना मैनेजर पूरे मिसाइल परियोजना की देखभाल करता था। ये दोनों व्यक्ति कार्यक्रम प्रबंधक बोर्ड को रिपोर्ट करते, जिनपर सभी पाँच मिसाइल परियोजनाओं की देखरेख की जिम्मेदारी थी।

इस मैट्रिक्स ढाँचे से नियंत्रण रखना सरल हो गया। इससे मतभेदों, प्राथमिकता निर्धारण, डुप्लीकेशन से बचाव और तय समय-सीमा पर कार्य पूर्ण होने में मदद मिली।

प्रबंधन को प्रभावकारी बनाने में तकनीकी विकास की मूलभूत जटिलताएँ असली

चुनौती साबित हुईं। ये पेचीदगियाँ बहुस्तरीय थीं, जिनमें अधिष्ठानों व उससे संबंधित प्रबंधन की नेटवर्किंग, समय का संकट व तकनीकी जटिलताएँ शामिल थीं। सबसे बढ़कर इन सभी बहु-तकनीकी विकास क्रियाओं में बहु-मिसाइल विकास कार्य भी समाहित थे।

आई.जी.एम.डी.पी. में अधिष्ठानों व कार्यों की निगरानी बहुत थकानेवाला काम था। आज इंटरनेट के माध्यम से पूरी दुनिया हमारी उँगलियों के इशारे पर आ गई है। लेकिन उन दिनों भारत के लिए इंटरनेट केवल एक अवधारणा थी। उन दिनों कंप्यूटर अपनी प्रारंभिक अवस्था में थे, उनके मोनोक्रोम मॉनीटर की काली पृष्ठभूमि पर हरे फॉण्ट दिखते थे और इनका उपयोग केवल एयरकंडीशन सुविधावाले कमरे में होना संभव था। उस समय टेलीविजन भी बहुत कम होते थे, आवासीय इलाकों में एंटीना (डिपोल एंटीना) वाले मकान रास्ता बताने में काम आते थे। अब यह एंटीना बहुत कम दिखाई देते हैं, नई पीढ़ी तो इनके बारे में कुछ भी नहीं जानती होगी। अब डीटीएच और डीवीडी गुणवत्तावाले वीडियो व ऑडियो का युग आ गया है। जबकि उस काल में हमें विभिन्न उद्योगों, शोध प्रयोगशालाओं और अकादमिक संस्थानों में खुद जाकर रिपोर्ट देखनी व लोगों से बात करनी पड़ती थी। अपने साथ जोड़ने के लिए हमें स्वयं ही उनकी विशेषज्ञता व क्षमताओं का आकलन कर उन्हें काम देना होता था।

आई.जी.एम.डी.पी. में हम 200 से अधिक जटिल व कुछ कम जटिल तकनीकों को विकसित कर रहे थे; इनके अतिरिक्त कुछ बहुत ही कम जटिल, लेकिन आवश्यक तकनीकें भी बनाई जा रही थीं। हर चीज समयबद्ध थी, जिनमें हमें तकनीकी शोध, तकनीकी विकास और उत्पाद निर्माण से जुड़े लगभग 22,000 कार्यों का प्रबंधन करना था। और ये सभी क्रियाएँ भारत के एक से दूसरे सिरे तक फैली हुई थीं।

भारत में उस दौर की संपर्क सुविधाओं की स्थिति याद कीजिए। जिन लोगों का जन्म '90 के दशक में हुआ है, वे '80 के दशक के भारत से परिचित नहीं होंगे। उस समय घर में टीवी या टेलीफोन होना प्रतिष्ठा की निशानी थी और ये सुविधाएँ वही लोग ले पाते थे, जो आर्थिक रूप से सबल थे। उस समय आज की तरह एक ही दिन में कार खरीदकर अपने गैरेज में पार्क कर लेना संभव नहीं था, बल्कि उन दिनों कार खरीदने के लिए लंबे समय तक प्रतीक्षा करनी होती थी।

डी.आर.डी.एल. के कार्यक्रम प्रबंधन निदेशालय को 22,000 गतिविधियों की निगरानी करनी होती थी, जिनमें भारत के विभिन्न हिस्सों में जारी शोध, विकास, उत्पादन और परीक्षण शामिल थे। हमें महीने के अंत तक वे सभी रिपोर्ट चाहिए थीं, ताकि हम उनका विश्लेषण कर उसकी प्रगति व समस्याओं को समझें व उन पर विचार-विमर्श कर सकें। उन त्रुटियों या मुद्दों पर सुधार संबंधी निर्णय लेने के साथ ही हमें आनेवाले महीने में उन कार्यों से जुड़े अगले कार्यों को भी तय करना होता था।

इन सभी कार्यों के लिए समय-सीमा तय थी। किसी भी विशेष मिसाइल से जुड़े विकार्स कार्य निश्चित समय में पूरे होना आवश्यक था।

मिसाइल का निर्माण कार्य भी समयबद्ध था; लगभग प्रत्येक उपप्रणाली के लिए कोई तकनीक विकसित करनी पड़ती थी। किसी भी विशिष्ट तकनीक पर आश्रित उपप्रणाली के लिए मिसाइल का विकास कार्यक्रम रोका नहीं जा सकता था। इसमें सबसे बड़ी मुश्किल यह थी कि प्रत्येक मिसाइल के साथ बहुत सी उपप्रणालियों व बहुत सी तकनीकें जुड़ी हुई थीं।

व्यर्थ हुए प्रत्येक सेकेंड से डी.आर.डी.ओ. की मिसाइल बनाने की क्षमता पर प्रयोक्ता के भरोसे की मात्रा कुछ कम हो जाती और ऐसा एक नहीं बल्कि पाँचों मिसाइलों के साथ था। आवश्यक तकनीक को विकसित करने के साथ ही व्यक्तिगत समस्याओं, नैतिक समस्याओं, सामग्री की आवश्यकता, नौकरशाहों की दखलंदाजी आदि से निपटना भी जरूरी था। इस प्रकार की पद्धति तैयार करना भी आई.जी.एम.डी.पी. की बड़ी सफलता है।

मैंने आई.जी.एम.डी.पी. के विकास हेतु उन तकनीकों के बारे में बताया, जिन्हें मैंने इसरो के प्रक्षेपण वाहन परियोजना में हुए कार्यानुभव से सीखा था। हमने जटिल तकनीकी विकास, कंप्यूटर समर्थित पद्धति से कई कार्यों की निगरानी करना, जटिल कार्यों की निगरानी पद्धति, जैसी कई रणनीतियाँ पेश करते हुए कई मील के पत्थर पार किए। बहु परियोजना वातावरण में पेस तकनीक के संघर्ष के संकल्प, संरचित पुनरीक्षण प्रणाली, उड़ान परीक्षण मिशन प्रबंधन, क्षमता विकास, इन्फ्यूजिंग तकनीक कौशल, संस्थान में वैज्ञानिकों की नियुक्ति की औसत आयु कम कर उनकी संख्या बढ़ाई, 1986, 1989 व 1992 में संस्थान के पुनर्गठन से निरंतर नवीनता लाते रहे। उपर्युक्त काररवाई से नई संस्कृति व परिणाम प्राप्त करने की प्रवृत्ति स्थापित हो गई। डी.आर.डी.एल. में 25 वर्ष पहले बोया गया बीज उस समय के कई युवा वैज्ञानिकों द्वारा विशाल मिसाइल परियोजनाओं को सँभालने व प्रयोगशालाओं के निदेशकों का पद सँभालने के रूप में सामने आया, और यह आगे कई पीढ़ियों तक जारी रहेगा।

एक अधूरा काम

आई.जी.एम.डी.पी. में हमने स्ट्रेटेजिक आक्रामक मिसाइल प्रणालियों और टैक्टिकल रक्षात्मक मिसाइलों पर अपना ध्यान केंद्रित किया। शुरुआत में टैक्टिकल मिसाइल रही पृथ्वी ने विभिन्न कारणों के चलते अंत में स्ट्रेटेजिक मिसाइल का रूप ले लिया। युद्धकाल में स्ट्रेटेजिक मिसाइल को ही अंतिम हथियार के तौर पर चुना जाता है। प्रारंभिक चरण में स्ट्रेटेजिक मिसाइल का उपयोग नहीं होता, क्योंकि इससे गलत

संदेश जाता है। शत्रु यह नहीं समझ पाता कि स्ट्रेटेजिक मिसाइल में क्या भेजा गया है। उसके स्फोटक शीर्ष (वॉरहैड) में गैर-परमाणु सामग्री होने पर भी शत्रु यह मान सकता है कि हमलावर मिसाइल का स्फोटक शीर्ष (वॉरहैड) नाभिकीय सामग्री से लैस है। इस कारण वह जवाब में परमाणु मिसाइल से हमला कर सकता है।

स्ट्रेटेजिक मिसाइल का केवल एक ही कार्य होता है—शक्ति संतुलन स्थापित करना। इससे शत्रु को यह संदेश जाता है कि यदि उसने स्ट्रेटेजिक मिसाइल से हमला किया तो उसे समाप्त करने के लिए हम भी अपनी मिसाइल चला देंगे। अपने शस्त्रागार में आई.सी.बी.एम.एस. होने के बाद भी शीतयुद्ध के खेल में सोवियत संघ व अमेरिका दोनों ने ही इसका उपयोग नहीं किया। अब कल्पना कीजिए—यदि किसी युद्ध में गैर-नाभिकीय स्फोटक शीर्ष (वॉरहैड) के साथ पृथ्वी द्वारा हमला किया जाए तो शत्रु उसे भी परमाणु हमला समझ सकता है। संभव है कि वह इसके जवाब में नाभिकीय हमला कर दे और उसके पास बहाना भी होगा कि वह केवल जवाब दे रहा था। यही नहीं, हमें उसे उकसाने का जिम्मेदार भी माना जाएगा, जबकि हमने उसपर गैर-परमाणु मिसाइल दागी थी।

आई.जी.एम.डी.पी. के टैंक पर लगनेवाली नाग के अतिरिक्त अन्य सभी मिसाइलें पूर्णत: रक्षात्मक हैं। कुल मिलाकर हमारे देश में स्वदेशी टैक्टिकल युद्ध-विजेता मिसाइल की कमी के रूप में एक बड़ा अंतराल दिखता है। एक ऐसी मिसाइल प्रणाली की आवश्यकता है, जो पहले हमला करनेवाली शस्त्र प्रणाली बन सके। हमारी मिसाइल टीम अकसर इस मुद्दे पर बात करती है व इसका हल निकालने के लिए प्रयासरत है। यद्यपि हम अभी भी यह नहीं जानते कि पहली बार हमला करनेवाला हथियार कैसा होना चाहिए।

□

भाग-3

अपरिचित जल में

अपनी क्षमता उभारने की कुंजी शक्ति या ज्ञान में नहीं, निरंतर प्रयास में है।

—विंस्टन चर्चिल

हमारे समक्ष कोई तैयार रास्ता नहीं था। भारत की किसी भी सैन्य प्रणाली के लिए ब्रह्मोस पहला संयुक्त उपक्रम था। यह अपनी तरह का पहला संयुक्त उपक्रम था, जिसमें भविष्य में सुपरसोनिक मिसाइल का डिजाइन, विकास, उत्पादन व विक्रय के लिए अंतर-सरकारी समझौता हुआ। अपने लक्ष्य को प्राप्त करने के लिए हमें अपना रास्ता खुद बनाना था।

4

अनूठी उपलब्धि

सबसे तेज मिसाइल

जब मैं मई 1991 में हार्वर्ड बिजनेस स्कूल से वापस भारत लौटा, तब फारस का खाड़ी युद्ध समाप्त हुआ ही था। मैंने इस युद्ध में टॉम हॉक मिसाइल द्वारा निभाई महत्त्वपूर्ण भूमिका का विस्तृत अध्ययन किया। हमारी मिसाइल टीम, क्रूज मिसाइल व बैलेस्टिक मिसाइल रक्षा प्रणाली विकसित करने को अधीर थी। हम अन्य देशों के सहयोग से टर्मिनल-स्टेज एंगेजमेंट और क्रूज मिसाइल दोनों के विकास में आकाश को बी.एम.डी. हथियार के तौर पर उपयोग करना चाहते थे। इस सहयोगात्मक मॉडल से कई टीमों को हमसे मुलाकात करने और बदले में हमें अन्य राष्ट्रों, खासतौर पर रूस, फ्रांस और इजराइल की बी.एम.डी. क्षमताओं को परखने का मौका मिला। मिसाइल तकनीक पर प्रतिबंध व्यवस्था व तकनीकी दृष्टि से अस्वीकृत के बावजूद आई.जी.एम. डी.पी. ने कई जटिल तकनीकों के निर्माण में बहुत बेहतर परिणाम दिए। अब भारत की मजबूत प्रौद्योगिकी क्षमता पर किसी को कोई संशय नहीं था।

टीम अब क्रूज़ मिसाइल हेतु प्रणोदन, निर्देशन व कंट्रोल की दृष्टि से विभिन्न विकल्पों के अन्वेषकों (सीकर) व विन्यास खोज रही थी। टीम के सदस्य अपने दैनिक कार्यों के अतिरिक्त इस कार्य में भी कड़ी मेहनत कर रहे थे। हम चाहते थे कि आई. जी.एम.डी.पी. द्वारा निर्धारित पैमाने पर बनी यह नई मिसाइल भविष्योन्मुखी होने के साथ ही तैनाती के समय भी अपनी श्रेणी में सर्वश्रेष्ठ हो। लेकिन प्रश्न वही था, ऐसा होगा कैसे ? इसी विषय पर चर्चा के दौरान इसका जवाब मिल गया, जो बहुत ही सरल था—यदि इसकी गति बढ़ा दें। तेज गति होने से मिसाइल भविष्योन्मुखी कैसे बनेगी ? जब हमला तेज गति से होगा, तो जाहिर है कि इससे शत्रु को सँभलने का मौका कम मिलेगा। उस समय सभी बड़े देशों की कार्यरत क्रूज मिसाइलें सब सोनिक गति से उड़ती थीं।

खाड़ी युद्ध : टॉम हॉक ने कारी (KARI) को कैसे काबू किया

यह युद्ध इराक और संयुक्त राष्ट्र के 34 देशों की गठबंधन सेना के बीच 2 अगस्त, 1990 से शुरू होकर 28 फरवरी, 1991 तक चला। फारस का खाड़ी युद्ध इलेक्ट्रॉनिक संग्राम व हवाई शक्ति के लिए सबक था। यह युद्ध दुर्जेय हवाई रक्षा प्रणाली और भयंकर वायु शक्ति के बीच था। सबसे बढ़कर यह एक ऐसा युद्ध था, जहाँ क्रूज मिसाइल के सुनिश्चित हमलों ने गठबंधन सेना को जीत दिलाई। यह युद्ध भविष्य के युद्धों के लिए प्रवेशिका मात्र था।

इराकी सेना बहुत मजबूत थी, जिसमें 1 करोड़ 20 लाख थल सैनिक, 5,000 से अधिक टैंक और 3,500 से अधिक तोपें थीं। कुवैत पर कब्जे के बाद उन्होंने अपनी सुरक्षा के साथ ही सऊदी-कुवैत सीमा व इराकी समुद्र तट की भी किलेबंदी कर ली थी।

इराकी सेना को कुवैत से निकालने के लिए गठबंधन सेना के थल सैनिकों को सबसे पहले इराकी थल सैनिकों का सामना करना था। लेकिन इराकी थल सैनिकों से उलझने का परिणाम गठबंधन की थल सेना को गंभीर क्षति के रूप में सामने आता। पश्चिमी राष्ट्रों को इतने बड़े पैमाने पर क्षति राजनैतिक दृष्टिकोण से स्वीकार्य नहीं थी। इससे बढ़कर सद्दाम ने घोषणा की थी कि यदि इराक पर हमला हुआ तो इराक इजराइल पर हमला कर देगा। सद्दाम का आकलन था कि ऐसी स्थिति आने पर गठबंधन में शामिल इजराइल के कट्टर शत्रु अरबी राष्ट्र पीछे हट जाएँगे। अरब राष्ट्रों के पीछे हटने का मतलब है कि वे गठबंधन सेनाओं को इराक के खिलाफ सैन्य काररवाई जारी रखने के लिए अपनी सीमाओं पर जगह नहीं देंगे।

संक्षेप में कहें तो इससे पहले कि इराक अपनी ज्ञात रासायनिक क्षमता से इजराइल को किसी तरह का नुकसान पहुँचाए, गठबंधन सेना इस युद्ध को जीत लेना चाहती थी। यही नहीं, वह इस युद्ध के तीव्र होने से पहले ही इसे जीतना चाहती थी।

इराकी सेनाओं की ताकत तोड़ने के लिए गठबंधन सेना ने हवाई शक्ति का उपयोग करने का निर्णय लिया। उन्होंने पूरे इराक में बने 40 से अधिक कमांड व कंट्रोल (सी2) केंद्रों को नष्ट करने की रणनीति बनाई। जितना महत्त्व कमांड सेंटर का होता है, एक मजबूत संचार नेटवर्क भी उतना ही जरूरी है। यह संचार नेटवर्क माइक्रोवेव रिले टॉवर व टेलीफोन एक्सचेंज जैसे संचार नोड्स के माध्यम से काम करते थे। इन नोड्स के ध्वस्त होने से नेटवर्क भी नष्ट हो

जाएगा, जिससे सर्वोच्च कमांड न तो स्थिति की रिपोर्ट प्राप्त कर सकेगी और न ही कोई आदेश यहाँ तक पहुँचा सकेगी। स्पष्ट निर्देशों के अभाव में अग्रिम मोरचा टूट जाएगा।

गठबंधन सेनाओं के लक्ष्यों में ऊर्जा उत्पादन व तेल शोधन सुविधाएँ, नौसेना व तटीय सुविधाएँ, वायु सेना के अड्डे, एन.बी.सी. (परमाणु,जैविक, रासायनिक) हथियारों से जुड़ी अनुसंधान, निर्माण व भंडारण सुविधाएँ, स्कड मिसाइल निर्माण, भंडारण व प्रक्षेपण की तैयारी सुविधाएँ; और कुवैत में इराकी सेनाओं को रसद पहुँचानेवाले रेलमार्ग व पुल शामिल थे। इन पुलों पर से बहुत सी टेलीफोन लाइनें और फाइबर ऑप्टिक केबल भी जाती थीं, इनके ध्वस्त होने से दो काम बन जाते—एक वाहनों का आवागमन रुक जाता, दूसरा संचार-तंत्र समाप्त हो जाता।

सद्दाम जानते थे कि गठबंधन सेनाएँ हवाई शक्ति का उपयोग करेंगी। वे अपनी मजबूत वायु रक्षा प्रणाली से इससे मुकाबला करने को तैयार थे। गठबंधन समझ गया कि कारी के नाम से प्रसिद्ध इराक की विशाल आंतरिक वायु रक्षा प्रणाली (आई.ए.डी.एस.) के रहते तय लक्ष्यों को ध्वस्त करना आसान नहीं होगा। कारी ने अपने हवाई क्षेत्र की सुरक्षा के लिए इसकी मजबूत किलेबंदी कर रखी थी। वास्तव में इस प्रणाली ने कुवैत व इराक के हवाई क्षेत्र को गठबंधन के वायुयानों के लिए मौत का मैदान बना दिया था। कारी की हवाई रक्षा प्रणाली (ए.डी.एस.) में विमान-भेदी तोपें (ए.ए.ए.) और सरफेस-टू-एयर मिसाइल (सैम) (सतह से हवा) में मार करनेवाली मिसाइल शामिल थी। ये सभी हवाई रक्षा प्रणालियाँ एक-दूसरे की पूरक थीं और परस्पर अतिव्यापी आवृत्ति क्षेत्र प्रदान करती थीं। इसलिए यदि कोई विमान किसी एक ए.डी.एस. को नष्ट करने का प्रयास करता तो उसे साथ बने दूसरे ए.डी.एस. से भी निपटना होता।

यह आई.ए.डी.एस. इस तरह बनाया गया था कि उसके नजदीक किसी अन्य शैली या भिन्न ऑपरेशनल फ्रीक्वेंसी/मॉड्यूलेशन या किसी अन्य राष्ट्र में बना ए.डी.एस. होता है। इस व्यवस्था से गठबंधन सेनाओं की इलेक्ट्रॉनिक संघर्ष क्षमता प्रभावित होने लगी। (इलेक्ट्रॉनिक संघर्ष में बाधित करना महत्त्वपूर्ण पहलू होता है। इसलिए यदि हमलावर वायुयान ए.डी.एस. को बाधित करने का प्रयास करता, तो उसके साथ लगा दूसरे ए.डी.एस. पर बिल्कुल अलग प्रकृति का होने से इसका कोई प्रभाव नहीं होता। साथ बना वह ए.डी.एस. उस हमलावर वायुयान को पूरी सटीकता से धाराशायी कर देता।) इसके अलावा प्रत्येक ए.डी.एस. कमांड सेंटर से जुड़ा था, जिसे इंटरसेप्ट ऑपरेशंस सेंटर (आई.ओ.सी.) कहा जाता था।

ऐसे भी बहुत से सेंटर थे, जो सेक्टर ऑपरेशंस सेंटर (एस.ओ.सी.) से जुड़े थे, जो दो या तीन आई.ओ.सी. की वायु रक्षा व्यवस्था को सँभालते थे। यह सभी एस.ओ.सी. केंद्रीय एयर डिफेंस ऑपरेशंस सिस्टम (ए.डी.ओ.सी.) से जुड़े थे, जो सीधा बगदाद में सद्दाम के नियंत्रण में था। बगदाद में ऐसे 40 ए.डी.ओ.सी. सेंटर मौजूद थे। उनकी व्यवस्था ऐसी थी कि यदि एक सेंटर ध्वस्त हो जाता, तो दूसरा सेंटर बिना किसी बाधा के उसका काम सँभाल लेता। इसका सबसे बड़ा फायदा यह था कि बिना अपनी रेडार प्रणाली का उपयोग किए ये ए.डी.एस. वायुयान पर हमला कर देते (जैसे ही वे अपना रेडार चालू करते, हमलावर वायुयान को उनकी स्थिति पता चल जाती, और वह उन्हें ध्वस्त कर सकता था।)

इसमें कोई आश्चर्य नहीं कि अब कारी ही गठबंधन सेनाओं का मुख्य निशाना था। इसमें समस्या यह थी कि कारी वहाँ आनेवाले किसी भी हमलावर वायुयान को नष्ट कर सकता था। इसके लिए वायुयान के अतिरिक्त किसी अन्य समर्थ हथियार की आवश्यकता थी। वह हथियार बनी 'टॉम हॉक' मिसाइल।

17 जनवरी, 1991 को गठबंधन सेनाओं ने तड़के तीन बजे अपना पहला हमला बोला। गठबंधन का विमान हमला करने के लिए उड़ा। लेकिन इससे पहले कि वह हमला करता, अमेरिकी नौसेना के जहाजों और पनडुब्बियों से टॉम हॉक क्रूज मिसाइल दाग दी गईं। इन मिसाइलों ने हवाई सुरक्षा घेरा पार किया और बहुत नीचे उड़ते हुए सी3 नोड्स पर प्रहार कर दिया। इराक के मुख्य कमांड व कंट्रोल पोस्ट तथा सरकारी इमारतों को निशाना बनाकर लगभग 50 टॉम हॉक मिसाइलें दागी गईं।

शुरुआती घंटों में ही कारी का लगभग विध्वंस हो गया। कुछ ही दिनों में कारी का अस्तित्व समाप्त हो गया। इस चरण के बाद गठबंधन के विमानों ने कुवैत में प्रथम पंक्ति के टैंकों, तोपों, रसद वाहनों, पुलों आदि को निशाना बनाना शुरू कर दिया। इसमें महत्त्वपूर्ण बात यह रही कि उन्होंने इराकी सैनिकों का मनोबल तोड़ दिया, जो अब अपनी हवाई सहायता, भोजन, दवाओं व गोला-बारूद की आपूर्ति से कट गए थे। गठबंधन सेनाओं ने 40 दिन तक लगातार बमबारी के बाद अपने थल सैनिकों को काररवाई सौंप दी। वे सऊदी अरब से आगे बढ़े और कुवैत में डेरा जमाए हुए इराकी टुकड़ी पर सीधा हमला कर दिया। इराकी फौज की जानकारी में आए बिना सेना का एक और दस्ता सीरिया के महान् रेगिस्तान की ओर से दाखिल हुआ और अतिक्रमणकारी सेना के पीछे जाकर बाईं ओर से घात लगाकर हमला किया। उन्होंने 100 घंटों से भी कम

समय में कुवैत को स्वतंत्र करा लिया और इसी के साथ युद्ध भी समाप्त हो गया।

यदि टॉम हॉक को मैदान में नहीं उतारा जाता, तो लंबे समय तक जारी रहने व बड़ी संख्या में मौतें होने से गठबंधन सेनाओं के लिए लड़ाई बहुत कठिन हो जाती। इससे टॉम हॉक श्रेणी की क्रूज मिसाइलों की प्रभावशीलता स्पष्ट हो जाती है और तभी से ये सबसे पहले हमले में प्रयुक्त होनेवाला हथियार बन गई हैं।

जब हमने करीब 3 माख की सबसे तेज मिसाइलों के निर्माण का फैसला किया, तो हमें अहसास हुआ कि यह ध्वनि की गति से चलनेवाली सुपरसोनिक मिसाइल क्षमता से ही संभव है। हमने निर्देशन प्रणाली की श्रेणी, आवश्यक एयरफ्रेम और सुपरसोनिक गति पाने के लिए इंजन के प्रकार, जैसे इस प्रणाली से जुड़े सभी आवश्यक सूक्ष्म अध्ययन किए। इसके अलावा, मिसाइल के लिए मौजूदा दक्षता व हम जिस दक्षता को प्राप्त करना चाहते थे, उसके लिए आवश्यक प्रणाली का आकलन किया गया।

हम पृथ्वी की निर्देशन प्रणाली को अधिक सटीक व तेज जवाबी काररवाई के लिए और अधिक उन्नत बनाने के प्रति आश्वस्त थे। इसी तरह हमें एयरफ्रेम बना लेने का भी उतना ही भरोसा था। वहीं दूसरी ओर इसका इंजन बिल्कुल अलग श्रेणी का होने के साथ ही उसे इंजीनियरिंग में भी श्रेष्ठ होना चाहिए, कुछ ऐसा जो पहले कभी न बनाया गया हो। तथ्य यह था कि यह एक रैमजेट इंजन होगा, जो तरल ईंधन पर चलेगा और इसमें मिसाइल को 3 माख की गति तक पहुँचाने के लिए पर्याप्त घटक मौजूद होंगे। हम इस बात पर हैरान थे कि अभी तक किसी और ने सुपरसोनिक क्रूज मिसाइल क्यों नहीं बनाई। सुपरसोनिक गति से चलनेवाले लड़ाकू विमान मौजूद थे, लेकिन इसे मिसाइल में लगाने हेतु इंजन विकसित करना चुनौती भरा कार्य था। उस समय हम आकाश मिसाइल के लिए ठोस ईंधनवाला रैमजेट इंजन विकसित करने की कोशिश में थे। हमें ऐसा रैमजेट इंजन चाहिए था, जिसकी तकनीक प्राथमिक जेट इंजन को पीछे छोड़ दे। लेकिन जेट इंजन (विमान हेतु) विकसित करने की प्रौद्योगिकी व विशेषज्ञता का अभाव था। यह असमर्थता बहुत बड़ा अवरोध थी। उस समय रैमजेट इंजन बनाना अपने आप में एक बड़ा कार्यक्रम बन गया, जिसे पूरा होने में कम-से-कम 10 वर्ष लगे।

मिसाइल प्रौद्योगिकी में आत्मनिर्भरता पाने के आई.जी.एम.डी.पी. के लक्ष्य को पाने के लिए जरूरी था कि कहीं और से इंजन खरीदने की बाध्यता को समाप्त किया जाए, इसलिए इंजन का उपलब्ध होना सबसे पहली आवश्यकता थी। आई.जी.एम.डी.पी. के नियम खरीद को प्रतिबंधित करते थे, लेकिन वे रैमजेट इंजन तकनीक से लैस किसी अन्य देश से साझेदारी पर रोक नहीं लगाते थे। तो वह कौन सा देश होगा, जो हमारा सहयोग करेगा और इससे दोनों राष्ट्रों को क्या लाभ होगा?

इसरो में बिताए दिन : फ्रांस की यादें

सन् 1970 में मैं डॉ. कलाम के साथ इसरो में एस.एल.वी.-3 पर काम कर रहा था। हम तिरुवनंतपुरम् में थे। एक दिन डॉ. साराभाई के साथ कोई फ्रांसीसी मेहमान आए। वे फ्रेंच स्पेस एजेंसी के सेंटर नेशनेले डी ईटुडेस स्पाटिएल्स (सी.एन.ई.एस.) के अध्यक्ष डॉ. कुरियन थे। डॉ. कुरियन व डॉ. साराभाई ने इस परियोजना के मैनेजर डॉ. कलाम से एस.एल.वी.-3 के चौथे चरण के डिजाइन पर कुछ सलाह-मशवरा किया।

इसके बाद डॉ. कुरियन ने पूछा कि क्या एस.एल.वी.-3 के चौथे चरण का उपयोग उनके द्वारा विकसित किए जा रहे डायामांट रॉकेट में हो सकता है। यह सुनकर इस बातचीत को ध्यानपूर्वक सुन रहे डॉ. साराभाई के चेहरे पर संतोष झलकने लगा। डॉ. कुरियन का यह पूछना इस प्राथमिक अंतरिक्ष प्रोग्राम के लिए प्रशंसा जैसा था। दुर्भाग्यवश फ्रांस ने डायामांट परियोजना को बंद कर दिया और हमें डिजाइन की आवश्यकता न होने की सूचना दे दी गई।

कुछ वर्ष बाद फ्रांस ने एक नया प्रक्षेपण यान 'अरियाना' बनाया। आपने शायद समाचार-पत्रों में कोरोइन फ्रेंच गुयाना से अरियाना रॉकेट के संग प्रक्षेपित इनसेट के अपनी कक्षा में सफलतापूर्वक स्थापन की खबर अवश्य पढ़ी होगी। फ्रांस के लिए अरियाना रॉकेट बहुत कामयाब रहा और उसने बहुत से उपग्रहों को उनकी कक्षा में स्थापित किया।

अरियाना में 'विकिंग' नाम का इंजन लगा था। सन् 1974 में इसरो व सीएनईएस में इस विकिंग इंजन तकनीक के हस्तांतरण का समझौता हुआ। इसरो के वैज्ञानिकों को फ्रांस की प्रणोदन-प्रणाली लैब, सोसाइटे यूरोपेने डी प्रोपल्शन (एस.ई.पी.) में काम करने की अनुमति मिली। इस समझौते से इसरो को विकिंग इंजन का नया संस्करण बनाने के लिए 100 श्रम वर्षों का समय दिया गया; इसमें सफलता मिलने पर यह तकनीक भारत को भी मिलती। उस समय फ्रांस को अरियाना प्रोग्राम को जल्दी पूरा करने के लिए उच्च दक्षतावाले जानकार कर्मचारियों की बहुत आवश्यकता थी। समय बहुत कम था, लेकिन वहाँ काम कर रहे भारतीय वैज्ञानिकों ने इसे पाँच वर्षों में कर दिखाया। उन्हें केवल यही पता नहीं लगा कि यह कैसे हुआ है, बल्कि वे ये भी समझ गए कि इसे कैसे किया जाए। जब तक वे भारत वापस लौटे, उन्हें इंजन प्रौद्योगिकी में महारत हासिल हो गई थी, जिसके बाद उन्होंने 'विकास' का निर्माण किया। आज हमारे पी.एस.एल.वी. और जीएस.एल.वी. रॉकेटों में विकास ही लगा है।

भारत-रूस संबंध

1955 के अंत में सोवियत नेता निकिता ख्रुश्चेव व निकोलाई बुल्गानिन के भारत दौरे ने दोनों देशों के बीच लंबे समय तक चलनेवाले रिश्ते की शुरुआत की। तत्कालीन सोवियत संघ ने सन् 1962 में चीन व 1965 में पाकिस्तान से हुए युद्ध में भारत का कूटनीतिक समर्थन किया था। सन् 1971 में भारत व पाकिस्तान के बीच एक बार फिर युद्ध के बादल छा गए, चीन ने पाकिस्तान को समर्थन देने की घोषणा कर दी। अमेरिका और पाकिस्तान के रिश्ते भी बहुत मजबूत थे, वहीं पाकिस्तान सेंट्रल ट्रीटी ऑर्गेनाइजेशन (सेनटो) और साउथ-ईस्ट एशिया ट्रीटी ऑर्गेनाइजेशन (सीएटो) जैसी सैन्य संधियों का सदस्य था।

इसी परिदृश्य में, अगस्त, 1971 में भारत व सोवियत संघ ने एक महत्त्वपूर्ण सहमति पर हस्ताक्षर किए, जिसका नाम था शांति, मित्रता व सहयोग हेतु संधि। इस संधि के अनुसार यदि इन दोनों देशों में से कोई युद्धरत होता है तो दूसरा उसे सैन्य सहायता प्रदान करेगा। वैचारिक मतभेद होने के बावजूद इस संधि का आधार एक-दूसरे के प्रति आपसी सम्मान व संप्रभुता था। यह संधि 20 वर्षों तक वैध रहेगी। इस संधि ने अन्य राष्ट्रों की दखलंदाजी की हिम्मत को तोड़ दिया।

> दोनों देशों के बीच का सद्भाव बाकी बातों में कहीं बढ़कर था । 1971 के युद्ध के बाद सोवियत संघ ने भारतीयों के मन में एक विशेष जगह बना ली थी। जब भी कोई सोवियत नेता या सोवियत नागरिक भारत आता, भारतीय उसका दिल खोलकर स्वागत करते। वेलेंटिना तेरेस्खोवा (अतंरिक्ष में जानेवाली पहली महिला अंतरिक्ष यात्री), यूरी गगारिन (अंतरिक्ष में जानेवाले पहले अंतरिक्ष यात्री) व सर्गेई बुबका (मशहूर पोल वॉल्ट खिलाड़ी) का नाम घर-घर में पहचाना जाने लगा।
>
> ब्रह्मोस के लिए हुई शुरुआती बातचीत के लिए हम रूस में थे। हम वहाँ मेट्रो में यात्रा कर रहे थे। तभी हमारे सामने बैठे यात्री ने हमसे मुसकराते हुए पूछा, राज कपूर ? उसने भारत के एक प्रसिद्ध फिल्म अभिनेता का नाम लिया। हम भौंचक्के रह गए। बाद में हमें ज्ञात हुआ कि रूसी लोग राज कपूर के बहुत बड़े प्रशंसक हैं। उसने सोवियत संघ के विघटन और प्रतिष्ठा हानि पर बहुत कड़वाहट से बात की। जब उसका स्टेशन आया तो उसने हमसे विदा लेते हुए कहा, भारतीय हमारे मित्र हैं और हमेशा रहेंगे।

अंतरिक्ष अनुसंधान में

भारतीय अंतरिक्ष अनुसंधान के विकास में रूस ने अत्यंत महत्त्वपूर्ण सहयोग दिया। भारत का पहली सेटैलाइट आर्यभट्ट व रिमोट-सेंसिंग सेटैलाइट भास्कर-1 व भास्कर-2 के प्रक्षेपण

में सोवियत संघ के यान का उपयोग हुआ। हमारी क्रियाशील रिमोट-सेंसिंग सेटैलाइट आई.आर.एस-1ए, आई.आर.एस-1बी और आई.आर.एस-1सी का प्रक्षेपण सोवियत प्रक्षेपण यान द्वारा ही हुआ है।

सन् 1980 की शुरुआत में इसरो व सोवियत संघ के इंटरकॉस्मॉस ने संयुक्त मानवयुक्त अंतरिक्ष कार्यक्रम बनाया। इस कार्यक्रम के लिए रूस के यूरी मेलेशेव व गेन्नाडी स्त्रेकेलोव व भारत के राकेश शर्मा, इन तीन अंतरिक्ष यात्रियों को चुना गया। 3 अप्रैल, 1984 को बाइकोनुरकोस्मोड्रोम से सोवियत प्रक्षेपण यान सोयुज टी-11 ने पृथ्वी की निचली कक्षा में स्थित स्पेस स्टेशन सेल्युत-7 के लिए उड़ान भरी। इस क्रू ने सुदूर अंतरिक्ष में स्थित सेल्युत-2 में कुल 7 दिन, 21 घंटे व 40 मिनट बिताए और इस दौरान भारत पर ध्यान केंद्रित करते हुए पृथ्वी का पर्यवेक्षण किया। टेलीकॉन्फ्रेंस के दौरान तत्कालीन प्रधानमंत्री श्रीमती इंदिरा गांधी ने राकेश शर्मा से पूछा, 'वहाँ से भारत कैसा दिखता है?' शर्मा ने जवाब दिया, 'सारे जहाँ से अच्छा।' उनके इस उत्तर ने करोड़ों हिंदुस्तानियों का सिर गर्व से ऊँचा कर दिया।

दोनों के बीच अगली बड़ी भागीदारी जियोसिंक्रोनोयस सेटैलाइट लॉञ्च व्हीकल (जी.एस.एल.वी.) के तीसरे चरण में क्रियोजेनिक इंजन के निर्माण के लिए हुई। रूसी डिजाइन पर भारत में बननेवाले इस इंजन को विकसित करने के समझौते को अमेरिका ने एम.टी.सी.आर. का मामला बताकर बाधित किया। तत्पश्चात् इसरो को अपनी आगामी उड़ानों के लिए स्वदेशी क्रियोजेनिक इंजन तैयार करने में सफलता मिल गई।

आर्थिक विकास में

भारत व सोवियत संघ के बीच आर्थिक सहभागिता पचास के दशक के अंत में शुरू हुई। भारत के अपनी तरह के पहले, भिलाई स्टील प्लांट को स्थापित करने में मिली सोवियत सहायता से इसकी शुरुआत हुई। इस संस्थापना ने भारत में लौह व इस्पात उद्योग की नींव रखी। भारतीय प्रौद्योगिकी संस्थान, मुंबई की स्थापना में भी सोवियत संघ ने ऐसा ही सहयोग दिया। इसके बाद भारी अभियांत्रिक मशीनरी, तेल की खोज व परिशोधन, कोयला खनन व ऊर्जा उत्पादन आदि जैसे कई अन्य सामरिक नागरिक उत्पादन क्षेत्रों में सोवियत सहायता प्राप्त हुई। इस शुरुआती मदद के कुछ समय बाद भारत ने इनसे जुड़े सभी क्षेत्रों में आत्मनिर्भरता प्राप्त कर ली।

शस्त्र व्यापार में

जब कोई भी अन्य राष्ट्र हमें अपनी शस्त्र प्रणाली बेचने को तैयार नहीं था, तब सोवियत संघ और बाद में सोवियत गणराज्य ने इसे प्राप्त करवाने में हमारी पूरी मदद की।

हमें बहुत सी शस्त्र प्रणालियाँ बहुत कम सूदवाले ऋण के रूप में या मित्रवत् कीमतों पर बेची गईं। भारत को मिलनेवाली इन आधुनिक प्रणालियों में कई अन्य पश्चिमी विमानों के साथ सुखोई-30 एम.के.आई. वायुयान भी था। इसके अलावा भारतीय नौसेना के लिए केलिनिनग्राद के यांतर शिपयार्ड में तलवार श्रेणी के छह सर्वोत्तम स्टेल्थ पोत भी बनाए गए। साथ ही मित्रता का भाव जताते हुए भारत को एक परमाणु शक्ति संपन्न पनडुब्बी किराए पर दी गई।

इंटीग्रेटेड लॉन्ग टर्म प्रोग्राम (आई.एल.टी.पी.)

विश्वयुद्ध के दौरान व उसके बाद शीतयुद्ध के समय रूस ने बहुत से डिजाइन ब्यूरो स्थापित किए, जिनका कार्य उच्च प्रौद्योगिकी क्षेत्रों में सैन्य उद्योग को सहायता देना व अनुसंधान एवं विकास के लिए प्रयास करना था। कुछ ही समय में रूस के पास विभिन्न संस्थापनों का ज्ञान एकत्र हो गया और वे शोध के लिए नए क्षेत्रों की खोज करने लगे। शोध जारी रखने व निहित ज्ञान को साझा करने के लिए भारत व रूस ने एकीकृत दीर्घकालीन कार्यक्रम (आई.एल.टी.पी.) की शुरुआत का निर्णय लिया। डी.आर.डी.ओ. ने इस मौके का फायदा उठाते हुए जटिल प्रौद्योगिकी विकास कार्यक्रमों में सलाह देने व चुनिंदा क्षेत्रों में शोध सहभागिता के लिए संयुक्त अनुसंधान एवं विकास (आर एंड डी) दल का गठन किया। इस सहभागिता का लाभ बहुत सी नागरिक, अंतरिक्ष व सैन्य परियोजनाओं को पहुँचा।

एन.पी.ओ. मशीनोस्त्रोयेनिया (एन.पी.ओ.एम.) रूस के प्रक्षेपण यान व क्रूज मिसाइल प्रौद्योगिकी में विशेषता रखनेवाले प्रमुख डिजाइन ब्यूरो में से एक था। ब्रह्मोस में साझेदार एन.पी.ओ.एम. ने अपनी यात्रा में बहुत सी सफलताएँ अर्जित की थीं।

□

5

एन.पी.ओ.एम. : उद्यम साझेदार

नोचनो प्रोज्वोदस्विनॉय ओब्येदीन्येनीये मशीनोस्त्रोयेनिया (वैज्ञानिक एवं उत्पादन मशीन निर्माण एसोसिएशन) का लघु नाम एन.पी.ओ.एम. है। रूस की अंतरिक्ष व रॉकेट निर्माण कंपनियों में से प्रमुख एन.पी.ओ.एम. ने बड़े पैमाने पर 50 से अधिक मिसाइल और रॉकेट कार्यक्रम सपंन्न किए हैं। एन.पी.ओ.एम. तीन राष्ट्रीय सुरक्षा कार्यक्रमों से जुड़ा हुआ है—सोवियत/रूसी नौसेना को पानी पर से, पानी के नीचे से और जमीन से प्रक्षेपित होनेवाली मिश्रित क्रूज मिसाइलें हथियार के रूप में उपलब्ध करवाना; स्ट्रेटेजिक नाभिकीय हथियारों को महाद्वीपीय बैलेस्टिक मिसाइलों से लैस करना; और अंतरिक्ष प्रणालियाँ व अंतरिक्ष यान तथा मानव चालित व स्वचालित ऑर्बिट स्टेशनों का निर्माण करना। क्रूज मिसाइलों के क्षेत्र में एन.पी.ओ.एम. को विशेषज्ञता हासिल है। बल्कि तथ्य यह है कि रूसी नौसेना में तैनात 60 से 70 प्रतिशत क्रूज मिसाइलों का डिजाइन व निर्माण एन.पी.ओ.एम. ने ही किया है।

वर्तमान में संयुक्त स्टॉक कंपनी के तौर पर काम कर रही एन.पी.ओ.एम. की स्थापना सन् 1944 में प्रसिद्ध वैज्ञानिक व इंजीनियर व्लादिमिर निकोलेविच चेलोमेय ने डिजाइन ब्यूरो के रूप में की थी। यहाँ हम चेलोमेय व उनके एन.पी.ओ.एम. से जुड़ाव के रोमांचक इतिहास पर संक्षेप में दृष्टि डालते हैं।

चेलोमेय का जन्म प्रथम विश्वयुद्ध के दौरान हुआ। अपने डॉक्टरेट शोध के बाद वे मॉस्को में जेट इंजन व उससे जुड़ी गतिकी समस्याओं पर काम कर रहे थे। द्वितीय विश्वयुद्ध जारी था, हिटलर ने लंदन पर अपनी वी–1 मिसाइलों की झड़ी से प्रलय मचा दी थी। ब्रिटिश बहुत कठिनाई से वी–1 को मार गिराने की क्षमता प्राप्त कर पाए। दूसरे विश्वयुद्ध में ब्रिटेन और सोवियत संघ के बीच मित्रता होने के कारण कुछ वी–1 मिसाइलें मॉस्को की ओर भी छोड़ दी गईं।

सन् 1944 में चेलोमेय को इस जर्मन हथियार की रिवर्स–इंजीनियरिंग का काम सौंपा गया। वे दूरदृष्टा थे, इसलिए क्रूज मिसाइल की शक्ति को भलीभाँति समझ गए।

जल्द ही उन्हें विमानन प्लांट नंबर 51 का मुख्य डिजाइनर बना दिया गया। सन् 1945 में इन्होंने सोवियत संघ की पहली क्रूज मिसाइल का डिजाइन तैयार कर लिया। यद्यपि यह केवल अनुकृति थी, जिसका बड़े पैमाने पर निर्माण नहीं किया गया, लेकिन इसने देश में क्रूज मिसाइलों की शुरुआत की नींव रख दी।

चेलोमेय ने सोवियत वायुसेना के समक्ष लंबी दूरी के बमवर्षकों द्वारा हवा से प्रक्षेपित होनेवाली इन उन्नत क्रूज मिसाइलों (10 एक्स, 12 एक्स, 14 एक्स व 16 एक्स जैसे उड़ान बमों) के निर्माण का प्रस्ताव रखा। मॉस्को के निकट स्थित शहर तुशिनो में एक विशेष डिजाइन दल (एस.के.जी.-10) का गठन किया गया, जहाँ चेलोमेय ने नौसेना के लिए विशेषतौर पर पनडुब्बियों से छोड़ी जानेवाली पंखयुक्त मिसाइलों का निर्माण किया।

सोवियत नौसेना को इस तरह की परियोजनाओं में बहुत रुचि थी, क्योंकि सोवियत रणनीति इन मिसाइल युक्त पनडुब्बियों द्वारा पश्चिमी नौसेना के विमान वाहक पर आधारित हठधर्मिता को टक्कर देना चाहती थी।

सन् 1955 में एस.के.जी.-10 को ऑपिट्नो कॉन्सत्रोकतोरस्कोगो ब्यूरो-52 (यानी अनुसंधान डिजाइन ब्यूरो-52) या लघु रूप ओ.के.बी.-52 के तौर पर रूपांतरित कर दिया। द्वितीय विश्वयुद्ध के बाद के काल में यह विमान वाहक स्थायी रूप से नौसेना के प्रमुख शस्त्र बन गए। तब तक सोवियत संघ तथा पश्चिम के बीच शीतयुद्ध की शुरुआत हो चुकी थी। लड़ाकू विमानों के नाटो के विमान-वाहकों से उड़कर सोवियत संघ पर हमले का खतरा बहुत बढ़ गया था। सोवियत संघ इसका जवाब देने और खासतौर पर नौसैनिक खतरे का निवारण करनेवाले किसी हथियार की खोज में था। इस संभावित शस्त्र को लंबी दूरी तक मार करनेवाला, लक्ष्य के प्रति सटीक व विपुल विध्वंसक क्षमतावाला, वैमानिक युद्धकौशल में सक्षम तथा हर मौसम में कार्य करने के योग्य होना चाहिए था।

कई गणनाओं के बाद ज्ञात हुआ कि पानी की सतह से जहाज द्वारा, खासतौर पर पनडुब्बियों से प्रक्षेपित होनेवाली क्रूज मिसाइलों में उपरोक्त सभी लक्षण मौजूद हैं। शुरुआत में पनडुब्बियों से प्रक्षेपित होनेवाली नाभिकीय पेलोड युक्त क्रूज मिसाइलों को जमीन पर मार करने की भूमिका देते हुए इनकी जहाज-भेदी हमले की क्षमता को गौण माना गया। पचास के दशक की शुरुआत में ही क्रूज मिसाइलों की आवश्यकता अनुभव होने लगी, जिससे सोवियत नीति में बदलाव हुआ और तब एन.पी.ओ.एम. का ओ.के. बी.-52 के रूप में गठन हुआ।

10 एक्स-शृंखला की वायु-प्रक्षेपित क्रूज मिसाइलों के निर्माण का प्रत्यक्ष अनुभव होने के कारण चेलोमेय भी इस नई क्रूज मिसाइल के डिजाइन के लिए आयोजित इस प्रतियोगिता में शामिल हो गए। उनका डिजाइन सर्वोत्तम व क्रांतिकारी था, जिसमें भंडारण

के दौरान मिसाइलों के पंख बंद करने की सुविधा थी। जब ये पंख बंद होते, तो मिसाइल बिल्कुल बेलनाकार हो जाती और इन्हें तकनीकी रूप से कैनिस्टर कही जानेवाली ट्यूब में रखा जा सकता था। जब इसे कैनिस्टर से प्रक्षेपित किया जाता, तो हवा में इसके पंख क्रमानुसार खुलते। चेलोमेय को यह विचार पक्षियों के पेड़ में बने छेद के बीच से निकलते ही अपने पंख फैलाने को देखकर आया था। अंततः यही डिजाइन प्रतियोगिता में सफल रहा। तभी से पंख बंद करने और कंटेनर से प्रक्षेपित होने की क्षमता एन.पी.ओ.एम. की क्रूज मिसाइलों का बुनियादी हिस्सा बन गई। इस मिसाइल को प्रोजेक्ट-5 नाम देते हुए इसे सोवियत डीजल इलेक्ट्रिक पनडुब्बियों में तैनात कर दिया गया।

मिसाइल का आकार बंद होनेवाले पंखों सहित पेंसिल जैसा था, जिसे प्रणोदित करने के लिए इसके पेट के नीचे वायु-अंतर्ग्राहक टर्बो इंजन लगाया गया था। जब इसे प्रक्षेपित किया गया, तो मिसाइल ने प्रक्षेपण के दौरान अपने रॉकेट-असिस्टेड टेक-ऑफ (रैटो) बूस्टर का उपयोग किया। वांछित गति तक पहुँचने पर उपयोग हुए बूस्टर्स गिर गए और टर्बोजेट इंजन शुरू हो गया। यह भविष्य में एन.पी.ओ.एम. निर्मित सभी मिसाइलों का मानक फीचर बन गया है। पी-5 की मारक क्षमता 500 किलोमीटर थी और इसका निर्देशन, स्वायत्त जड़त्वीय अक्रिय नेविगेशन प्रणाली पर आधारित था। उस समय निर्देशन प्रणाली की सीमित सटीकता के बावजूद पी-5 में प्रायः नाभिकीय स्फोटक शीर्ष (वॉरहैड) का उपयोग होता था।

तैनाती के तुरंत बाद इस मिसाइल में रेडार नेविगेशन यूनिट लगाई गई और इसे नाम दिया गया पी-5डी। सन् 1962 तक, यह जहाज-भेदी की भूमिका में कार्यरत रहा। बाद में इसी पी-5डी का तटीय सुरक्षा मिसाइल के तौर पर सतह से सतह पर मार करनेवाले मिसाइल कॉम्प्लेक्स संकुल के रूप में टैक्टिकल उपयोग किया गया। मिसाइल के इस संस्करण को सी-5 नाम दिया गया। इसकी विकास प्रक्रिया में एक बड़ी जटिल वैज्ञानिक तकनीकी समस्या सामने आई। कैंटेनर से प्रक्षेपण के समय मिसाइल के पंख खुलने की प्रणाली इस कार्य को बहुत पेचीदा बना देती थी। इस प्रक्रिया में एक मिलिसेकेंड की भी देरी होना तबाही ला सकता था। चेलोमेय खुद भी प्रोफेसर थे, इसलिए उन्होंने एन.पी.ओ.एम. और अकादमियों का गहन नेटवर्क तैयार कर इन सब तकनीकी समस्याओं का समाधान किया। बाद में संयुक्त उपक्रम के गठन के दौरान डी.आर.डी.ओ. के दौरे पर आई एन.पी.ओ.एम. की टीम को हमारे आई.जी.एम.डी.पी. में अकादमी व उद्योगों के नेटवर्क की जानकारी मिलने पर वे बहुत प्रभावित हुए, क्योंकि चेलोमेय भी इसी शैली में काम करते थे।

पी-5 कार्यक्रमों के बाद सोवियत नौसेना को जमीनी हमले के कार्य से मुक्त करके यह जिम्मेदारी स्ट्रेजिक रॉकेट बलों को सौंप दी गई, जहाँ चेलोमेय का योगदान पहले ही

प्रत्यक्ष था। उस समय एन.पी.ओ.एम. पश्चिमी विमान-वाहक टास्क फोर्स से निपटने के लिए दो जहाज-भेदी मिसाइल संस्करणों के निर्माण पर कार्य कर रहा था। इनमें से एक वेरिएंट पी-35 पानी के जहाज से प्रक्षेपित हो सकता था, वहीं दूसरा पी-6 पनडुब्बी से प्रक्षेपित होने की क्षमता रखता था। पी-35 का जमीन-आधारित तटीय-सुरक्षा संस्करण भी बनाया गया था। इन मिसाइलों में आई.एन.एस. आधारित नेविगेशन प्रणाली तथा सीमावर्ती हमलों के लिए सक्रिय डॉप्लर रेडार-आधारित निर्देशक मौजूद था।

यह मिसाइल तकनीक व क्षमता दोनों मामलों में पिछली मिसाइलों से बहुत आगे थी। लेकिन इसकी सबसे बड़ी कमजोरी यह थी कि इसे दागने के लिए पनडुब्बी को पानी की सतह पर आना पड़ता था। इसलिए एक नई मिसाइल एमेटिस्ट का निर्माण हुआ, जिसे पनडुब्बी द्वारा पानी के नीचे से ही प्रक्षेपित किया जा सकता था। अंततः यह मिसाइल पनडुब्बी द्वारा पानी के नीचे से प्रक्षेपित होनेवाली पहली क्रूज मिसाइल बनी। अब पश्चिम की तुलना में सोवियत संघ बहुत आगे—लगभग एक दशक आगे—निकल गया था।

एमेटिस्ट के बाद इससे भी उन्नत मिसाइल मालाखित का निर्माण हुआ। इसमें बहु-प्रक्षेपण क्षमता मौजूद थी, यानी इसे पानी के नीचे से पनडुब्बी द्वारा और पानी की सतह से जहाज द्वारा प्रक्षेपित किया जा सकता था। मालाखित की मारक क्षमता भी अधिक दूर तक थी, इसकी निर्देशन प्रणाली बेहतर थी और इसकी उड़ान प्रक्रिया इससे पहले की मिसाइलों से कहीं अधिक बढ़कर थी। इससे पनडुब्बी से 70 किलोमीटर तक और लड़ाकू जहाज से 110 किलोमीटर तक निशाना लगाया जा सकता था। इसमें 500 किलो तक का स्फोटक शीर्ष (वॉरहैड) या परमाणु स्फोटक शीर्ष (वॉरहैड) 0.9 माख की गति से दागा जा सकता था। सन् 1970 की शुरुआत में इस मिसाइल को सोवियत नौसेना को सौंप दिया गया।

इस मिसाइल के बाद एन.पी.ओ.एम. ने एक नई मिश्रित मिसाइल का विकास करना शुरू किया, जिसका नाम था—पी-500 बाजाल्ट। यह पी-6 और पी-35 मिसाइलों का प्रतिस्थापन थी, जिसमें अधिक रेंज व गति के साथ ही बेहतरीन उड़ान अभिलक्षण मौजूद थे। यह मिसाइल, 2 माख की सुपरसोनिक गति पर उड़ने की क्षमता रखनेवाली पहली क्रूज मिसाइल थी। सत्तर के दशक के अंत व अस्सी की शुरुआत में इसे तैनात कर दिया गया।

एमेटिस्ट और मालाखित मिसाइलों को डिजाइन करते समय चेलोमेय को महसूस हुआ कि ऐसी मिसाइलें डिजाइन करनी चाहिए, जो सर्वदेशीय प्रक्षेपण क्षमता के साथ ही लंबी दूरी तक मार करने में भी सक्षम हों। इस सोच के परिणामस्वरूप एक नई मिसाइल पी-700 ग्रानित सामने आई, इसे 1970 की शुरुआत में एमेटिस्ट और मालाखित की जगह लेने के लिए डिजाइन किया गया। लेकिन इस खाँचे में फिट होनेवाली मिसाइल प्रणाली

को सर्वोत्तम होने के साथ ही लक्ष्य के संबंध में जानकारी देनेवाला भी होना चाहिए। यह आवश्यकता केवल समुद्र निगरानी उपग्रह के माध्यम से ही पूरी हो सकती थी, इसलिए चेलोमेय ने ऐसी प्रणाली बनानी शुरू कर दी। स्पष्ट था कि इस समुद्र निगरानी उपग्रह को एन.पी.ओ.एम. द्वारा बनाए गए प्रक्षेपण यान द्वारा कक्षा में स्थापित किया जाएगा। इस प्रक्षेपण यान का एक अन्य कार्य विश्व के पहले युद्धकुशल सेटैलाइट को अंतरिक्ष में भेजना था, जिसका विकास कार्य एन.पी.ओ.एम. में जारी था। इस प्रक्षेपण यान का निर्माण व तैनाती यू.आर.-200 के नाम से हुई।

एन.पी.ओ.एम. व अंतरिक्ष यान

जब सोवियत संघ ने मानवयुक्त अंतरिक्ष कार्यक्रमों की शुरुआत की तो उसके लिए लगभग 500 टन के प्रक्षेपण यान की आवश्यकता थी। एन.पी.ओ.एम. ने सन् 1960 में एक नए प्रक्षेपण यान यू.आर.-200 को डिजाइन और निर्मित किया। इस अनुभव के बाद एन.पी.ओ.एम. ने सोवियत चंद्र अभियान के लिए एक और प्रक्षेपण यान प्रोटोन का निर्माण किया। प्रोटोन ने कई मानवयुक्त अंतरिक्ष स्टेशनों (जैसे सेलुत परिवार) और ऑटोमेटिड स्टेशनों (जैसे अल्माज, वीनस, जोंड, लूना और मार्स) के सफलतापूर्वक प्रक्षेपण से इतिहास बना दिया। इसी विभाग ने प्रसिद्ध कॉम्प्लेक्स मीर के लिए मूल कंपार्टमेंट व अन्य हिस्से तैयार किए। यू.आर.-500 और एक अन्य प्रक्षेपण यान यू.आर.-200 की परिवर्तनशीलता के चलते उनका उपयोग बैलेस्टिक मिसाइलों के रूप में भी हो सकता है।

इससे मिले अनुभव से कैनिस्टर युक्त महाद्वीपीय बैलेस्टिक मिसाइल यू.आर.-100 का निर्माण व तैनाती हुई। सन् 1980 के दशक के मध्य में एन.पी.ओ.एम. ने आइ. सी.बी.एम. श्रेणी के ऐसे ही मिसाइल कॉम्प्लेक्स के कई संस्करण (यू.आर.-100के, यू.आर.-100वाई, यू.आर.-100एन, यू.आर.-100एन यू.टी.टी.एक्स.) बनाए व तैनात किए। एन.पी.ओ.एम. एक शानदार संस्थान है, जिसे क्रूज मिसाइलें व अंतरिक्ष यान बनाने में महारत हासिल है। अपनी कोई भी परियोजना पूर्ण होने से पहले ही वे किसी नई परियोजना की शुरुआत कर देते हैं।

अब वे रूसी नौसेना के लिए एक नई क्रूज मिसाइल विकसित करना चाहते हैं, जो पानी के नीचे एवं पानी की सतह से किसी भी जहाज को भेद सके। इससे पहले एन.पी.ओ.एम. की सभी क्रूज मिसाइलों में सबसोनिक गति के टर्बोजेट ईंधन का उपयोग किया गया था। अब उनकी इच्छा थी कि वे नई मिसाइल के डिजाइन में तरल ईंधनवाले रैमजेट इंजन को शामिल करें—यह अब तक बनी मिसाइलों से कहीं आगे की छलाँग है। आखिरकार, एन.पी.ओ.एम. को ऐसा विशिष्ट रैमजेट इंजन बनाने में सफलता मिल ही

गई, जिसके मुकाबले का दुनिया में कहीं कुछ नहीं है। एन.पी.ओ.एम. ने इस सुपरसोनिक जहाज-भेदी मिसाइल के इंजन की जाँच के लिए कुछ जमीनी व उड़ान संबंधी परीक्षण किए। दुर्भाग्यवश सन् 1990 के दशक की शुरुआत में हुए सोवियत संघ के विघटन का प्रभाव रूसी संघ की वित्तीय हालत पर भी पड़ा, जिससे सभी तरह की अनुसंधान व विकास की परियोजनाओं पर विराम लग गया। एन.पी.ओ.एम. के लिए लगभग पूरी हुई इस परियोजना में बाधा किसी घातक झटके से कम नहीं थी।

□

6

संयुक्त उपक्रम का गठन

यहाँ भारत में हम सुपरसोनिक क्रूज मिसाइल निर्माण में काम आनेवाली विभिन्न तकनीकों को खोज रहे थे। उन्नत तकनीक प्राप्त कर विकास की इस प्रक्रिया को तेज करने के लिए हम किसी से भी साझेदारी को तैयार थे। जब हमें एन.पी.ओ.एम. के प्रयासों का पता चला, तो हमें लगा कि यहाँ भागीदारी की संभावना बन सकती है।

संयुक्त उपक्रम का निर्माण अपने आप में एक लंबी प्रक्रिया है। समझौता-वार्त्ता और बातचीत में ही कई घंटे व्यतीत हो जाते हैं, इसके बाद चलनेवाली कागजी काररवाई तो अनंत काल तक जारी रह सकती है। सभी बाधाओं को पार कर अंजाम तक पहुँचे इस संयुक्त उपक्रम के गठन की कहानी पर एक पूरी पुस्तक लिखी जा सकती है। लेकिन मैं यहाँ इसका संक्षेप में वर्णन करूँगा।

एक गुमनाम कंपनी

सबसे पहले यह बता दूँ कि ब्रह्मोस मिसाइल का निर्माण टॉप-सीक्रेट कार्यक्रम था। 5 दिसंबर, 1995 को दिल्ली में ब्रह्मोस नाम की एक प्राइवेट लिमिटेड कंपनी रजिस्टर हुई। इससे जुड़ी सभी औपचारिकताएँ कंपनी मामलों के मंत्रालय ने पूरी कीं। यहाँ तक कि उस कंपनी में भी कोई नहीं जानता था कि यह कंपनी क्या काम करती है। भारतीय अर्थव्यवस्था विकास पर थी और पहली पीढ़ी के बहुत से उद्यमियों ने अपना कारोबार शुरू ही किया था। इसलिए इस नई बनी कंपनी को भी हाल ही में रजिस्टर हुई सैकड़ों प्राइवेट लिमिटेड कंपनियों में से एक मान लिया गया।

नब्बे के दशक की शुरुआत में सोवियत संघ का आधिकारिक तौर पर विघटन हो गया और विरासत में राष्ट्र के तौर पर रूसी संघ उभरकर सामने आया। भारत व रूस दोनों के ही लिए वे दिन मुसीबत भरे थे। इस अचानक हुए विघटन के कारण रूस आर्थिक संकट से गुजर रहा था। भूराजनैतिक कारणों से एक ताकतवर मित्र की कमी का प्रभाव भारत पर भी पड़ा। रक्षा बलों के लगभग 90 प्रतिशत शस्त्र सोवियत निर्मित थे, इसलिए

हथियारों के पुर्जे न मिलने का संकट भी खड़ा था। सोवियत संघ के विभिन्न हिस्सों में बना रक्षा उद्योग इन बिखरे हुए राष्ट्रों में बँट गया। ऐसे कठिन समय में डी.आर.डी.ओ. ने वैज्ञानिक प्रतिभा के संरक्षण व इनके वैज्ञानिकों के हाथ से निकलने को रोकने हेतु बहुत से रूसी डिजाइन ब्यूरो को उनकी अनुसंधान व विकास परियोजनाओं को जारी रखने में मदद दी। संयुक्त प्रयासों को जारी रखनेवाले भारतीय पक्ष के अनुसंधान व विकास की बागडोर मेरे हाथ में थी।

एक बार मॉस्को में मुझे दिए काम को पूरा करते समय मैं अपने रूसी मित्रों से फारस के खाड़ी युद्ध के संबंध में चर्चा कर रहा था। यह बातचीत धीरे-धीरे युद्ध कौशल व हवाई शक्ति के उपयोग की ओर चली गई। निस्संदेह हमारी बातचीत का विषय टॉमहॉक व उसके द्वारा निभाई गई भूमिका की ओर मुड़ गया। मैंने भारत के पास टॉमहॉक से भी बेहतर क्रूज मिसाइल होने की अपनी इच्छा प्रकट की। अब एन.पी.ओ.एम. दल की भी रुचि जाग्रत् हो गई और चर्चा का विषय हमारी तरल रैमजेट इंजन की खोज की ओर मुड़ गया। तभी एन.पी.ओ.एम. के टीम के सदस्यों के बीच की खुसफुसाहट कुछ अधिक बढ़ गई। उनमें से एक सदस्य ने कहा कि उनके पास पहले से ही एक पूर्णतः विकसित तरल रैमजेट इंजन मौजूद है, जो गति को सुपरसोनिक बना सकता है। इसके बाद उन्होंने अपनी क्रूज मिसाइल बनाने की कहानी बताते हुए उसमें डॉ. चेलोमेय के योगदान का उल्लेख किया। उन्होंने तरल रैमजेट इंजन द्वारा एक प्रोटोटाइप मिसाइल का उड़ान-परीक्षण करने की जानकारी देने के अलावा और कुछ भी बताने से इनकार कर दिया। उन्हें इस बात का खेद था कि अचानक आए इस आर्थिक संकट के कारण वे अपना यह प्रोग्राम जारी नहीं रख सके।

भारत लौटने के बाद भी मैं बहुत दिनों तक इस बातचीत पर विचार करता रहा। सन् 1993 में एन.पी.ओ.एम. के अपने दूसरे दौरे में मैं वहाँ के महानिदेशक डॉ. येफ्रेमोव से मिला। उन्होंने एन.पी.ओ.एम. द्वारा सुपरसोनिक इंजन के विकास में की गई कड़ी मेहनत का जिक्र किया। उन्होंने यह खुलासा भी किया कि जर्मनी, रूस से यह तकनीक लेना चाहता था, लेकिन इसके बदले में कुछ भी देने को राजी नहीं था। संभावना यह भी थी कि रूस भारत को इस तकनीकी हस्तांतरण पर सहमत हो और हमारे लिए यह इंजन बना दे। इससे भारत न केवल इंजन निर्माण में सक्षम होगा बल्कि सुपरसोनिक क्रूज मिसाइल को भी आकार दे सकेगा। इसके बाद उन्होंने श्री स्त्राखोव व श्री खोम्याखोव से मुझे वह इंजन दिखाने व उसके बारे में बताने को कहा। उस दोपहर वे मुझे इंजन दिखाने के लिए हैंगर पर ले गए, जिसे गुप्त रखने के लिए वहाँ रखी अन्य चीजों की तरह ही चारों ओर से ढक रखा था। जब मुझे इंजन के बारे में बताया गया तो मुझे उसके कहीं अधिक खास होने का बोध हो गया।

जब डी.आर.डी.ओ. के वर्तमान अतिरिक्त आर्थिक सलाहकार श्री आर. रामानाथन और उन्नत प्रौद्योगिकी विमानन कार्यक्रम (ए.टी.वी.पी.) के महानिदेशक पूर्व वाइस एडमिरल भारत भूषण अपने अगले दौरे पर एन.पी.ओ.एम. पहुँचे तो डॉ. येफ्रेमोव ने उनसे इस संबंध में बातचीत की। इस बातचीत के आधार पर श्री रामानाथन ने इंजन तकनीक के हस्तांतरण की संभावनाओं व इसके लिए एक टीम के निर्माण की आवश्यकता पर विस्तारपूर्वक नोट (आधिकारिक सूचना) तैयार किया। बातचीत आगे बढ़ने पर सुपरसोनिक क्रूज मिसाइल के डिजाइन व विकास हेतु एक संयुक्त प्रयास के गठन पर विचार किया गया। इन संभावनाओं को तलाशने के लिए एक संयुक्त अध्ययन टीम गठित हुई, जिसमें डी.आर.डी.ओ. से श्री रामानाथन व श्री वेणुगोपालनंद और एन.पी.ओ.एम. की ओर से एन.पी.ओ.एम. के वर्तमान महानिदेशक डॉ. लेनोव, श्री स्त्राखोव व श्री ख्रोमोश्किन को सदस्य बनाया गया।

इस टीम के गठन के दौरान ही यह ज्ञात हुआ कि सुपरसोनिक इंजन का उपयोग मिसाइल के एक विशेष विन्यास में ही उपयोगी हो सकता है। इसके बाद दोनों देशों की तकनीकी परिसंपत्तियों को एकजुट कर सुपरसोनिक क्रूज मिसाइल के विकास की संभावनाओं से जुड़े पर्याप्त इनपुट जुटाए गए। हमने रूस में भारत के तत्कालीन राजदूत श्री रोनेन सेन से उपरोक्त ब्योरे पर चर्चा की। उन्होंने संयुक्त उपक्रम के गठन की संभावना जताई। इसके बाद उन्होंने डॉ. कलाम को एक पत्र लिखा, जिसमें स्वतंत्र स्थितिवाले संयुक्त उपक्रम के गठन पर कार्य करने का परामर्श दिया। बाद में इस कमेटी का उद्‌देश्य बदलकर उन्नत मिसाइलों के डिजाइन, विकास, निर्माण व विपणन करने से जुड़ा अध्ययन निश्चित किया गया।

इस संयुक्त कमेटी के प्राथमिक आकलन से मिले परिणामों का डी.आर.डी.ओ. द्वारा भारत सरकार को संयुक्त उपक्रम के विचार के समर्थन में सैद्धांतिक सहमति प्राप्त करने हेतु प्रस्ताव बनाने में उपयोग किया गया। तत्कालीन प्रधानमंत्री व उस समय रक्षा मंत्री का पद भी सँभाल रहे श्री पी.वी. नरसिम्हा राव ने मसौदे की समीक्षा कर संयुक्त उपक्रम के गठन के विचार को अनुमति दे दी।

इसके लिए तीन सदस्यीय टीम बनाई गई, जिसमें मैं, रामानाथन व वेणुगोपालन शामिल थे। हमारा काम विशेष रूप से सोवियत संघ के कई देशों में विघटन के परिदृश्य में इस संयुक्त उपक्रम के गठन का आकलन करना था। रूस की कठिन व विपरीत आर्थिक परिस्थितियों के कारण एन.पी.ओ.एम. इस स्थिति में नहीं था कि वो इसमें किसी अंश तक पूँजी की माँग कर सके। उन्होंने कहा कि उनके द्वारा दी जानेवाली तकनीक व जानकारी का मूल्य इसमें लगनेवाली कुल पूँजी का 50 प्रतिशत हिस्सा होगा। पूर्ण विकास के लिए आवश्यक बची हुई 50 प्रतिशत रकम भारत सरकार को व्यय करनी

होगी। इस संयुक्त उपक्रम के लिए कुल पूँजी का आकलन 1,500 मिलियन डॉलर हुआ था, जिसका अर्थ था कि भारत को इसमें 750 मिलियन डॉलर का योगदान देना होगा। भारत इसके लिए तैयार नहीं हुआ। इस पर विस्तृत अध्ययन और भारत का रूस पर धन के रूप में योगदान की माँग पर कमेटी के बीच कई मीटिंग हुईं, जिससे काम की गति धीमी हो गई। कमेटी के दृढ़ संकल्प व रूस के लगातार दौरों से तटीय आधारवाले इस जहाज-भेदी मिसाइल सम्मिश्र (कॉम्प्लेक्स) के विकास में लगनेवाली राशि 250 मिलियन डॉलर सुनिश्चित की गई।

एन.पी.ओ.एम. ने इस संबंध में रूसी सरकार से बात की और आर्थिक समस्याओं की पूर्ति के लिए कहा। यह याद रखना चाहिए कि उस समय के राजनैतिक हालात अनुकूल नहीं थे और वहाँ की सरकार इतनी स्थिर नहीं हुई थी कि ऐसे नीतिगत मामले पर किसी ठोस निर्णय पर पहुँच सके। यहाँ मैं डॉ. येफ्रेमोव के अथक प्रयासों की सराहना करूँगा, जिन्होंने रूसी सरकार को इस संयुक्त उपक्रम को अनुमति देने के लिए राजी किया। रूसी सरकार ने संयुक्त उपक्रम से पहले डी.आर.डी.ओ. की क्षमताओं व तकनीकी पात्रता की समीक्षा के लिए विशेषज्ञों की एक कमेटी गठित की। डी.आर.डी.ओ. में हमने अपनी तकनीकी पात्रता दरशाने के लिए कुछ विशेष उपकरणों का चुनाव किया और इस तरह मील का एक और पत्थर पार हो गया। रूसी सैन्य उद्योग के प्रमुख श्री सेपनोव एवं डॉ. येफ्रेमोव की अध्यक्षतावाली इस रूसी विशेषज्ञ टीम ने दिल्ली, देहरादून, हैदराबाद और बैंगलोर स्थित डी.आर.डी.ओ. प्रतिष्ठानों का दौरा किया। रूसी विशेषज्ञ हमारी क्षमता विशेष रूप से मिसाइल प्रौद्योगिकी, निर्देशन व कंट्रोल, सॉफ्टवेयर पैकेज, कंप्यूटरीकरण व इलेक्ट्रॉनिक प्रणाली को देखकर विस्मयाभिभूत रह गए व बहुत प्रसन्न भी हुए। विशेषज्ञ कमेटी संतुष्ट होकर वापस लौटी और उन्होंने अपनी रिपोर्ट में संयुक्त उपक्रम के लिए डी.आर.डी.ओ. को उत्तम भागीदार बताया।

हालाँकि एन.पी.ओ.एम. की वित्तीय हालत अभी भी चिंता का विषय थी। वे संयुक्त उपक्रम कंपनी के लिए धन नहीं जुटा सके थे। अब वे जोर देने लगे कि उनके द्वारा बनाए उपकरण, जिनमें तरल रैमजेट इंजन, उन्नत बूस्टर, अन्वेषक, डिजाइन ज्ञान और विशेषज्ञता को उनकी अंश पूँजी माना जाए, क्योंकि उन्होंने इन तकनीकों को विकसित करने में बहुत बड़ी रकम खर्च की है। इसके अतिरिक्त उनकी तात्कालिक आर्थिक परिस्थिति के चलते उनके पास धन नहीं है। श्री रामानाथन का दृढ़ विचार था कि संयुक्त उपक्रम का गठन तभी हो सकता है, जब दोनों ओर से धन का नकद रूप में निवेश हो। इसके फलस्वरूप इस गतिरोध पर दोनों पक्ष एक-दूसरे की ओर देखने लगे।

हम दूतावास में श्री रोनेन सेन के बाद वहाँ राजदूत बनकर आए श्री लांबा से इस विषय पर बातचीत कर रहे थे। उन्होंने कहा, 'भारत द्वारा रूस को प्रतिवर्ष कर्ज के लिए

दी जानेवाली ऋण चुकौती को रूस शेयर पूँजी के रूप में उपयोग करे।' इस दुःसाहसी विचार ने सब को चकित कर दिया। भारत द्वारा की जानेवाली चुकौती को भारत में ही नकद के रूप में निवेश करने पर दोनों सरकारों का राजी होना आवश्यक था। श्री रामानाथन और मैंने इस विचार को भारतीय पक्ष के सामने रखा। तत्पश्चात् वित्त मंत्रालय और भारतीय रिजर्व बैंक से कुछ विचार-विमर्श के बाद हमें भारतीय पक्ष की ओर से उम्मीद की किरण दिखी। अब बड़ा सवाल यह था कि क्या रूस के वित्त विशेषज्ञ इसके लिए तैयार होंगे।

भारत की रूस को ऋण चुकौती के रूप में दी जानेवाली रकम की गणना का तरीका खोजकर मैं व श्री रामानाथन एन.पी.ओ.एम. के प्रतिनिधियों श्री ख्रोमुश्किन व श्री सेमेव सहित रूसी वित्त मंत्रालय गए। वहाँ हमारी मुलाकात रूस की एक टॉप महिला अधिकारी से हुई, जिसके समक्ष हमने संयुक्त उपक्रम का प्रस्ताव रखा। ठेठ रूसी बनावटवाली वह महिला हम दोनों से कुछ इंच लंबी थी और उसकी आवाज भी बहुत भारी थी। सामान्यत: वैज्ञानिकों और अधिकारियों के बीच छत्तीस का आँकड़ा रहता है, लेकिन रामानाथन की उपस्थिति से मुझे पूरा विश्वास था कि हमारी बातचीत परवान चढ़ सकेगी।

रूस के आर्थिक संकट में जकड़ा होने के कारण वह इस प्रस्ताव को लेकर शंकित थी। उसने पूरी विनम्रता से हमें स्पष्ट शब्दों में कहा कि रूस के आर्थिक हालात किसी संयुक्त उपक्रम में शामिल होने के अनुकूल नहीं हैं। जब हमने इस चर्चा में ऋण की राशि को निवेश का हिस्सा मानने की बात की तो वह हँसने लगी और बोली, 'वह सोवियत संघ था, लेकिन अब यह रूसी संघ है। तब हम मित्र थे। इसलिए व्यापार रुपए-रूबल में समायोजित हो जाता था। लेकिन अब प्रत्येक भागीदारी डॉलर में होती है तो मैं कर्ज दी गई रकम को निवेश कैसे मान लूँ?'

हम थोड़ा सकपका गए और इस विषय पर राजदूत श्री लांबा से बात की। श्री लांबा आर्थिक मामलों से निपटने में बहुत अच्छे थे। वे मुझे तत्कालीन उप वित्त मंत्री श्री कुद्रिन के पास ले गए। श्री कुद्रिन ने कई मौकों पर इस परियोजना के प्रति अपनी सहमति व्यक्त की थी। उनका मानना था कि इस संयुक्त उपक्रम की सफलता में आर्थिक बखेड़ा आड़े नहीं आना चाहिए। उनसे सहमति मिलने के बाद राजदूत ने मुझे रूसी पक्ष की ओर से वित्तीय व्यवस्था देख रही उस महिला प्रभारी से मिलने को कहा। बाद में पता चला कि यह महिला रूसी वित्त मंत्रालय की वही टॉप अधिकारी है, जिससे हम पहले ही मिल चुके थे।

एक बार फिर रामानाथन और मैंने उस महिला के ऑफिस का दरवाजा खटखटाया और उन्हें इस संयुक्त उपक्रम पर उप वित्त मंत्री की सहमति की सूचना दी। इस बार

फिर उन्होंने ठंडा रुख दिखाते हुए कहा कि उन्हें मंत्रालय से इस संबंध में कोई निर्देश नहीं मिले हैं और वह आगे बातचीत जारी नहीं रख सकती। हम वापस लौट आए।

कुछ सप्ताह बाद डॉ. येफ्रेमोव ने उप वित्त मंत्री से मुलाकात की, जिसके बाद मंत्रालय के अधिकारियों के लिए आवश्यक निर्देश जारी कर दिए गए। मैंने वित्त मंत्रालय में उस महिला से फिर मुलाकात की। मैं जानता था इस बार उन्हें सभी निर्देश मिल चुके होंगे। इस बार जब मैं उनके पास पहुँचा तो उनका रवैया बहुत दोस्ताना था, उन्होंने मुझे बताया कि वह इस संयुक्त उपक्रम के गठन की संभावनाएँ तलाशने संबंधी दस्तावेज तैयार करवा रही हैं। सच तो यह था कि वह इस प्रस्ताव के विरोध में नहीं थीं बल्कि नियमों व निर्देशों से बँधी थीं। जैसे ही उन्हें हरी झंडी दिखाई गई, उन्होंने इस परियोजना का हर तरह से सहयोग किया। अंततः यह प्रस्ताव रूसी संघ के तत्कालीन राष्ट्रपति श्री येल्तसिन को भेज दिया गया।

संयुक्त उपक्रम के गठन संबंधी इस प्रस्ताव पर रूस व भारत की सरकारों ने चर्चा की। दोनों सरकारों का विचार था कि इस संयुक्त उपक्रम में तीन शेयर होल्डर हों—डी.आर.डी.ओ. (49 प्रतिशत), एन.पी.ओ.एम. (49 प्रतिशत) और भारतीय वित्तीय संस्थान (2 प्रतिशत)। इस तरह इसमें डी.आर.डी.ओ. और एन.पी.ओ.एम. की बराबर साझेदारी के अलावा भारत का कुल 51 प्रतिशत शेयर होने से इस संयुक्त उपक्रम की स्थापना भारत में हो सकेगी। साथ ही डी.आर.डी.ओ. का 49 प्रतिशत हिस्सा होने से यह संयुक्त उपक्रम निजी क्षेत्र की कंपनी बना रहेगा। दोनों सरकारें इसके निजी क्षेत्र की कंपनी बनने पर इसलिए सहमत हुईं, ताकि यह दोनों सरकारों के दैनिक नीति-निर्देशों में फँसे बिना पूरी स्वतंत्रता व लचीलेपन से काम कर सके।

इस संयुक्त उपक्रम को टॉप-सीक्रेट परियोजना माना जाने से अब इसके लिए तीसरा भागीदार खोजना मुश्किल हो गया। किसी वित्तीय संस्थान को इसमें जोड़ने से इसकी गोपनीयता भंग हो सकती थी। तब यह प्रस्ताव आया कि इसमें भागीदार के तौर पर केवल डी.आर.डी.ओ. और एन.पी.ओ.एम. ही रहेंगे, जिनकी इसमें क्रमशः 51 प्रतिशत व 49 प्रतिशत भागीदारी रहेगी। वित्त सचिव श्री अहलूवालिया ने इस प्रस्ताव की समीक्षा करके प्रश्न उठाया कि इस अनुपात के चलते इस संयुक्त उपक्रम की निजी क्षेत्र की हैसियत खतरे में आ जाएगी। (भारत में जब किसी कंपनी में सरकार की 51 प्रतिशत भागीदारी हो तो उसे सार्वजनिक क्षेत्र का उपक्रम (पी.एस.यू.) माना जाता है, जैसे हिंदुस्तान एरोनॉटिक्स लिमिटेड (एच.ए.एल.)। जिसके बाद यह संयुक्त उपक्रम कंपनी सीधे भारतीय रक्षा मंत्रालय के नियंत्रण में आ जाएगी, जिसके लिए रूसी पक्ष तैयार नहीं हुआ। उन्हें डर था कि भारतीय पक्ष की प्रक्रियागत औपचारिकताओं और सरकारी नियंत्रण के चलते संयुक्त उपक्रम में कार्य की गति धीमी हो जाएगी। इस समस्या से

निपटने का सबसे अच्छा तरीका यही था कि कंपनी के भारतीय पक्ष को 51 प्रतिशत से कम रखकर कंपनी को निजी क्षेत्र में ही रहने दिया जाए। रूसी पक्ष ने समान भागीदारी के साथ ही कंपनी के कार्यों में नियंत्रण की माँग की। नए तरीके पर चलकर हमने नई शेयर सहभागिता तय की जो डी.आर.डी.ओ. के लिए 50.5 प्रतिशत व एन.पी.ओ.एम. के लिए 49.5 प्रतिशत थी।

डॉ. कलाम, रामानाथन और मैंने संयुक्त उपक्रम के इस पूँजी ढाँचे के बारे में श्री पी.वी. नरसिम्हा राव को बताया। उन्होंने संयुक्त उपक्रम के गठन से जुड़ी पेचीदगियों पर गौर किया, वित्तपोषण योजना देखी और अपने चेहरे पर चिर-परिचित भाव लिये कुछ प्रश्न पूछे, जिन्हें कोई नहीं समझ पाया। अंततः उन्होंने सिर हिलाकर हामी भरी और कहा, 'यह एक बढ़िया विचार है, यदि यह काम कर गया तो भविष्य बहुत उज्ज्वल रहेगा।' उनकी दरशाई राजनैतिक इच्छाशक्ति से हमारे आत्मविश्वास में और अधिक वृद्धि हो गई। आखिरकार 5 दिसंबर, 1995 को नई दिल्ली में कंपनी रजिस्ट्रार के यहाँ ब्रह्मोस संयुक्त उपक्रम का रजिस्ट्रेशन हो गया। यद्यपि रूसी पक्ष की सहमति मिलनी अभी बाकी थी।

सन् 1996 और 1997 में रूस में काफी राजनैतिक उठा-पटक रही। इसलिए यह प्रस्ताव कई हाथों में घूमता रहा, जिसमें हमारे दो महत्त्वपूर्ण वर्ष बरबाद हो गए। रूस के तत्कालीन उप रक्षा मंत्री श्री पुखामोव ने एन.पी.ओ.एम. टीम के साथ मिलकर इस अंतर-सरकारी समझौते (आइ.जी.ए.) के मसौदे को अंतिम रूप दे दिया। अंततः हमें संयुक्त उपक्रम की अनुमति देनेवाली रूसी संघ के राष्ट्रपति द्वारा जारी डिक्री मिल ही गई। 12 फरवरी, 1998 को इस आई.जी.ए. पर भारत सरकार की ओर से डॉ. कलाम और रूसी सरकार की ओर से उप रक्षा मंत्री श्री एन.वी. मिशेलोवॉन ने हस्ताक्षर किए।

एक बार फिर कई बार अनुनय के बाद 12 अगस्त, 1998 को रूसी सरकार ने संयुक्त उपक्रम के वित्तपोषण के तौर-तरीकों पर डिक्री जारी कर दी। राष्ट्रपति की डिक्री ने भारत द्वारा कर्ज में ली गई रकम को रूस के अंशदान की मूल रकम के रूप में सहमति दे दी। 23 मार्च, 1999 को इस अंतर सरकारी संयुक्त उपक्रम हेतु वित्तपोषण ज्ञापन पर भारत सरकार की ओर से श्री लांबा ने हस्ताक्षर कर दिए। इस समझौते के मुताबिक भारत व रूस मिलकर इस 250 मिलियन डॉलर की परियोजना में क्रमशः 50.5 प्रतिशत व 49.5 प्रतिशत अनुपात में सहयोग देंगे।

कुल मिलाकर प्रमुख लोगों के बीच पेशेवर सौहार्द व विश्वास से ही ब्रह्मोस का गठन संभव हुआ। डॉ. कलाम और डॉ. येफ्रेमोव को एक-दूसरे पर व अपनी टीम के विशेषज्ञों पर पूरा भरोसा था। डॉ. कलाम ने आज तक मेरे किसी भी प्रस्ताव को अस्वीकृत नहीं किया। इसी तरह जब श्री नरसिम्हा राव कें समक्ष डॉ. कलाम कोई प्रस्ताव रखते

तो वह भी एक ही दिन में स्वीकृत होकर लौट आता। ऐसा ही सौहार्द रामानाथन व तत्कालीन वित्त सलाहकार (रक्षा सेवा) श्री शिवसुब्रामण्यन के बीच तथा मेरे व डॉ. कलाम के बीच था। इसके बाद यह प्रस्ताव नौकरशाही प्रणाली के बीच से तेजी से उड़ता हुआ आगे बढ़ता गया।

उधर रूसी पक्ष में डॉ. येफ्रेमोव का अकादमिक कद और मिसाइल डिजाइनर के तौर पर उनकी ख्याति ने कार्य की गति बढ़ा दी। उनके नाम व कद से ही रूस में बहुत कुछ किया जा सकता है। यह मेरी आँखों देखी बात है।

8 जुलाई, 1999 को कंपनी अपने पूरे वित्तपोषण के बल पर आधिकारिक रूप से काम करने लगी। इसके अगले ही दिन डी.आर.डी.ओ., एन.पी.ओ.एम. और ब्रह्मोस के बीच एक त्रिपक्षीय समझौता हुआ, जिसमें इन तीनों संस्थानों की जिम्मेदारी क्रमश: डॉ. कलाम, डॉ. येफ्रेमोव और मैंने बाँट लीं। यह समझौता भी बिल्कुल नए किस्म का था, जहाँ शेयरधारकों को ही काम की ठेकेदारी दी गई। इस समझौते के तहत निजी कंपनी ब्रह्मोस कुछ प्रणालियों के विकास का कार्य डी.आर.डी.ओ. और एन.पी.ओ.एम. को सौंप सकती थी। जहाँ डी.आर.डी.ओ. को उड़ान परीक्षण के लिए निर्देशन प्रणाली, एयरफ्रेम और प्रक्षेपण प्रणाली विकसित करनी थी, वहीं एन.पी.ओ.एम. को उड़ान परीक्षण के लिए तरल इंजन, बूस्टर और सीकर उपलब्ध करवाने थे।

कंपनी के रजिस्ट्रेशन से कामकाज शुरू करने के बीच के तीन वर्षों तक हम खाली नहीं बैठे रहे। वित्तपोषण की प्राप्ति से पहले ही हमने मुख्य संस्थान के तहत कंपनी के रूप में स्टाफ की आवधिक मीटिंग व मूल डिजाइन तैयार करवाना शुरू कर चुके थे। इससे जब हमें फंड मिलना शुरू हुआ तब तक हमारे पास डिजाइन, मॉडल, शिड्यूल और यहाँ तक की विपणन रणनीति भी तैयार थी। हमारी विपणन रणनीति केवल स्वदेशी बाजारों (भारतीय व रूसी सशस्त्र सेना) तक ही सीमित नहीं थी; हमने इसमें अंतरराष्ट्रीय बाजारों को भी शामिल किया। वे तीन वर्ष इस कंपनी के लिए सबसे रचनात्मक वर्ष साबित हुए।

□

7

आगे बढ़ो

यह कंपनी डी.आर.डी.ओ. के परिसर में स्थापित नहीं हो सकती थी; इसके लिए कोई पर्याप्त रूप से सुरक्षित व निश्चित स्थान होना आवश्यक था। हमारे कुछ रूसी भागीदार मीटिंग के लिए आते तो कुछ वहाँ रहकर हमारे साथ काम करते। हर दिन व्यस्तताओं से भरा होता। हमारे काम की प्रकृति ऐसी थी कि इससे लोगों का ध्यान आकर्षित नहीं होना चाहिए था। हमने शुरुआत के लिए दिल्ली के आवासीय इलाके वसंत विहार में एक बिल्डिंग किराए पर ली और 10 कर्मचारी रखे। इस इलाके में बहुत से विदेशी दूतावास हैं, इससे हमारे यहाँ आनेवाले विदेशियों का रहस्य बना रहा। लोग उस ऑफिस को भी कोई दूतावास ही समझते थे। वहाँ ऑफिस के बाहर कोई साइनबोर्ड नहीं लगा था और आज भी नहीं है!

निदेशक मंडल की नियुक्ति हो गई; लेकिन किसी भी संस्थान की दैनिक गतिविधियाँ केवल निदेशक ही तो नहीं चला सकते थे। इसलिए हमें कुछ कर्मचारी भी नियुक्त करने होंगे, लेकिन कैसे? हमने अखबारों में विज्ञापन दिया—एक प्रमुख बहुराष्ट्रीय कंपनी को निम्नलिखित पदों के लिए कर्मचारियों की आवश्यकता है, इच्छुक व्यक्ति संपर्क करें। इस विज्ञापन को हजारों लोगों ने पढ़ा होगा और सोचते होंगे की यह कौन सी बहुराष्ट्रीय कंपनी है, जिसने अपना नाम तक नहीं बताया। इसलिए साक्षात्कार के लिए बहुत कम लोग आए। डी.आर.डी.ओ. के अतिथिगृह के तौर पर उपयोग होनेवाले अपार्टमेंट को साक्षात्कार स्थल बनाया गया। बहुत से लोग बिना साक्षात्कार दिए ही चले गए। जो लोग चुन लिये गये, उन्हें टेलीफोन द्वारा एक निश्चित स्थान पर आकर कार्य सँभालने को कहा गया। उन्हें कोई नियुक्ति-पत्र नहीं दिया गया। चयनित हुए कुछ लोगों को लगा कि यह फर्जी कंपनी है, इसलिए वे काम शुरू करने से पहले ही उसे छोड़ गए। लेकिन जिन लोगों ने पदभार सँभाला, वे यह जानकर आश्चर्यचकित रह गए कि वे भारत के सबसे गुप्त मिसाइल विकास कार्यक्रम का हिस्सा हैं। उस समय के कुछ नवयुवक आज कंपनी में बहुत प्रतिष्ठित पदों पर काम कर रहे हैं।

प्रत्येक व्यक्ति को विशिष्ट कार्य भिन्न निर्देशों के साथ सौंपा जाता। किसी भी एक व्यक्ति के काम की जानकारी दूसरे व्यक्ति को नहीं होती। इसका उद्देश्य जानकारी के प्रसार को रोकना व किसी भी तरह की सूचना को लीक होने से बचाना था। जैसे किसी कर्मचारी को बिना उसके सहकर्मियों को खबर लगे एक महत्त्वपूर्ण व गुप्त संदेश ड्राफ्ट करने का काम दिया जाता। किसी अन्य कर्मचारी को कहीं भेजा जाता और वह कई दिनों तक ऑफिस नहीं आता। अन्य कर्मचारी जानते थे कि उसकी अनुपस्थिति के बारे में उन्हें कोई पूछताछ नहीं करनी है और न ही वे कर्मचारी ही बताता कि वह कहाँ गया था।

अन्य कंपनियों की तरह हमारे यहाँ भी फ्रंट ऑफिस प्रणाली थी, लेकिन हमारा स्टाफ कभी भी किसी को फोन पर कंपनी के बारे में कोई जानकारी नहीं देता। अनजान फोनकॉल्स का जवाब नहीं दिया जाता। जब हमारे ऑफिस से किसी दूसरे ऑफिस में फोन किया जाता, चाहे वह किसी सरकारी कार्य से ही किया गया हो, हम अपनी पहचान गुप्त रखते। हमारे मानदंड इतने कड़े थे कि हमारे दैनिक कार्यों में भी सरकारी वाहनों का उपयोग नहीं होता था।

किसी भी कंपनी के लिए उसका लोगो (चिह्न) महत्त्वपूर्ण होता है; सामान्यतः कंपनी अपने पत्र-व्यवहार में कंपनी का लेटरहैड उपयोग करती है। हम गोपनीयता बनाए रखने के लिए ऐसा नहीं करते थे। हमारे सभी पत्र-व्यवहारों में केवल एक शब्द ब्रह्मोस रहता था, इसके अतिरिक्त और कुछ नहीं। हमने जिस ऑफिस को किराए पर लिया था, वह एक बँगला था। हम नौकरों के लिए बने कमरों को स्टाफ के कमरों के तौर पर उपयोग करते और भूमिगत तहखाना हमारी लाइब्रेरी और सम्मेलन कक्ष के रूप में काम आता। हमने सारी खिड़कियों की वेल्डिंग करा ली थी, ताकि कोई उन्हें खोल न सके। हमें चोरी की सभी संभावनाओं को अवरुद्ध करना था। हमारे कंप्यूटरों में महत्त्वपूर्ण डेटा था। हमारे लिए उस डेटा के किसी और के हाथ लगने का अर्थ था गोपनीयता भंग होना। इसलिए हमें यह अति सावधानी रखनी पड़ती थी।

हमारी प्रयोगशाला के तल पर एन.पी.ओ.एम. और डी.आर.डी.ओ. दोनों का अनुसंधान व विकास का कार्य निरंतर चलता रहता। हमने ब्रह्मोस की जगह नया कोड नाम 'पी.जे.-10' बना लिया। यह गोपनीयता तब तक जारी रही, जब तक हमने पहला उड़ान परीक्षण नहीं कर लिया। उसके बाद पहली बार ब्रह्मोस का नाम मीडिया को बताया गया।

पहचान मिलना

इस संयुक्त उपक्रम को पहचान देना आवश्यक था। कंपनी की पहचान क्या होती है? उसका नाम व लोगो। हमें इसकी आवश्यकता थी, लेकिन जिस अनूठे तरीके से हमें यह मिला, वह अनुभव भी बहुत असाधारण था।

कंपनी का नामकरण

भारत सरकार से संयुक्त उपक्रम को अनुमति मिलने के बाद डी.आर.डी.ओ. का कोर ग्रुप तथा डॉ. येफ्रेमोव की अध्यक्षतावाली एन.पी.ओ.एम. टीम कंपनी का नाम चुनने के लिए एकत्र हुई। जीवन का महत्त्वपूर्ण संसाधन पानी हमारे दिमाग में रूपक के तौर पर उभरा। प्रकृति के पाँच पदार्थों में से पानी तरंगित रहने का शानदार उदाहरण है। कोई संस्थान तभी तक स्वस्थ रहता है, जब तक उसमें तरंग बाकी रहे तथा कोई भी संस्थान तभी तरंगित रह सकता है, जब उसमें भविष्य में और आगे बढ़ने के दृष्टिकोण के प्रति तृष्णा बनी रहे। विकास की यह तृष्णा ही संस्थान को शिखर तक पहुँचने व उपक्रम को गहरे समुद्र में उतरने की क्षमता देती है।

भारत की महान् नदियों में से एक ब्रह्मपुत्र का नाम सृष्टि के विधाता ब्रह्मा के नाम पर रखा गया है। यह पानी का सबसे प्रचंड स्वरूप दरशाती है, इसी कारण यह प्रेरणा और तरंग का सबसे बड़ा स्रोत है। रूस की सबसे महान् नदी का नाम है नेवा। दोनों टीमें कंपनी के नाम में इन दोनों नदियों के नाम का समावेश देखना चाहती थीं। एन.पी.ओ.एम. ने मॉस्कवा का नाम सुझाया, क्योंकि वह रूस की पहचान थी तथा एन.पी.ओ.एम. इसी मॉस्कवा नदी के तट पर स्थित था। हमने कई संयोजन बैठाए और अंततः नाम तय हुआ ब्रह्मा-मॉस्कोवा, यानी ब्रह्मोस, जिसमें ब्रह्मपुत्र की प्रचंडता और मॉस्कवा की लावण्यता का समायोजन था। मैं इस संयोग पर विचार कर बहुत प्रसन्न होता हूँ कि हमने अपनी मिसाइल को भगवान ब्रह्मा द्वारा बनाए गए दिव्य अस्त्र ब्रह्मास्त्र के समतुल्य नाम दिया है। एन.पी.ओ.एम. के सभी साथी इस नाम में शामिल दोनों नदियों की ऐतिहासिक पृष्ठभूमि से संतुष्ट थे, जिसमें से एक जहाँ भारत के पूर्वी भाग गोवाहाटी (आसाम) से देवीशक्ति के चरणों से निकलती है, वहीं दूसरी शक्ति के स्रोत क्रेमलिन के निकट से प्रवाहित होती है। आखिरकार कंपनी का नाम 'ब्रह्मोस' रखा गया, जिसे बाद में 'ब्रह्मोस एयरोस्पेस' कर दिया गया। बाद के वर्षों में हमने अपनी मिसाइल का नाम भी ब्रह्मोस ही रखा।

प्रतीक-चिह्न

कंपनी के लोगो से उसके विषय व उद्देश्य की झलक मिलनी चाहिए। हमारे लिए लोगो बनाने का काम अहमदाबाद स्थित राष्ट्रीय डिजाइन संस्थान (एन.आई.डी.) को सौंपा गया। कई विकल्पों में से उसे चुना गया, जिसमें निम्नलिखित बातें उभरकर आ रही थी—

- दो महान् देशों की दो ताकतवर नदियों ने साथ मिलकर एक नई शक्ति का निर्माण किया, जो शिवलिंग के समतुल्य है।

- इसमें बनी दो रेखाएँ भिन्न क्षमताओं, संस्कृतियों, भाषाओं व महत्त्वाकांक्षाओं वाले दो संस्थानों डी.आर.डी.ओ. और एन.पी.ओ.एम. के किसी परियोजना हेतु एकजुट होने के प्रतीक के साथ ही गति का भी प्रतिनिधित्व करती है।

भागीदारों का प्रतीकात्मक योगदान—आदर्श शक्ति व परिशुद्धता

यहाँ मैंने बताया कि कैसे हमने ब्रह्मोस का नामकरण तिनका-तिनका जोड़कर घोंसला बनाने की तर्ज पर किया है। तभी मेरे मन में यह विचार आया कि क्यों न अपनी मिसाइल की मुख्य विशेषताओं को अपनी बिल्डिंग में भी दरशाया जाए। इस बिल्डिंग का निर्माण स्वतः ही दो हिस्सों में बँटा था। इससे मेरे मन में यह विचार आया कि चूँकि हमारा उत्पाद एक हथियार यानी मिसाइल है, इसलिए बाएँ हिस्से में किनारे की दीवारों पर प्रसिद्ध भारतीय महाकाव्य महाभारत के इस प्रचंड अस्त्र की तसवीरें बनाई जाएँ। वहीं बीच के हिस्से में हम एक मूर्ति बनाएँ, जिसमें अर्जुन पानी में मछली की छवि देखकर उसकी आँख को भेद रहे होंगे, जो भारतीय निर्देशन प्रणाली से संपन्न इस मिसाइल का प्रतिनिधित्व करेगी। इसी तरह बिल्डिंग के दाएँ हिस्से में किनारे की दीवारों पर रूस द्वारा लड़े गए महान् युद्धों के चित्र होंगे। वहाँ अपनी शारीरिक शक्ति के लिए प्रसिद्ध इल्या मुरोमेट्स, डोब्रेन्या निकितिच और अलाउशा पोपोविच जैसे मध्यकाल के रूसी योद्धाओं की अर्जुन जैसी ही मूर्तियाँ बनाई जाएँगी। उनका बाहुबल ब्रह्मोस को रैमजेट प्रणोदन (प्रोपल्सन) से मिली शक्ति का प्रतिनिधित्व करेगा। जो भी ब्रह्मोस की इस बिल्डिंग में आया, उसने परिसर में स्थापित इन मूर्तियों के विचार की सराहना की।

□

भाग-4

गति बढ़ना

करना सिर्फ यह है कि चारों ओर देखें कि दुनिया के पास क्या नहीं है और उसके आविष्कार में जुट जाओ।

—थॉमस अल्वा एडीसन

यहाँ हम ब्रह्मोस मिसाइल प्रणाली और उससे हमारी सशस्त्र सेनाओं के बल में कई गुना हुई वृद्धि की बात करेंगे। संक्षेप में कहें तो इस मिसाइल को विश्व की सर्वश्रेष्ठ क्रूज मिसाइल होने का तमगा अपनी विशेषताओं व गुणों के कारण मिला है। हम यहीं नहीं रुकनेवाले, अपने इस स्व-निर्मित पथ पर चलकर हम और अधिक नवीन शस्त्रों का निर्माण करेंगे। अब गति बढ़ाने का समय आ गया है।

8

प्रक्षेपास्त्र का डिजाइन

सन् 1991 के खाड़ी युद्ध से यह स्पष्ट संदेश मिला कि शत्रु पर पहले हमले में ही उच्च दरजे की सटीक क्रूज मिसाइलों का उपयोग होना चाहिए। इससे उन्नत क्रूज मिसाइल प्राप्ति की हमारी मंशा और स्पष्ट हो गई, लेकिन इसके लिए आवश्यक था कि हम कम-से-कम समय में सुपरसोनिक क्रूज मिसाइल का निर्माण कर सबसे आगे निकल जाएँ। प्रणालियों की प्रभावकारिता सुनिश्चित करके ग्राहक को प्रसन्न रखने के लिए लंबी छलाँग लगाकर ड्रॉइंग बोर्ड से अग्रिम मोरचे की तैनाती का समय घटाने में हमें कहाँ से मदद मिल सकती थी? यह प्रश्न हमारे सामने मुँह बाए खड़ा था।

आई.जी.एम.डी.पी. द्वारा हमने इनर्शियल नेवगेशन सिस्टम (आई.एन.एस.), ऑन-बोर्ड कंप्यूटर (ओ.बी.सी.), एविऑनिक्स, सॉफ्टवेयर व मिशन प्रबंधन में उच्च स्तर की दक्षता हासिल कर ली थी। अब हमें सुपरसोनिक गति प्रदान करनेवाले नए इंजन की जरूरत थी। आकाश परियोजना में उपयोग होनेवाली ठोस प्रोपेलेंट रैमजेट इंजन इस तकनीक में माहिर थे। वहीं लंबी दूरी की क्रूज मिसाइल व उनकी क्षमता बढ़ाने हेतु सबसे बेहतरीन विकल्प था तरल ईंधनवाला रैमजेट इंजन, जो ठोस ईंधनवाले रैमजेट के मुकाबले दोगुना अधिक शक्ति संपन्न था। एनपीओ मशीनोस्त्रोयेनिया में किसी अन्य परियोजना पर बातचीत के दौरान एन.पी.ओ.एम. के महानिदेशक डॉ. येफ्रेमोव मुझसे भविष्य के संभावित मिशनों पर चर्चा कर रहे थे। उन्होंने मुझे सोवियत संघ के विघटन से पहले बनाए गए उनके रैमजेट इंजन देखने को कहा। उस इंजन को देखकर मैं चकित रह गया। उसकी विशेषताएँ जानने के बाद मुझे महसूस हुआ कि इसकी बराबरी का इंजन पूरी दुनिया में कहीं मौजूद नहीं है।

मुझे इस बात से तसल्ली हुई कि यह इंजन चमत्कार दिखा सकता है। डॉ. येफ्रेमोव इस पर तुरंत सहमत हो गए कि सुपरसोनिक मिसाइल क्षमता पाने के लिए हम दोनों में सहभागिता होना संभव है।

इंजन की पूरी विशेषताएँ समझ लेने के बाद हमारी टीम मिसाइल के आकार के बारे

में विचार करने लगी। हमें ज्ञात हुआ कि बूस्टर के साथ इंजन का दहन (कॉमब्युशन) चैंबर काम नहीं कर रहा, तो मिसाइल की लंबाई कम रखने के लिए हमें उसे बूस्टर-सस्टेनर का संयोजन बनाना पड़ा। इससे आगे हुई चर्चा में पता चला कि रूसी विशेषज्ञों ने मिसाइल के लिए प्रोटोटाइप बिन्यास (कॉन्फिगुरेशन) बनाया है और वे उस मॉडल का वात-सुरंग परीक्षण कर चुके हैं। एन.पी.ओ.एम. ने प्रणोदन प्रणाली स्थापित करने के लिए प्रोटोटाइप का शुरुआती उड़ान परीक्षण पहले ही कर लिया था। सन् 1990 के बाद इस परियोजना पर धन की कमी के चलते आगे काम नहीं हो सका। वहीं रूस में अधिकांश डिजाइन ब्यूरो के अनुसंधान एवं विकास के योग्य व्यक्तियों का अन्य देशों की ओर पलायन शुरू हो गया था। रूसी विशेषज्ञों के साथ इतने वर्षों तक काम करने के बाद मुझे लगता है कि इतने महत्त्वपूर्ण मोड़ पर विशेषज्ञों का देश छोड़ जाना बहुत भारी नुकसान होता है। क्रूज मिसाइलों के लिए एन.पी.ओ.एम. के साथ हुए हमारे इस सहयोग समझौते से उन्हें अपनी बेहतरीन कर्मचारियों को बनाए रखने में मदद मिली। डॉ. येफ्रेमोव इस तथ्य से भलीभाँति परिचित थे।

मिसाइल के डिजाइन के प्रारंभिक डेटा पर संयुक्त टीम ने मिलकर चर्चा की। इसके बाद होनेवाले अनुकूलन अध्ययन में भारतीय उपप्रणाली को भी शामिल किया गया। धीरे-धीरे सुपरसोनिक ब्रह्मोस आकार लेने लगी। इस मिसाइल के पानी पर से, पानी के नीचे से व जमीन से प्रक्षेपित होने की सार्वभौमिक विशेषता ने हमें इसके जहाज-भेदी विन्यास के डिजाइन को स्थिर करने को प्रेरित किया।

अब हमारे समक्ष दो विकल्प थे। पहला इस मिसाइल के लिए पूरी तरह से एक नवीन एयरफ्रेम तैयार करना, और दूसरा पहले से ही डिजाइन हो चुके व उड़ान-परीक्षित एयरफ्रेम का उपयोग करना। मौजूदा रैमजेट मॉडल के आधार पर नया एयरफ्रेम बना देना संभव था। लेकिन समय व धन बचाने के लिए रूस द्वारा डिजाइन किए पहले चरण व भारत उद्योगों में निर्मित आवरण का उपयोग करना ही समझदारी भरा निर्णय था।

यह एक सामरिक निर्णय था। हमने पहिए की फिर से खोज करने की जगह मिसाइल की क्षमता का भरपूर उपयोग करते हुए इसे चरणबद्ध ढंग से बढ़ाने का निर्णय लिया। रूसी मिसाइल प्रोटोटाइप स्तर की थी, इसलिए हम आश्वस्त थे कि हम इसकी क्षमता, खासतौर पर जमीनी-लक्ष्य भेदन व स्फोटक शीर्ष (वॉरहैड) के क्षेत्र में वृद्धि कर सकते हैं।

अगला कदम इसके लिए निर्देशन प्रणाली तैयार करना था। हमने पृथ्वी के लिए विकसित की गई बेहतरीन निर्देशन प्रणाली में ही आवश्यक बदलाव कर लिए। हमने इस निर्देशन प्रणाली की सटीकता को और बढ़ा दिया तथा उसकी जवाबी काररवाई में लगने वाले समय को कम कर दिया।

प्रक्षेपण प्रणाली, फायर कंट्रोल प्रणाली आदि के लिए हमने अत्याधुनिक वर्जन तैयार करने का निश्चय किया। आज हमारी जमीन से प्रक्षेपण करनेवाली प्रणाली पूर्णतः नेटवर्क-आधारित कार्य है, जो पूरी तरह भारत में ही बनी है। जमीन से दागे जानेवाले संस्करणों में विश्व की कोई भी सार्वदेशिक मिसाइल ब्रह्मोस के मुकाबले की नहीं है।

बाद में अहसास हुआ कि दरअसल यह भारत-रूस की भागीदारी ही थी, जिसने बढ़िया तरीके से काम किया। प्रत्येक पक्ष ने दूसरे की शक्ति का सम्मान किया। न तो रूसी भागीदारों ने अपनी मौजूदा निर्देशन प्रणाली के उपयोग पर जोर दिया और न ही भारतीय पक्ष ने अपना खुद का एयरफ्रेम बनाने की जिद पकड़ी। दोनों पक्ष ऐसा कर सकते थे, लेकिन उन्होंने 'शक्ति से शक्ति का सम्मान' अनुसरण सूत्र का पालन किया, जिससे दोनों शक्तियों के मिलाप से उनमें वृद्धि हुई। इस तरह संचालक शक्ति रूस के किए कार्य से प्राप्त हुई और निर्देशन व ऑन-बोर्ड इलेक्ट्रॉनिक मॉडल भारत की मेहनत से प्राप्त हुआ।

भारत के लिए इस शानदार डिजाइन को बनाने में डी.आर.डी.ओ. की कई प्रयोगशालाओं ने हाथ बँटाया। इसके लिए जहाज, पनडुब्बी, जमीन पर घूमनेवाले प्रक्षेपक विमान जैसी योग्य प्लेटफॉर्म प्रणालियाँ खोजने हेतु एक अलग डिजाइन टीम का गठन हुआ। इसी मिसाइल को भिन्न प्रकार के लक्ष्यों को निशाना बनाने के लिए फायर कंट्रोल प्रणाली और जहाज व जमीन से दागने के लिए प्रक्षेपकों जैसी प्रणालियों का विकास आरंभ किया गया।

समय ने बता दिया कि हमारा निर्णय सही था—एक मिसाइल, जिसका विकास जहाज-भेदी प्रणाली के रूप में हुआ था, उसके कई शानदार संस्करण बनाए गए, जो ऐसे बहुत से लक्ष्यों को निशाना बनाने में सक्षम हैं, जिन पर पहले विचार भी नहीं किया जा सकता था। इस मिसाइल की अति सटीक निर्देशन प्रणाली व उच्च-शक्तिवाली प्रणोदन प्रणाली का शुक्रिया, जिसके चलते आज हम घाटी में भी लक्ष्यों को निशाना बना सकते हैं।

इसका अंत कहीं नहीं है। आनेवाले वर्षों में ब्रह्मोस के कई नए आयाम सामने आएँगे। इसमें तेज व घातक प्रहार के लिए साल्वो मोड में जमीनी प्लेटफॉर्म, वायुयान व जहाज पर से समुद्री व जमीनी लक्ष्यों पर निशाना बनाए जाने की क्षमता है। मूलतः इसका उपयोग कई प्लेटफॉर्म पर, कई लक्ष्यों पर तथा कई प्रक्षेपण पथों में हो सकता है। ब्रह्मोस की क्षमता असीम है। यह सचमुच ही एक ब्रह्मास्त्र ही है!

ब्रह्मोस एक विशिष्ट सार्वदेशिक मिसाइल

इन प्रयासों के परिणामस्वरूप एक ऐसी सुपरसोनिक क्रूज मिसाइल का सबसे

बेहतरीन डिजाइन बन सका, जिसे कई प्लेटफॉर्म से कई लक्ष्यों व कई प्रक्षेपण पथ से दागा जा सकता था। सबसे तेज क्रूज मिसाइल को विकसित करने का बहुत बढ़िया मौका हमारे हाथ लग गया था! हमने इसके कुछ विकसित परीक्षण किए और हमें उनमें सफलता मिली। हमारा प्रत्येक उड़ान परीक्षण हमारे लिए और अधिक उत्साहवर्धक रहा।

□

9

सुपरसोनिक पक्षी

एलेग्जेंडर वेसिल्येविच सुवोरोव (1730–1800 ईस्वी) रूसी साम्राज्य का चौथा सेनाधिपति था, जिसे रूस का अब तक का सर्वश्रेष्ठ सेनानायक माना जाता है। जब वे यह बात दोहराते थे कि युद्ध का परिणाम एक सेकेंड में तय हो जाता है तो अवश्य वे ब्रह्मोस के बारे में जानते होंगे। तो ब्रह्मोस को किसने सबसे श्रेष्ठ बनाया और वे कौन से फीचर हैं, जिनके चलते यह प्रणाली सबसे उत्तम है?

अन्य मिसाइलों से क्षमता विश्लेषण

क्रूज मिसाइलें आम तौर पर एंटी-शिप क्रूज मिसाइल (ए.सी.एस.एम.) व लैंड-अटैक क्रूज मिसाइल (एल.ए.सी.एम.) की श्रेणी में आती हैं। विभिन्न आकलन बताते हैं कि लगभग 75 देशों के पास क्रूज मिसाइलें हैं। लभगग 130 प्रकार की क्रूज मिसाइलें कार्यरत हैं। दुनिया भर में आश्चर्यजनक रूप से 75,000 ए.सी.एम. सी. तैनात हैं। कुल मिलाकर 19 देश हैं, जो इस तरह की मिसाइलों का निर्माण करते हैं। इन 19 देशों में से 12 देश एल.ए.सी.एम. व ए.एस.सी.एम. दोनों प्रकार की मिसाइलें बनाते हैं बाकी बचे देश केवल ए.एस.सी.एम. का ही निर्माण करते हैं। शस्त्र बाजारों की लोकप्रिय मिसाइलों में यू.एस. हार्पून; रूस की यूरान व केलब; और फ्रांस की एक्सोसेट हैं।

लगभग 6,000 यूनिट बेचने के बाद यू.एस. हार्पून सबसे अधिक बिकनेवाली मिसाइल बन गई है। इनके बाद है एक्सोसेट, जिसके 3,000 यूनिट बिकने की बात कही जाती है। इन रूसी मिसाइलों में सटेक्स व इसका चीनी प्रारूप एच.वाई.-1 सिल्कवॉर्म की सबसे अधिक तैनाती हुई है। फिलहाल रूस 3एम-54 केलब परिवार की मिसाइलें बेच रहा है, जिनमें 3एम-54ई सुपरसोनिक और 3एम-54ई केलब सबसोनिक ए.एस.सी.एम. के साथ ही 3एम-14ई एल.ए.सी.एम. शामिल हैं।

यह स्पष्ट ही है कि इनमें से अधिकांश मिसाइलें सबसोनिक श्रेणी की हैं। ये

मिसाइलें चार प्रकार के हथियार प्लेटफॉर्म, यथा विमान, जहाज, पनडुब्बी व जमीन पर चलनेवाले प्रक्षेपकों से छोड़ी जा सकती हैं। लेकिन इनमें से बहुत कम को इन चारों प्लेटफॉर्मों से प्रक्षेपित किया जा सकता है।

इनमें सबसे अधिक बिकनेवाली हार्पून (ए.जी.एम.-84) मिसाइल प्रमुख रूप से जहाज-भेदी मिसाइल है, जिसे रेडार निर्देशन द्वारा पानी को छूते हुए छोड़ा जा सकता है। इसके कुछ जमीन पर मार करनेवाले संस्करण भी मौजूद हैं। इन सभी मिसाइलों को सभी चार हथियार प्लेटफॉर्म से छोड़ा जा सकता है।

सक्सोसेट अपनी जहाज-भेदी भूमिका के लिए जानी जाती है, जिसके हवा में छोड़े जानेवाले संस्करण का नाम 'यूरन' है। इस मिसाइल में भी यू.एस. हार्पून जैसा रेडार निर्देशन है। इसे चारों हथियार प्लेटफॉर्मों से छोड़ने के अलावा हेलीकॉप्टर से भी दागा जा सकता है।

रूसी मिसाइल 3एम-54 को आमतौर पर क्लब परिवार की मिसाइल माना जाता है। इसके जहाज-भेदी के रूप में 3 संस्करण हैं; पनडुब्बी-भेदी के तौर पर दो भूमिकाएँ और जमीन से मार करने के लिए एक रोल मौजूद है। 3एम-54 सबसोनिक गति से चलती है और जैसे ही यह जहाज के समीप पहुँचती है, इसमें से एक ओर रॉकेट 2.9 माख की गति से फायर होता है।

मॉसकिट-ई एक और रूसी ए.एस.सी.एम. है, जिसे जहाज से प्रक्षेपित कर सकते हैं। यह सुपरसोनिक मिसाइल है, लेकिन इसकी रेंज बहुत कम है—केवल 120 किलोमीटर, यह ब्रह्मोस की रेंज से आधी भी नहीं है।

हमने टॉमहॉक पर पहले ही बात की है। यह सामान्यत: स्ट्रेटेजिक प्रकृति की है, जिसमें परमाणु स्फोटक शीर्ष (वॉरहैड) को काफी दूर तक भेजा जा सकता है। अपने अध्ययन में हमने टॉमहॉक को जमीन से हमला करनेवाली मिसाइल के तौर पर लिया है। टॉमहॉक दरअसल एक समय जहाज-भेदी के रूप में कार्यरत रही मिसाइल का बहु-परिवर्तित रूप है। निशाने पर पहुँचने से पहले यह जमीन से निश्चित ऊँचाई पर उड़ सकती है। ऐसी मिसाइलें एयरबॉर्न वार्निंग एंड कंट्रोल सिस्टम (हवाई चेतावनी व नियंत्रण प्रणाली) (ए.डब्ल्यू.ए.सी.एस.) विमान के विशाल रेडार की पकड़ में आ जाती हैं। केवल 0.7 माख की गति पर, इसे किसी भी लड़ाकू विमान द्वारा रोका जा सकता है। ब्रह्मोस की 2.9 माख की गति को किसी भी वर्तमान लड़ाकू विमान द्वारा नहीं रोका जा सकता। किसी भी सूरत में ब्रह्मोस उड़ने में इतना कम समय लेता है कि जब तक कोई विमान उसपर निशाना लगाने की कोशिश करेगा, मिसाइल अपने लक्ष्य तक पहुँच चुकी होगी।

ब्रह्मोस क्यों सबसे श्रेष्ठ है?

क्योंकि, ये सुपरसोनिक है

आप सोचते होंगे कि सुपरसोनिक होने से क्या फायदा होता है। मैं यहाँ इसी दृष्टिकोण को समझाता हूँ।

किसी भी पिंड को गतिज ऊर्जा (KE) उसकी गति से प्राप्त होती है। गति जितनी अधिक होगी, गतिज ऊर्जा भी उतनी ही अधिक होगी। गणितानुसार, गतिज ऊर्जा है—

$$KE = (mv^2)/2$$

यदि द्रव्यमान (m) और गति (v) के गुणनफल के वर्ग को आधा कर दें तो KE प्राप्त हो जाती है। इस सरल गणित में हम देख सकते हैं कि यदि गति को तीन गुना कर दिया जाए, तो परिणाम स्वरूप नौ गुना वृद्धि हो जाएगी।

ब्रह्मोस के उड़ने की गति अन्य मिसाइलों से तीन गुना अधिक है। इसके चलते जब वह लक्ष्य पर जाकर टकराती है तो उसका असर अन्य मिसाइलों से नौ गुना अधिक होता है। इस बढ़े हुए KE का क्या लाभ है?

यदि निशाना बना जहाज बहुत बड़ा हो या लक्षित बिल्डिंग का ढाँचा बहुत सख्त हो तो यह बढ़ा हुआ KE बहुत महत्त्वपूर्ण भूमिका अदा करता है। बहुत बड़े जहाज को मार गिराने में दो या तीन सबसोनिक मिसाइलों की आवश्यकता होती है। लेकिन ब्रह्मोस मिसाइल अकेले ही वह कार्य कर देती है, जो दो या तीन सबसोनिक मिसाइलें कर पाती हैं।

गति ने बनाया घातक

ब्रह्मोस को शत्रु के रेडार से बचाने के लिए कभी बहुत कम ऊँचाई पर उड़ाने की आवश्यकता भी पड़ सकती है। इस तरह के प्रक्षेपण पथ को 'धरती के अंचल पर उड़ना' कहते हैं। धरती गोलाकार है, इसलिए जब एक वायुवाहित यान धरती के बिल्कुल नजदीक उड़ता है, तो रेडार उसे दूर से नहीं पकड़ पाता। मिसाइल तभी पकड़ में आ पाती है, जब वह अपने निशाने (जैसे जहाज) के नजदीक पहुँच जाती है। सामान्य मिसाइल होने पर शत्रु के पास इतना समय होता है कि वह अपनी रक्षा के लिए कोई कदम उठा सके। लेकिन ब्रह्मोस की गति इतनी अधिक है कि शत्रु को इस हमलावर विमान को पहचानकर कुछ करने का मौका नहीं मिल पाता। इसकी गति तीन गुना अधिक होने के कारण शत्रु की जवाबी काररवाई का समय केवल एक-तिहाई ही रह जाता है।

इसी बीच मिसाइल को सुपरसोनिक गति से मिली जबरदस्त गतिज ऊर्जा के चलते जब वह लक्ष्य से टकराती है तो उसका हमला और भी घातक हो जाता है। एक उपयोग

में न आ रहा जहाज ऐसे ही उड़ान परीक्षण के दौरान लक्ष्य बना। मिसाइल पूरे जहाज को भेदकर आर–पार निकल गई; वह देखनेयोग्य दृश्य था। इस आघात में मिसाइल की गति ने मुख्य भूमिका निभाई।

एक साथ कई सटीक निशाने लगाने की क्षमता

एक अकेली मिसाइल खुले समुद्र में जहाज से लेकर शत्रु के क्षेत्र में अंदर बनी इमारत जैसे कई लक्ष्यों को एक साथ निशाना बना सकती है। यह मिसाइल लड़ाकू जलपोत से लेकर बड़े विमान–वाहकों, जैसे भिन्न आकार के जहाजों पर भी हमला कर सकती है। उपयोगकर्ता को इसके लिए विभिन्न तरह की मिसाइलों का जखीरा नहीं रखना पड़ेगा।

कोई भी मिसाइल तेज व प्रखर हो सकती है लेकिन युद्ध काल में उनके निशाने की सटीकता महत्त्वपूर्ण है। ब्रह्मोस मिसाइल की सटीकता दर अन्य सभी मिसाइलों से बढ़कर है। युद्ध के समय प्रहार की सटीकता महत्त्वपूर्ण होगी, न कि मिसाइल का तेज या प्रखर होना।

शत्रु की तलाश में

कल्पना कीजिए, आपको गहरे अँधेरे में मात्र एक टॉर्च की सहायता से अपने शत्रु को खोजना है और संभवत: शत्रु भी यही कर रहा होगा। अब आप अपने शत्रु को टॉर्च से या उसके बिना भी खोज सकते हैं। लेकिन कैसे?

यदि आप अपनी टॉर्च बंद कर दें तो वहाँ दिखनेवाली रोशनी केवल आपके शत्रु की ही होगी। इस रोशनी की सहायता से आप अपने शत्रु की स्थिति जान सकते हैं। अब इस टॉर्च की जगह रेडार को रखिए, क्योंकि रेडार भी टॉर्च की तरह ही काम करता है।

रेडार की स्थिति से किसी शत्रु की स्थिति पहचानने को इलेक्ट्रिक सपोर्ट मेजर्स (ई.एस.एम.) कहा जाता है। एक बार जब शत्रु की स्थिति ज्ञात हो जाती है तो उसे भ्रमित करना या उसपर हमला करना सरल हो जाता है। इसलिए जब हमारे पास रेडार रिसीवर होते हैं तो हम अपने रेडार का उपयोग किए बिना शत्रु का रेडार सिग्नल पकड़कर उसकी आहट को पहचान लेते हैं।

कई बार सेना के सामने एक अन्य परिस्थिति उत्पन्न हो जाती है, जिसे इमिशन कंट्रोल (इमकॉन) कहते हैं, इसमें उन्हें अपने रेडार व संपर्क सिग्नल बंद करने पड़ जाते हैं। यह पाठ हमने द्वितीय विश्वयुद्ध के दौरान सीखा। जापानी सेना ने अमेरिका के पर्ल हार्बर पर हमला कर दिया। पायलटों को आदेश था कि एक निश्चित दूरी तक पहुँचने पर वे अपने रेडियो रिसीवर को पर्ल हार्बर

रेडियो स्टेशन की फ्रीक्वेंसी पर सेट कर दें। अमेरिकन यह नहीं जानते, इसलिए वे अपने ब्रॉडकास्टिंग रेडियो स्टेशन को प्रतिबंधित नहीं करेंगे (हम जानते हैं कि यह सिग्नल दिशा निर्धारित होते हैं, क्योंकि हमारे घर पर रखे रेडियो भी एक दिशा के सिग्नल ही पकड़ पाते हैं।) इन सिग्नलों का उपयोग कर जापानी बिना अधिक दिशा-निर्धारक समस्या के पर्ल हार्बर पहुँच गए और वहाँ भारी तबाही मचा दी।

इसके बाद सभी सेनाओं ने अपने सिग्नलों का प्रसार कम करना सीख लिया। वे शत्रु के सिग्नल को सुनकर इसे कम करते हैं। किसी भी प्रसारण को पकड़ने के बाद वे इलेक्ट्रॉनिक काउंटर-मेजर्स (ई.सी.एम.) के द्वारा शत्रु के रेडार सिग्नल को भ्रमित या जाम कर देते हैं।

शत्रु की ई.एस.एम. प्रणाली ब्रह्मोस के रेडार सिग्नल नहीं पकड़ सकती।

कई प्रक्षेपण पथों का उपयोग

यह मिसाइल इस तरह बनाई गई है कि इसे कई प्रक्षेपण पथों पर व विभिन्न ऊँचाई पर दागा जा सकता है।

ऊँचे-नीचे प्रक्षेपण पथ पर मिसाइल को बहुत अधिक ऊँचाई पर उड़ना होता है। कुछ दूरी तक उसे पथ पर चलने के बाद उसे नीचे की ओर गिरकर अपने लक्ष्य की ओर उड़ना होता है। यह प्रक्षेपण पथ प्राय: जहाज को भेदते समय अपनाया जाता है। ऐसे में मिसाइल सामने से वार करती है और शत्रु के पास केवल अपनी अंतिम प्रार्थना के लिए ही समय बचता है।

बहुत-बहुत नीचा प्रक्षेपण पथ तब लिया जाता है, जब

लो रेडार क्रॉस-सेक्शन

रेडार क्रॉस-सेक्शन (आर.सी.एस.) वह पैमाना है, जिसके आधार पर रेडार किसी गतिविधि की सूचना देता है। सामान्यत: वह वस्तु जितनी अधिक बड़ी उसका आर.सी.एस. भी उतना ही अधिक होगा, जिससे वह रेडार की पकड़ में उतनी ही जल्दी आ जाएगी। लड़ाकू विमान की तुलना में नागरिक विमान से बहुत अधिक रेडार ऊर्जा उत्पन्न होती है, इसलिए वह हमेशा रेडार की नजर में रहता है। एक क्रूज मिसाइल किसी लड़ाकू विमान से भी कम आर.सी.एस. उत्पन्न करती है। जिन क्रूज मिसाइलों में खुलनेवाले पंख होते हैं, उनसे काफी आर.सी.एस. पैदा होती है। ब्रह्मोस में खुलनेवाले पंख नहीं हैं और यह बहुत छोटी भी है, इसलिए इस मिसाइल से अधिक आर.सी.एस. उत्पन्न नहीं होती। आर.सी.एस. कम हो तो शत्रु के रेडार में दिखने का खतरा कम होता है। इसी से ब्रह्मोस सहज रूप से गुप्त बनी रहती है।

लक्ष्य बहुत पास होता है। तब मिसाइल अपनी पूरी उड़ान के दौरान धरती से बिल्कुल सटकर उड़ती है। और जैसे ही वह क्षितिज पर उभरती है, शत्रु के पास कोई विकल्प नहीं बचता।

निर्देशित प्रक्षेपण-पथ तब अपनाया जाता है, जब शत्रु को धोखा देना हो। क्योंकि इस प्रक्षेपण पथ पर मिसाइल लक्ष्य की ओर सीधे जाने की जगह किसी अन्य दिशा से जाती है। इस मिसाइल को इस तरह उड़ाया जा सकता है कि यह वह प्रतीक्षारत शत्रु के वायुरक्षक बिंदुओं से बचकर निकल जाए। मौजूदा क्रूज मिसाइल सुरक्षा प्रणाली में ब्रह्मोस को पकड़ने की क्षमता नहीं है, लेकिन भविष्य में ऐसा होना संभव है। लेकिन तब भी कंप्यूटर निर्देशित प्रक्षेपण-पथ के युद्धकौशल द्वारा उन प्रणालियों को छकाया जा सकता है। कल्पना कीजिए कि आपको शत्रु के जहाज पर हमला करना है। इसके लिए चार मिसाइलों को दागा जा सकता है, जो दुश्मन के जहाज पर चारों दिशाओं से एक-एक कर हमला करेंगी। प्रत्येक मिसाइल भिन्न ऊँचाई पर उड़ेगी, जिससे लक्षित जहाज की सुरक्षा प्रणाली भिन्न दिशाओं से भिन्न ऊँचाई पर खतरे का पता लगाने के प्रयास में ओवरलोड हो जाएगी। यदि तीन मिसाइलें अवरुद्ध कर भी दी जाती हैं, तब भी चौथी मिसाइल जहाज को ध्वस्त कर देगी।

स्टीप-डाइव (गहरी डुबकी) प्रक्षेपण पथ में मिसाइल लक्ष्य तक पहुँचकर नीचे की ओर गिरती है और लक्ष्य के सिर की ओर से प्रहार करती है। यह मोड पहाड़ों या आंशिक रूप से दबे हुए कमांड सेंटर पर हमला करने में बहुत उपयोगी साबित होता है। दुनिया की कोई भी अन्य मिसाइल इस तरह के प्रक्षेपण पथ पर नहीं चल सकती।

इसे विभिन्न प्लेटफॉर्मों से दाग सकते हैं

ब्रह्मोस का जमीन, जहाज, विमान या पनडुब्बी जैसे विभिन्न शस्त्र प्लेटफॉर्मों से प्रक्षेपण संभव है। इसका यह अर्थ है कि यह मिसाइल जमीन, हवा, पानी व पानी के नीचे से जमीन या पानी पर किसी भी लक्ष्य को निशाना बना सकती है, जिससे यह युद्ध के हर क्षेत्र में उपयोगी है। युद्ध के दौरान, शत्रु यह नहीं समझ पाएगा कि मिसाइल किस प्लेटफॉर्म से छोड़ी गई है। विभिन्न प्रक्षेपण-पथों का अनुसरण तथा भिन्न प्लटफॉर्मों से प्रक्षेपण की दोहरी क्षमतावाली यह मिसाइल शत्रु पर कई दिशाओं से हमला कर उसे घुटने टेकने को मजबूर कर सकती है।

इस मिसाइल की रेंज इतनी अच्छी है कि किसी जहाज-भेदी मिशन में गहरे समुद्र में घूम रहे जहाज पर भी प्रहार करने में सक्षम है। इस सुविधा ने इस मिसाइल को तटीय सुरक्षा का सबसे बेहतर विकल्प बना दिया है। कल्पना कीजिए, हमारे जहाज तट से 250 किलोमीटर दूर गहरे समुद्र में निगरानी कर रहे हैं। तभी उन्हें तट से 500

किलोमीटर दूर शत्रु के जहाज दिखाई दिखते हैं, इससे पहले कि शत्रु अपने विमानों या मिसाइलों से कोई हमला करे, शत्रु की पूरी टुकड़ी को समाप्त किया जा सकता है। इसी तरह, हमारी मिसाइल तट से 250 किलोमीटर दूर अंतरराष्ट्रीय जल में रहते हुए ही तट पर स्थित किसी लक्ष्य को निशाना बना सकती है। इसके अतिरिक्त, यह मिसाइल पनडुब्बी से भी प्रक्षेपित की जा सकती है, इसके लिए बस चुपचाप शत्रु पक्ष के तट पर पहुँचकर मिसाइल को दागना होगा।

> ब्रह्मोस को किसी जहाज से ऊपर की ओर व किसी विमान से सामने की ओर भी दागा जा सकता है। ऊपर की ओर प्रक्षेपण की क्षमतावाली मिसाइलों को लक्ष्य की ओर जाने में खुद को नियंत्रित करने की क्षमता के चलते इनमें अधिकतम युद्ध क्षमता होती है। ब्रह्मोस का विन्यास ऐसा है कि यह सभी तरह के जहाजों व पनडुब्बियों द्वारा छोड़ी सा सकती है। किसी भी कोण से प्रक्षेपण की क्षमता के चलते यह मिसाइल रणक्षेत्र में अति-उपयोगी साबित होती है।

पाकिस्तान के साथ सन् 1971 में लड़ाई में हमारी छोटी तटीय रक्षा मिसाइल नौकाएँ दुश्मन के जहाज व इमारतों पर प्रहार करने के लिए कराची के बंदरगाह के प्रवेशद्वार तक पहुँच गई थीं। इन नौकाओं में दूर तक मार करने की रेंज व क्षमता नहीं थी, इसलिए उन्हें मुंबई के तट से इतनी दूर जाना पड़ा। साथ ही जो मिसाइल दागी गई थी, उसकी रेंज भी 80 किलोमीटर से कम थी। अब ब्रह्मोस होने पर हमारे नौसैनिक जहाज पर्याप्त दूरी से दुश्मन को निशाना बनाकर वापस लौट सकते हैं।

भारतीय थलसेना में भी ब्रह्मोस की तैनाती की गई है, यहाँ इसे मार्ग-चालित वाहनों से दागा जाता है। जब ऐसे वाहनों का समूह एकजुट होकर मिसाइलें छोड़ना शुरू कर देता है तो दुश्मन को यह मिसाइलों की बौछार जैसी दिखती है। अपनी सीमा में रहते हुए ही हमारी सेना मिसाइलें दागकर युद्ध को शुरू होने से पहले ही समाप्त कर सकती है।

भारतीय वायु सेना के सुखोई-30 एम.के.आई. विमान पर इस मिसाइल को लगाने का कार्य जारी है। इस विमान की रेंज बहुत दूर तक होने से जब यह विमान पर लग जाएगी तो इससे बिना किसी परेशानी के बहुत दूर तक वार किया जा सकेगा। मिसाइल व विमान का यह संयोजन बहुत ही घातक सिद्ध होगा।

एक साथ कई मिशन निपटाने की क्षमता

ब्रह्मोस एक साथ कई मिशनों पर काम करने के साथ ही विशुद्ध सामरिक मिसाइल

व स्ट्रेटेजिक मिसाइल के बीच का अंतराल भी पाटती है। हवाई युद्ध में दो प्रकार से बमवर्षा की जाती है—स्ट्रेटेजिक और टैक्टिकल। संक्षेप में टैक्टिकल बमवर्षा का अर्थ वह हथियार है, जो बमवर्षा कर प्लेटफॉर्म, जैसे जहाज, सैन्य टुकड़ी या टैंकों को ध्वस्त करते हैं। वहीं स्ट्रेटेजिक बमवर्षा का अर्थ युद्ध छेड़ने की सामर्थ्य है, जैसे फैक्टरी, तेल रिफाइनरी, पुल आदि को बमवर्षा से ध्वस्त करना। ब्रह्मोस का उपयोग टैक्टिकल व स्ट्रेटेजिक दोनों लक्ष्यों को साधने में हो सकता है, क्योंकि यह समुद्र के बीच में शत्रु के जहाजों के अलावा विभिन्न स्ट्रेटेजिक लक्ष्यों पर भी प्रहार करने में सक्षम है।

इसके अतिरिक्त ब्रह्मोस में ऐसा परिष्कृत इलेक्ट्रिक काउंटर काउंटरमेजर्स (ई.सी.सी.एम.) प्रणाली है, जो सशक्त होने के साथ ही जैम-प्रूफ भी है। यदि मिसाइल की सुपरसोनिक गति की बात करें तो शत्रु का ई.सी.एम. इसे कोई हानि नहीं पहुँचा सकेगा, क्योंकि उनके पास प्रतिक्रिया के लिए अधिक समय नहीं होगा।

साल्वो में सक्षम

इस मिसाइल की प्रकृति स्वतंत्र है। उदाहरण के लिए, एक ही प्लेटफॉर्म से भिन्न लक्ष्यों पर निशाना लगाकर दो मिसाइलें तुरंत छोड़ी जा सकती हैं। ये दोनों मिसाइलें एक-दूसरे के कार्य में दखल नहीं देंगी। इस फीचर द्वारा किसी भी एकल लक्ष्य या भिन्न लक्ष्यों के लिए एक साथ कई मिसाइलें दागी जा सकती हैं। आईएनएस 'रणवीर' में आठ मिसाइलें हैं, जो आठ भिन्न लक्ष्यों पर दागी जा सकती हैं, वे भी एक साथ। कल्पना कीजिए, शत्रु के युद्ध शुरू करने से पहले ही जहाजों के एक बेड़े या किसी प्रक्षेपक प्रणाली द्वारा मिसाइलों की झड़ी लगा दी जाए तो कैसा रहेगा।

सबसे किफायती

ब्रह्मोस की क्षमताओं व शक्ति के आधार पर इसकी अन्य मिसाइलों से तुलना करें तो यह उनसे कहीं अधिक किफायती है। शत्रुओं के लंबी रेंज के रेडार जैसे महत्त्वपूर्ण ठिकानों को ध्वस्त करने के लिए हवाई बेड़ा भेजने की जगह केवल एक ब्रह्मोस मिसाइल ही यह कार्य कर देगी। इससे शत्रु की सीमा के भीतर काररवाई के लिए लड़ाकू विमान व पायलट भेजने के जोखिम में कमी होती है, वहीं इस सैन्यबल का उपयोग कहीं और किया जा सकता है। जिससे लड़ाई के लिए अधिक सैनिक मिल सकेंगे। जब हवाई बेड़े का कार्य केवल एक मिसाइल कर दे तो इसे ताकत बढ़ना कहते हैं।

ब्रह्मोस व सामान्य सबसोनिक क्रूज मिसाइल में तुलना

	सबसोनिक क्रूज मिसाइल	ब्रह्मोस
गति	0.8 माख	2.8 माख
लक्ष्य भेदने की अवधि	1 यूनिट	एक-तिहाई (अधिक गति)
गतिज ऊर्जा	1 यूनिट	9 गुना (अधिक विध्वंसक शक्ति)
लक्ष्य विस्तार	1 यूनिट	एक-तिहाई (अधिक अचूक)
जवाबी काररवाई का समय	1 यूनिट	एक-तिहाई (सुरक्षा भेदक)
सार्वभौमिकता	शून्य	जलीय व जमीनी लक्ष्यों के लिए समान प्रणाली

लंबे समय तक उपयोग के योग्य व रख-रखाव में सरल

निर्माण के दौरान मिसाइल को जोड़कर कैनिस्टर (बेलनाकार) में रख दिया जाता है। जैसे तलवार को म्यान में सुरक्षित रखा जाता है, वैसे ही मिसाइल की सुरक्षा कैनिस्टर करता है। इस कैनिस्टर में मिसाइल हवाबंद स्थिति में रहती है। इससे मिसाइल वातावरण से होनेवाली हानि से बची रहती है। खासतौर पर युद्धपोतों में रखी मिसाइलें समुद्री मौसम में लगनेवाले जंग से सुरक्षित रहती हैं।

सुरक्षित रखने के अतिरिक्त इन मिसाइलों का रखरखाव भी बहुत सरल होता है। प्रायः किसी भी उन्नत हथियार प्रणाली या प्लेटफॉर्म को चाक-चौबंद रखने में लोगों को कई घंटे लगाने पड़ते हैं। जहाँ अधिकांश मिसाइलों की हर तिमाही जाँच करनी पड़ती है, वहीं ब्रह्मोस की जाँच तीन वर्ष में एक बार ही करनी होती है।

मिसाइल के भाग

प्रणोदन प्रणाली

ब्रह्मोस की प्रणोदन प्रणाली किसी भी अन्य हवाई प्रणाली से बिल्कुल अलग है। इस प्रणाली को समग्र प्रणोदन प्रणाली कहते हैं, क्योंकि इसमें ठोस रॉकेट बूस्टर और रैमजेट सस्टेनर लगे होते हैं। रैमजेट इंजन तभी शुरू होते हैं, जब सुपरसोनिक गति हासिल हो जाती है। इसलिए मिसाइल को आवश्यक गति तक पहुँचाने के लिए ठोस प्रोप्लेंट-ईंधन युक्त रॉकेट बूस्टर का उपयोग किया जाता है। ठोस प्रोप्लसन प्रणाली त्वरित होती है और इसके लिए किसी कठिन अनुरक्षण प्रक्रिया की भी आवश्यकता नहीं होती। इसकी समतुल्य बहुत

सी क्रूज मिसाइलों में बूस्टर बाहरी आवरण पर लगा होता है, जबकि ब्रह्मोस में यह इसके भीतर रैमजेट इंजन में लगाया गया है। चूँकि रैमजेट इंजन में बूस्टर उपयोग के बाद केवल भार समान ही होता है। इसलिए आवश्यक गति प्राप्त होने के बाद बूस्टर बाहर फेंक दिया जाता है। जहाँ बूस्टर लगा था, वह जगह रैमजेट इंजन के कॉमब्यूशन चैंबर का काम करती है। इससे जहाँ मिसाइल का आकार छोटा हुआ, वहीं इसे कैनिस्टर में रखना भी संभव हो सका।

नोज कैप (अग्र नोक)

अग्र नोक का उपयोग मिसाइल को कैनिस्टर में सीलबंद करने में होता है। इसी से पानी के नीचे से (पनडुब्बी से) दागी जाने पर भी मिसाइल सुरक्षित रहती है। सुरक्षा के अतिरिक्त यह युद्ध में भी काम आती है। ऊपर की ओर प्रक्षेपण के समय यह मिसाइल की दिशा ठीक करती है। सरल भाषा में कहें तो यह ऊपर दागी गई मिसाइल को घुमाकर आड़ा करके, ठोस रॉकेट बूस्टर के शुरू होने से पहले ही इसे लक्ष्य की ओर तान देती है। मान लीजिए, वह स्थिति हो, जहाँ मिसाइल को लक्ष्य पर पहुँचने के लिए यू-टर्न लेना है और यह सुविधा मौजूद न हो। इसके परिणामस्वरूप ईंधन की खपत बढ़ जाएगी, जिससे मिसाइल की रेंज घटने के साथ ही बहुमूल्य समय खराब होगा। ऐसा न हो, इसलिए मिसाइल के कैनिस्टर से निकलते ही अग्र नोक इसका रुख लक्ष्य की ओर कर देती है। चूँकि अग्र नोक ने मिसाइल को आड़ा कर दिया है, इसलिए अब लक्ष्य मिसाइल के ठीक सामने होता है। यह अवस्था प्राप्त होने के बाद अब अग्र नोक भी मिसाइल के लिए केवल भार ही है, इसलिए बाद में इसे फेंक दिया जाता है। ब्रह्मोस विश्व की ऐसी एकमात्र मिसाइल है, जो इस चतुराई से काम करती है।

लक्ष्य खोजी (सीकर)

लक्ष्य खोजी दरअसल एक रेडार खोजी है। यह सीकर अपने सामने के क्षेत्र की बारीक जाँच कर लक्ष्य को खोजता है। मिसाइल के ब्लॉक II संस्करण हेतु एक उन्नत सीकर विकसित किया गया है। इस सीकर का उपयोग थलसेना द्वारा मिसाइल के जमीनी हमला करनेवाले संस्करण में होता है (भारतीय थलसेना चाहती थी इस मिसाइल में लक्ष्य को खोजने की क्षमता हो, यानी मिसाइल लक्ष्यों के समूह में से अपना लक्ष्य खोजे और फिर उस पर प्रहार करे [जैसे कई बिल्डिंगों में से कोई खास बिल्डिंग])।

एयरफ्रेम (आवरण), निर्देशन व कंट्रोल

मिसाइल का एयरफ्रेम बेलनाकार है, जिसमें छोटे से पंख व फिन्स

(सुफने) हैं। यह डिजाइन सुपरसोनिक गति पर कम भार होने की दृष्टि से बनाया है। जब तक मिसाइल कैनिस्टर में रहती है, उसकी पंख व फिन्स मिसाइल के शरीर से चिपके रहते हैं और जैसे ही मिसाइल कैनिस्टर से निकलती है, ये खुलकर काम करना शुरू कर देते हैं। इसके पंख बहुत छोटे हैं, क्योंकि छोटे पंखों से भी सुपरसोनिक गति प्राप्त हो सकती है। इसी कारण लड़ाकू विमानों में डेल्टा-आकार के छोटे पंख होते हैं, जबकि असैन्य विमानों के पंख बहुत बड़े होते हैं। जैसा कि पहले बताया जा चुका है कि छोटे पंखों से आर.सी.एस. कम मात्रा में बनता है।

पंख स्थिर रहते हैं, जबकि मिसाइल को उड़ने के दौरान हिलाने का काम फिन्स करते हैं। इन फिन्स को गति देने के लिए चार एक्चुएटर (गति प्रदाता) जुड़े रहते हैं। इन एक्चुएटरों को निर्देशन प्रणाली द्वारा आदेश दिए जाते हैं।

रैमजेट इंजन का एयर इनटेक मिसाइल की अग्र नोक पर बना होता है। इससे भी आर.सी.एस. कम होता है। इसका ईंधन टैंक ऐसे बना होता है कि मिसाइल का बाहरी आवरण ही ईंधन टैंक की दीवारों का काम करता है। मिसाइल में मौजूद यांत्रिकी व इलेक्ट्रॉनिक दक्षता की तुलना में यह बहुत छोटी होती है, जिसमें अंदर विभिन्न उपप्रणालियाँ व अति जटिल व्यवस्थाएँ होती हैं। इसे अधिक समझाने का कोई औचित्य नहीं है, क्योंकि वह मिसाइल का पूर्णत: तकनीकी पक्ष है।

इसकी निर्देशन व कंट्रोल प्रणाली आई.एन.एस. पर आधारित है, जो ऑन-बोर्ड कंप्यूटर (ओ.बी.सी.) के साथ मिलकर काम करती है। उड़ान के दौरान आई.एन.एस. अपने मार्ग में आनेवाली किसी भी बाधा को पहचानकर ओ.बी.सी. बताता है, जो निश्चित मार्ग पर बने रहने के लिए एयरोडायनेमिक फीचर को आवश्यक निर्देश देता है। ओ.बी.सी. को लक्ष्य स्थल की जानकारी फायर कंट्रोल सिस्टम (एफ.सी.एस.) के माध्यम से मिलती है, जो मिसाइल के प्रक्षेपण से पहले ही प्रक्षेपक में मौजूद रहती है। इसके बाद मिसाइल आई.एन.एस. व सीकर से निर्देश लेते हुए सीधी लक्षित क्षेत्र की ओर उड़ान भरती है।

वारहेड स्फोटक शीर्ष (वॉरहेड)

मिसाइल के वारहेड में 200 किलो तक की उच्च विध्वसंक (एच.ई.) सामग्री भरी जा सकती है। एक उड़ान परीक्षण में हमने विस्फोटक सामग्री युक्त मिसाइल को भी प्रक्षेपित किया था। मिसाइल ने उड़ान भरी और नौसेना के काम में न आ रहे जहाज पर प्रहार कर उसे डुबो दिया तथा इसमें केवल छह मिनट लगे। प्रहार के बाद जब हम उस स्थान का मुआयना करने गए,

तो वहाँ उसका नामोनिशान नहीं था, बल्कि वहाँ उसके अवशेष भी नहीं बचे थे। इसी तरह जब इस स्फोटक शीर्ष (वॉरहैड) को किसी जमीनी लक्ष्य जैसे बिल्डिंग पर छोड़ा जाता है तो वहाँ केवल लक्ष्य का मलबा ही बाकी बचता है। यह प्रभाव मिसाइल की सुपरसोनिक गति व स्फोटक शीर्ष (वॉरहेड) की मारक क्षमता से मेल से ही संभव होता है।

मिसाइल व इससे जुड़ी प्रणालियों में कई और बेहतरीन फीचर होते हैं, लेकिन राष्ट्रीय सुरक्षा को ध्यान में रखते हुए उनकी गोपनीयता बनाए रखना आवश्यक है।

□

10

बहु-मंचीय प्रक्षेपण क्षमता

बहु-मंचीय (प्लेटफॉर्म) क्षमता ने ब्रह्मोस की शक्ति को बढ़ा दिया है। इसमें जहाज-आधारित, रोड मोबाइल-आधारित, विमान-आधारित व पनडुब्बी-आधारित व साइलो-आधारित शस्त्र कॉम्प्लेक्स उपलब्ध हैं।

जहाज-आधारित शस्त्र प्रणाली

प्रक्षेपण प्रणाली व फायर कंट्रोल प्रणाली के चलते, इसे सबसे पहले आई.एन.एस. राजपूत जैसे आर-श्रेणी के विध्वंसक में लगाया गया। वर्तमान में यह भारतीय नौसेना के पाँच युद्धपोतों—आई.एन.एस. 'राजपूत', आई.एन.एस. 'रणवीर', आई.एन.एस. 'रणविजय', आई.एन.एस. 'राणा' व आई.एन.एस. 'रणजीत' में मौजूद है। यह पाँच जहाज भारतीय नौसेना की प्रहार-शक्ति की रीढ़ हैं।

मिसाइल को जहाज से इलेक्ट्रॉनिक, बाहरी व यंत्रवत् संयोजित करना सबसे महत्त्वपूर्ण प्रक्रिया है। अब हम इसकी प्रणालियों का एक-एक कर वर्णन करेंगे।

फायर कंट्रोल सिस्टम (एफ.सी.एस.)

जैसा नाम से ही ज्ञात होता है, यह मिसाइल को दागने की क्रिया को नियंत्रित करता है और इसी सिस्टम में लॉञ्च कंट्रोल सिस्टम मौजूद रहता है। इसका मुख्य कार्य मार्ग तैयार करना है। लक्ष्य तक पहुँचने के लिए मिसाइल उसकी ओर सीधे या टेढ़ी-मेड़ी होकर भी जा सकती है। इसके अलावा, एफ.सी.एस. का मिसाइल से सीधा संपर्क रहता है तथा मिसाइल की स्थिति संबंधी सूचना भी देता रहता है।

मानव-मशीन इंटरफेस (एम.एम.आई.) पारंपरिक शस्त्र प्रणाली का मूलमंत्र है। हथियार का उपयोग करना जितना सरल होगा, उसकी सटीकता उतनी ही बढ़ जाएगी। ब्रह्मोस का एफ.सी.एस. बनाते समय हमने एम.एम.आई. को प्राथमिकता दी। प्रभावशाली

एम.एम.आई. के निर्माण हेतु एफ.सी.एस. में बहुत सी ग्राफिकल यूजर इंटरफेस (जी.यू.आई.) प्रणालियाँ अपनाई गईं। एफ.सी.एस. स्वतः जाँच, बाहरी हथियारों से संपर्कों की जाँच व मिसाइल की स्थिति पर नजर रखता है। यह सी.एम.एस. से लक्ष्य की जानकारी लेता है। तथा लक्ष्य संबंधी जानकारी मिलने के बाद ऑपरेटर को युद्ध व मार्ग योजना बनाने में मदद देता है। संक्षेप में एफ.सी.एस. मिसाइल व ऑपरेटर के बीच का इंटरफेस है।

समकालीन जहाजों में कई सेंसर होते हैं, जो पोत की आँख व कान का काम करते हैं, उनकी मुख्य प्रहार क्षमता मिसाइलें होती हैं। सेंसर्स व हथियार स्थिति–परक प्रणाली से जुड़ी सभी जानकारियाँ जिस स्टेशन पर एकत्र होती हैं, उसे कॉम्बेट डायरेक्शन सेंटर (सी.डी.सी.) कहा जाता है। कैप्टन इसी सी.डी.सी. द्वारा युद्ध का संचालन करता है। (अतीत में, कैप्टन को आदेश जारी करने के लिए जहाज के सबसे ऊँचे हिस्से पर रहना पड़ता था। वहाँ बने कैप्टन के कैबिन को 'ब्रिज' कहा जाता था।)

सी.डी.एस. का मस्तिष्क कॉम्बेट मैनेजमेंट सिस्टम (सी.एम.एस.) है। यह सी.एम.एस. जहाज में मौजूद विभिन्न शस्त्र प्रणालियों के एफ.सी.एस. से जुड़ा रहता है। रेडार व सोनार जैसे सभी सेंसर्स सी.एम.एस. से जुड़े होते हैं, जिनसे एफ.सी.एस. निर्देश प्राप्त करता है।

यूनिवर्सल वर्टिकल लॉञ्चर मॉड्यूल (यू.वी.एल.एम.)

जब लक्ष्य जहाज के सामने होता है, तो उसे भेदने में कोई समस्या नहीं आती, वहाँ मिसाइल सीधे निशाने पर दागी जा सकती है। लेकिन युद्ध के बारे में पहले से कुछ नहीं कहा जा सकता। यदि कोई शत्रु हमला करने के लिए हमारे जहाज के पीछे लग जाए, तो मिसाइल इस तरह प्रक्षेपित व प्रोग्राम होनी चाहिए कि वह सामने से घूमकर पीछे शत्रु की ओर जाए। लेकिन मिसाइल की तेज गति इसे छोटे मोड़ नहीं लेने देती। इसलिए हमने ऐसा प्रक्षेपक बनाया, जो मिसाइल को जहाज से ऊपर की दिशा में छोड़ सके। इसे यूनिवर्सल वर्टिकल लॉञ्चर मॉड्यूल (यू.वी.एल.एम.) कहते हैं। यह डिजाइन पेटेंट करवा लिया गया है।

इस प्रक्षेपक को यह नाम इसलिए मिला, क्योंकि इसे पनडुब्बी, विध्वंसकों व युद्धपोत किसी भी तरह के जहाज से छोड़ा जा सकता है। हम ऐसी प्रक्षेपक प्रणाली चाहते थे, जो किसी भी तरह के जहाज या पनडुब्बी पर लगाई जा सके।

इस प्रणाली की सबसे बड़ी विशेषता यह है कि इसमें झुके हुए प्रक्षेपकों की तुलना में अधिक मिसाइलों का भंडारण किया जा सकता है। सिर्फ यही नहीं, किसी भी एक जहाज पर एक से अधिक यू.वी.एल.एम. भी स्थापित किए जा सकते हैं। दो

यू.वी.एल.एम. के उपयोग का अर्थ है कि उस जहाज पर 16 मिसाइलें तैनात हैं, जो 16 विभिन्न लक्ष्यों पर फौरन प्रहार कर सकती हैं।

तकनीकी बाधाएँ

जहाज-निर्माण का सामान्य नियम है कि इसका 20 प्रतिशत हिस्सा भविष्य में बननेवाली प्रणालियों के संस्थापन हेतु आरक्षित रखा जाता है। सामान्यतः कोई भी जहाज नौसेना में लगभग 40 वर्ष तक सेवा देता है और इन 40 वर्षों में युद्ध व हथियार प्रौद्योगिकी में अनगिनत बदलाव हो जाते हैं।

ब्रह्मोस को एक पुराने जहाज से संयोजित करना हमारे लिए बहुत चुनौतीपूर्ण रहा, यह सरल कार्य नहीं था। आई.एन.एस. 'राजपूत' ने सन् 1980 से सेवा देनी आरंभ की और सन् 2003 में इस पर मिसाइल लगाई गई। इसकी इलेक्ट्रॉनिक प्रणाली सन् 1970 के समय की थी।

इसके बाद आई.एन.एस. 'राजपूत' के अनुरक्षण व मरम्मत का समय आया। एक बार फिर भारतीय नौसेना ने हमें इस पर ऊपर की ओर दागी जानेवाली ब्रह्मोस मिसाइल लगाने को कहा। इस स्थिति से पूर्व-परिचित होने के चलते इस बार हम अपने यू.वी.एल.एम. के साथ पूरी तरह से तैयार थे।

हमें जहाज में परिवर्तन करते हुए ऊपरी डेक का कुछ हिस्सा काटकर हटाना था, ताकि वहाँ यू.वी.एल.एम. लगाने की जगह बन सकें। काट-छाँट का यह थकाऊ कार्य पूर्वी समुद्र-तट के किनारे बसे शहर विजाग के बंदरगाह पर किया गया। इसके बाद एक उड़ान परीक्षण किया गया, जो सफल रहा।

आर-श्रेणी के जहाजों के बाद अब कोलकाता-श्रेणी के नए विध्वंसकों पी-15ए और पी-15बी जैसे जहाजों व तलवार-श्रेणी के स्टील्थ युद्धपोत की बारी थी। पी-15ए और पी-15बी जहाज पर 16 मिसाइलें और तलवार-श्रेणी के युद्धपोत पर 8 मिसाइलें लगाई गईं।

इस बिंदु पर इस जहाज-आधारित हथियार प्रणाली की क्षमता का वर्णन करना आवश्यक है। उपरोक्त चित्रण को ध्यान में रखते हुए साल्वो मोड में नौसैनिक हमले की कल्पना कीजिए। जहाजों के दस्तों के आगे उस बेड़े से जुड़े पूर्व-चेतावनी देनेवाले हेलीकॉप्टर निगरानी कर रहे हैं। यह हेलीकॉप्टर अपनी उच्च-क्षमतावाले रेडार से शत्रु के जहाजों की उपस्थिति की पहचान करता है और उस लक्ष्य की दिशा संबंधी जानकारी जहाजी बेड़े तक पहुँचा देता है। वह जहाज उचित अनुज्ञा प्राप्ति के बाद आवश्यकता के अनुरूप ब्रह्मोस मिसाइल से प्रहार कर देते हैं।

उपरोक्त चित्रण में आपको कुछ प्रलोभक लक्ष्य भी दिखाई देंगे। यह प्रलोभक

लक्ष्य चाफ के बादलों (भ्रमिका मेघ) से बनते हैं। चाफ (फूस) कुछ और नहीं बल्कि एल्युमीनियम जैसी धातु से बने होते हैं, जो रेडार की भाँति संकेत दरशा सकते हैं। सामान्यत: रेडार किसी भी संभावित लक्ष्य के मौजूद होने का संकेत भेजता है। इसी तरह ये चाफ बादल स्वयं को लक्ष्य दरशा कर रेडार को धोखा देते हैं। लेकिन ब्रह्मोस में सत्य व असत्य लक्ष्यों में से सही को पहचानने की क्षमता है, जिससे वह सही निशाने पर ही प्रहार करता है।

छोटे जहाजों के समूह के साथ पूर्व-चेतावनीवाले हेलीकॉप्टर शत्रु के लिए सबसे घातक संयोजन सिद्ध होता है। यदि सामुद्रिक निगरानी सेटैलाइट उस क्षेत्र की निरंतर जाँच कर रही हो, तो वे भी जहाजों को लक्ष्यों की स्थिति बता सकते हैं। भविष्य के युद्ध इसी निगरानी प्लेटफॉर्म प्रणाली पर लड़े जाएँगे।

मार्ग-चालन हथियार प्रणाली

जमीन-आधारित हथियार प्रणाली के दो संस्करण मौजूद हैं—पहला, जमीन से हमले के लिए और दूसरा, तटीय सुरक्षा हेतु। इन दोनों संस्करणों की प्रकृति एक जैसी है। जमीन-आधारित हथियार प्रणाली का मुख्य घटक मोबाइल कमांड पोस्ट (एम.सी.पी.) व मोबाइल ऑटोनोमस लॉञ्चर्स (एम.ए.एल.) है। एक एम.सी.पी. की कमांड में चार एम.ए.एल. होती हैं, इस समूह को एक बैटरी-बुनियादी इकाई कहा जाता है। वहीं एम.सी.पी. को कमांड देने का कार्य कमांड, कॉम्यूनिकेशन व कंट्रोल (सी3) सेंटर का होता है। बैटरी में मरम्मत कार्यों के लिए एक वर्कशॉप वाहन, एम.ए.एल. में मिसाइलों को लोड करने के लिए मोबाइल रिप्लेनिशमेंट वाहन (एम.आर.वी.) और लाइट कॉम्बेट सपोर्ट वाहन (एल.सी.एस.वी.) शामिल होते हैं।

एम.ए.एल. व एम.सी.पी. संचार-प्रोत्साहन प्रणालियाँ हैं, जिनकी आवाज व डेटा कनेक्टिविटी बहुत मजबूत व दूर तक होती है। सभी प्रकार के संपर्क कूट भाषा में होते हैं। शत्रु द्वारा अवरुद्ध किए जाने से बचने के लिए कुछ तकनीकें भी अपनाई जाती हैं।

मोबाइल कमांड पोस्ट (एम.सी.पी.)

भविष्य में होनेवाले युद्ध नेटवर्क-सेंट्रिक वारफेयर (एन.सी.डब्ल्यू.) होंगे, जिनकी शुरुआत मार्ग-चलित हथियार प्रणाली से होगी। एन.सी.डब्ल्यू. वर्ग के इन युद्धों में एम.सी.पी. महत्त्वपूर्ण भूमिका निभाएगी।

एम.सी.पी. को किसी निश्चित बैटरी के लिए लक्ष्य निर्धारित करने का आदेश उच्च्च विभाग से मिलता है। एम.सी.पी. प्रत्येक एम.ए.एल. के लिए लक्ष्य निर्धारित करती है, लक्ष्य का स्थान बताती है, प्रक्षेपित की जानेवाली मिसाइलों की संख्या निर्धारित करती

है व इस प्रक्षेपण का समय भी निश्चित करती है। सभी एम.ए.एल. की स्थिति पर नजर रखने का कार्य भी एम.सी.पी. ही करती है। यदि किसी एम.ए.एल. में कोई समस्या उत्पन्न हो जाती है तो बैटरी के ही किसी अन्य एम.ए.एल. को वह कार्य सौंप दिया जाता है। एम.सी.पी. क्षेत्र व परिस्थितियों के अनुसार कार्य सौंपती है, जो क्रमानुसार कमांड से विशिष्ट एम.ए.एल. तक पहुँचता है।

इसी तरह, तटीय बैटरी में भी एम.ए.एल. को ध्वस्त करने के लिए निश्चित लक्ष्य दिए जाते हैं और साथ ही यह भी बताया जाता है कि यह प्रक्षेपण साल्वो मोड में होना है या नहीं। जैसा मैंने पहले बताया कि युद्ध की प्रकृति गत्यात्मक होती है और लक्ष्य व लक्ष्य से जुड़ी प्राथमिकताएँ किसी भी समय बदल सकती हैं, सौंपे गए कार्य में भी परिवर्तन होना संभव है। दोपहर के भोजन तक के सभी एम.ए.एल. कार्यों का डेटा रिकॉर्ड किया जाता है, जिसके आधार पर आफ्टर एक्शन रिपोर्ट (ए.ए.आर.) तैयार की जाती है।

एक और महत्त्वपूर्ण कार्य इलाके का विश्लेषण भी होता है—एम.ए.एल. की उपयुक्त तैनाती के लिए क्षेत्र चुनने में कार्टोग्राफिक डेटा का उपयोग होता है। मिसाइल किस क्षेत्र से उड़ान भरेगी इसका भी आकलन किया जाता है। जैसे किसी एम.ए.एल. का निशाना उसके बहुत नजदीक है, लेकिन यदि बीच में कोई पर्वत आ जाए तो मिसाइल को उस पर्वत की अर्ध-परिक्रमा करके जाना होगा। ऐसी समस्याओं से निपटना ही एम.सी.पी. का कार्य है। सच्चे कमांड सेंटर की तरह एम.सी.पी. के पास अपने उस एरिया ऑफ रिस्पॉन्सिबिल्टी (ए.ओ.आर.) की स्पष्ट कार्यनीतिक तसवीर होती है, जिसमें एम.ए.एल. के तैनाती स्थल व जोखिमपूर्ण गतिविधियों के क्षेत्र समाहित रहते हैं।

मोबाइल ऑटोनॉमस लॉञ्चर (एम.ए.एल.)

एम.ए.एल. मिसाइल प्रक्षेपण प्रणाली है, जो एक बार में तीन मिसाइलों के प्रक्षेपण की क्षमता रखती है। इसमें शामिल शब्द ऑटोनॉमस बहुत प्रासंगिक है। हम एम.ए.एल. को आत्म-निहित वाहन बनाना चाहते थे—एक ऐसा वाहन, जो अपनी किसी भी आवश्यकता के लिए किसी अन्य विशिष्ट वाहन पर निर्भर न हो। एम.एल.ए. प्रक्षेपण स्टेशन, जनरेटर प्रणाली व कई अन्य प्रकार की प्रणालियों का काम करता है। बैटरी में कुछ सहायतार्थ वाहन मौजूद होने पर भी एम.ए.एल. उच्चतम स्वतंत्र प्रणाली है। साथ ही, एम.सी.पी. में कोई तकनीकी समस्या आ सकती है या दुर्भाग्यवश एम.सी.पी. शत्रु का निशाना भी बन सकती है। आखिरकार युद्ध में कुछ भी संभव है। एम.ए.एल. को इस तरह डिजाइन किया जाता है कि किसी एम.सी.पी. के अनुपस्थित होने पर कोई भी एम.ए.एल. उसकी भूमिका निभा सकता है।

एम.ए.एल. की एक प्रमुख यूनिट एफ.सी.एस. है—ये जहाज-आधारित हथियार

प्रणाली के एफ.सी.एस. जैसा ही होता है। एम.ए.एल. में मिसाइलें संग्रह व यातायात के दौरान लिटाकर रखी जाती हैं। जबकि प्रक्षेपण के समय इन्हें ऊपर की ओर लगाया जाता है।

एम.ए.एल. से मिसाइलों को एकल या साल्वो दोनों मोड में छोड़ा जा सकता है। जैसा कि आप जानते हैं, एक बैटरी में चार एम.ए.एल. होते हैं, यानी इसमें 12 मिसाइलें होती हैं और इन सभी को एक के बाद एक तुरंत छोड़ा जा सकता है। इस तरह, एक मिसाइल बैटरी कुछ ही मिनटों में गोलाबारी करके 12 लक्ष्यों को ध्वस्त कर सकती है।

विमान-आधारित हथियार प्रणाली (कॉम्प्लेक्स)

भारतीय वायु सेना के एसयू-30 एम.के.आई. विमान पर इस मिसाइल को लगाने का काम फिलहाल जारी है। जब यह ब्रह्मोस से सशस्त्र हो जाएगी, तो यह जोड़ी 'सबसे घातक' नाम से जानी जाएगी।

विमान में यह बदलाव हिंदुस्तान एरोनॉटिक्स लिमिटेड (एच.ए.एल.) में किया जा रहा है।

इसके साथ-साथ हम हवाई प्रक्षेपक के डिजाइन पर भी काम कर रहे हैं। यह प्रक्षेपक उतना ही आवश्यक है, जितना विमान में परिवर्तन करना। इस प्रक्षेपक को विमान के पेट पर लगाकर इसका एरोडायनैमिक (वायुगतिक) सत्यापन परीक्षण किया जाएगा।

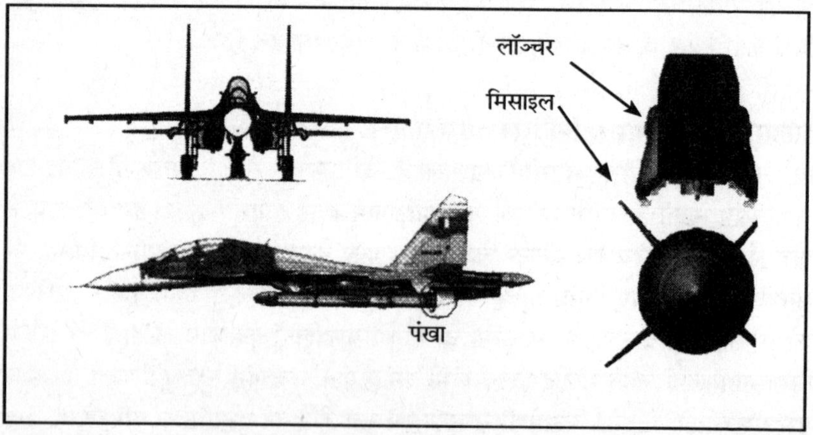

(एस.यू-30 एम.के.आई. विमान में ऐसे लगेगी मिसाइल)

विमान से दागे जानेवाले इस मिसाइल संस्करण का नाम 'ब्रह्मोस-ए' होगा। इस मिसाइल का भार कम करने के लिए इस पर काम जारी है। आपको शायद याद होगा कि प्रणोदन प्रणाली में ठोस प्रणोदक बूस्टर और रैमजेट सस्टेनर होते हैं। बूस्टर का

कार्य मिसाइल की गति को शून्य से सुपरसोनिक पर पहुँचाना होता है। किसी लड़ाकू विमान द्वारा बहुत ऊँचाई पर ले जाने से मिसाइल को पर्याप्त मात्रा में हवा का बहाव मिल जाएगा। बूस्टर भी यही काम करता है, इस संस्करण का वजन भी अधिक नहीं होना चाहिए, क्योंकि वजन अधिक होने से विमान का ईंधन अधिक फुँकेगा व इसमें अस्थिरता भी आएगी। इसलिए हम बूस्टर को इतना छोटा कर देना चाहते हैं, जितना मिसाइल को पर्याप्त गति देने के लिए आवश्यक हो।

पायलट द्वारा प्रक्षेपण कमांड दिए जाने पर यह मिसाइल आगे की ओर जाएगी। मिसाइल थोड़ा नीचे गिरकर स्वयं को स्थिर करेगी और तब बूस्टर शुरू होगा। गिरने और बूस्टर के शुरू होने के बीच मिसाइल को स्थिर होना होता है। इस स्थिरता में वृद्धि के लिए हमने मिसाइल की पूँछ में कुछ छोटे पंख जोड़े हैं।

पैरिफेरल कंट्रोल डिवाइस (परिधीय नियंत्रण उपकरण)

विमान की वैमानिकी का केंद्रीय भाग उसका अपना कंप्यूटर होता है, जिसे 'फ्लाइट कंप्यूटर' कहते हैं। फ्लाइट कंप्यूटर विभिन्न सेंसर्स से जानकारी प्राप्त कर उसे पायलट को डिस्प्ले पर दरशाता है। पायलट की विभिन्न क्रियाओं (थ्रॉटल स्टिक आदि) से वो पायलट की उड़ान मार्ग के प्रति मंशा को समझने के बाद तदनुसार विभिन्न एरोडायनेमिक्स फीचर सक्रिय करता है। वास्तव में विमान को फ्लाइट कंप्यूटर उड़ा रहा होता है, लेकिन वो ऐसा कार्य विमान उड़ाने के लिए पायलट के दिए निर्देशों के अनुसार करता है। मिसाइल की अपनी ओ.बी.सी. होती है, जो मिसाइल को उसके लक्ष्य तक पहुँचाती है। इस कंप्यूटर को लक्ष्य की दिशा संबंधी जानकारी उसके 'पैरिफेरल कंट्रोल डिवाइस' (पी.सी.डी.) द्वारा मिलती है। यह पी.सी.डी. मिसाइल की ओ.बी.सी. के साथ-साथ विमान की वैमानिकी से भी संपर्क में रहती है।

परंपरागत जहाज-भेदी मिसाइल में पायलट विमान के रेडार को सामुद्रिक निगरानी मोड में रखता है और जैसे ही उसे लक्ष्य मिल जाता है, वह उसे चुन लेता है। वह लक्ष्य संबंधी जानकारी को पी.सी.डी. में भर देता है। पी.सी.डी. इस लक्ष्य संबंधी जानकारी को मिसाइल की ओ.बी.सी. तक पहुँचा देती है। पायलट के प्रक्षेपण बटन दबाते ही मिसाइल प्रक्षेपक से निकलकर नीचे गिरने लगती है। तत्पश्चात् स्थिर होते ही मिसाइल बूस्टर शुरू कर देती है, जिससे मिसाइल के ओ.बी.सी. का नियमित कार्यक्रम शुरू हो जाता है। इस चित्र में ब्रह्मोस मिसाइल की जहाज-भेदी भूमिका दरशाई गई है।

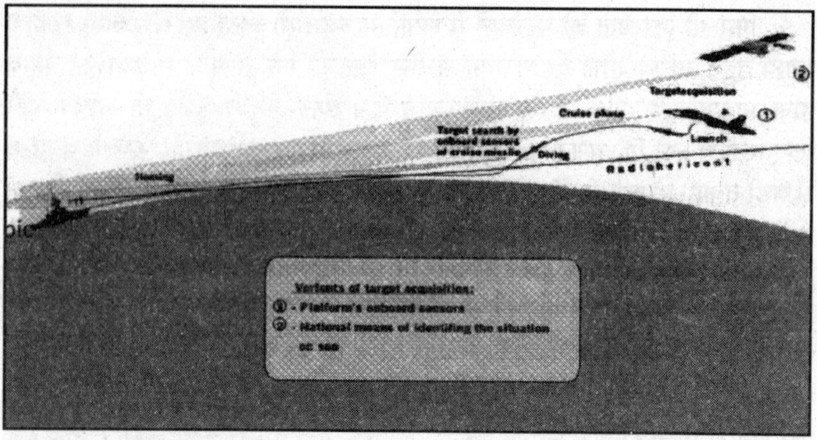

(हवा से प्रक्षेपित होनेवाले संस्करण का शत्रु के जहाज पर हमले का प्रारूप)

पनडुब्बी–आधारित शस्त्र प्रणाली

पनडुब्बी जटिल व गुप्त मशीन है। आज परमाणु पनडुब्बियाँ बहुत तेज गति से सफर करने के अलावा बहुत देर तक पानी के नीचे डूबी रह सकती है। मिसाइलों से लैस होने पर ये ऐसे गुप्त घातक शिकारी में बदल जाती हैं, जो अपने शिकार पर छिपकर हमला करता है। आज हर देश चाहता है कि उसके पास परमाणु पनडुब्बी हो, जिसमें वह अपना आई.सी.बी.एम. स्थापित कर सके। इससे यह सुनिश्चित हो जाता है कि जवाबी काररवाई से बचने के लिए शत्रु पक्ष परमाणु मिसाइल दागने का खतरा नहीं उठाएगा।

वहीं, काम करने के लिए पनडुब्बी सबसे जोखिमपूर्ण स्थान है—इसकी परिचालन संबंधी परेशानियों का इसके क्रू के मानसिक स्वास्थ्य पर बहुत बुरा असर पड़ता है। कोई दुर्घटना होने पर पनडुब्बी डूब सकती है और इस डूबती पनडुब्बी से इसके क्रू का बच निकलता बहुत मुश्किल होता है।

फिलहाल, भारतीय नौसेना के पास जर्मनी की एच.डी.डब्ल्यू. श्रेणी के अलावा रूस की किलो–श्रेणी की पनडुब्बियाँ हैं; वहीं फ्रांस की स्कॉर्पियन पनडुब्बी निर्माणाधीन है। ब्रह्मोस मिसाइल पनडुब्बी की नवीन श्रेणी पी75 (आई) से लगने को पूरी तरह से तैयार है।

यह ऊपर की ओर प्रक्षेपित होने के लिए लगेगी, जिसके बाद यह दुनिया का सबसे ताकतवर हथियार प्लेटफॉर्म बन जाएगा।

ब्रह्मोस सार्वदेशिक मिसाइल है, इसलिए इसमें किसी परिवर्तन की आवश्यकता नहीं हैं। जहाँ इसकी अग्र–नोक की टोपी कैनिस्टर में पानी घुसने से बचाव कर मिसाइल की सुरक्षा करती है, वहीं कैनिस्टर के कारण मिसाइल समुद्री जल के प्रभाव से बची भी रहती है।

फिर भी मिसाइल को पनडुब्बी में लगाने में बहुत सी चुनौतियाँ थीं। पानी के नीचे दबाव बहुत अधिक होता है। पानी के नीचे सुरक्षित रहने के लिए वस्तु का बहुत कठोर होना आवश्यक है। पनडुब्बी के मौजूदा ढाँचे में परिवर्तन कर वहाँ ब्रह्मोस लगाना हमारे लिए बड़ी चुनौती थी। गणना में कोई मामूली सी गलती या बहुत छोटे से अनुपयुक्त कार्य से बड़ी तबाही हो सकती थी, जो पनडुब्बी या उसके क्रू की क्षति का कारण बन जाएगी।

हमें जहाज के ढाँचे पर नैदानिक परिशुद्धता तक जटिल बदलाव करने थे। इस हेतु बड़े पैमाने पर सतत अध्ययन शुरू किए गए।

ब्रह्मोस मिसाइल के पानी के नीचे काम करनेवाले रूपांतर का उड़ान-परीक्षण हो चुका है और यह संस्थापन के लिए बिल्कुल तैयार है। पनडुब्बी को जैसी ही लक्ष्य की जानकारी (सेटैलाइट या पनडुब्बी कमांड सेंटर से) मिलेगी, वह ब्रह्मोस को दागकर उस क्षेत्र से बाहर निकल जाएगी। ब्रह्मोस को पनडुब्बी से किसी भी लक्ष्य को निशाना बनाने के लिए प्रक्षेपित किया जा सकता है।

साइलो-आधारित हथियार प्रणाली

साइलो जमीन के नीचे रहनेवाले प्रक्षेपक हैं, जो ठोस कंक्रीट की ट्यूब के बने होते हैं तथा जाल से ढके होते हैं। इन साइलो में मिसाइल रखी जाती है। चूँकि इसका सब कुछ जमीन के नीचे होता है, इसलिए इन्हें ध्वस्त करना सरल नहीं होता बल्कि यह परमाणु हमले के बाद भी बने रहते हैं। यानी साइलो ऐसी महत्त्वपूर्ण संपत्ति है, जिसके बल पर कोई भी देश किसी मिसाइल हमले का जवाब देता है।

जब आवश्यकता होती है तो इस जाल को हटाकर मिसाइल छोड़ दी जाती है। शीत युद्ध के दौरान दोनों पक्षों ने बहुत सी परमाणु-नोक युक्त आई.सी.बी.एम. प्रणालियाँ साइलो में रखी थीं। इसने व परमाणु मिसाइलों युक्त पनडुब्बियों ने दोनों ओर विध्वंस होने के खतरे को रोककर शक्ति संतुलन बनाए रखा।

ब्रह्मोस को साइलो से भी प्रक्षेपित किया जा सकता है। ईंधन से परिपूर्ण व युद्ध के लिए तैयार मिसाइल साइलो में तैनात की जा सकती है, ताकि इसे तत्काल आदेश पर दागा जा सके। साइलो में रखी मिसाइल का इसे प्रक्षेपक से बाहर निकाले बिना नियत समय पर चैकअप किया जा सकता है।

तटीय प्रदेशों व महत्त्वपूर्ण स्थानों के निकट साइलो बनाकर इनमें हथियार संकुल स्थापित किए जा सकते हैं। साइलो-आधारित हथियार प्रणाली में शामिल हैं—(अ) साइलो-आधारित लॉञ्चर्स, (ब) कंट्रोल सेंटर, जहाँ से प्रक्षेपण को नियंत्रित किया जाता है, और (स) जमीन के नीचे या ऊपर बनी एक मोटी परत से ढकी कमांड पोस्ट। इस कमांड पोस्ट का विभिन्न संपर्क सूत्रों के जरिए उच्च विभाग से संपर्क बना रहता है।

यहाँ एक तटीय सुरक्षा परिदृश्य का स्कीमैटिक स्कैच दिया है। जमीनी लक्ष्यों पर हमला करने के लिए भी ऐसी ही हथियार प्रणाली तैनात की जा सकती है। इससे शत्रु पक्ष भी समझ जाएगा कि हमारी मिसाइलों में युद्ध शुरू होने से पहले ही इसे समाप्त करने की क्षमता है। इस तरह इन प्रणालियों के माध्यम से बिना नाभिकीय काररवाई के शक्ति-संतुलन स्थापित किया जा सकता है।

भविष्य की एन.सी.डब्ल्यू. क्षमताएँ

युद्ध के कई चरण होते हैं और हर चरण किसी विशेषता पर केंद्रित रहता है। युद्ध का सबसे आदि रूप मानव-केंद्रित था। यहाँ तक कि लगभग चार सौ वर्ष पहले तक भी युद्ध मानव-केंद्रित ही हुआ करते थे। सिपाहियों की संख्या और उनकी वीरता से ही किसी लड़ाई का परिणाम निकलता था। जिस सेना में सैनिकों की संख्या अधिक होती, उसे ही मजबूत माना जाता। नेपोलियन के काल में युद्ध गतिशीलता और मार्चिंग की ओर मुड़ गया। युद्धकौशल संपन्न सेना को मजबूत माना जाता था; सेना का युद्धकौशल शत्रु को जल्द से जल्द घेरकर उन्हें छितरा देने में था। 19वीं सदी में युद्ध प्लेटफॉर्म-केंद्रित हो गया, जहाँ विमान, जंगी जहाज व टैंक तथा उनकी मारकशक्ति व संख्या से ही युद्ध का निर्धारण व परिणाम निकलता। अब हम नेटवर्क-केंद्रित वारफेयर (एन.सी.डब्ल्यू.) के युग में कदम रखनेवाले हैं। भविष्य के युद्ध नेटवर्क-केंद्रित संग्राम होंगे।

नेटवर्क-केंद्रित युद्ध क्या होता है?

सुन त्यु के अनुसार, 'यदि आप शत्रु व स्वयं को भी पहचानते हैं तो आपको सैकड़ों युद्धों के परिणाम की चिंता नहीं करनी होगी; लेकिन यदि आप स्वयं को पहचानते हैं, पर अपने शत्रु को नहीं तो आपको हर जीत के लिए हार का सामना करना होगा; लेकिन यदि आप न तो शत्रु को पहचानते हैं और न ही स्वयं को तो आपको हर युद्ध में पराजित होना होगा।'

एन.सी.डब्ल्यू. का विचार भी कुछ ऐसा ही है। यदि हम जानते हों कि शत्रु कहाँ है और वह क्या कर रहा है तथा यह भी पता हो कि हमारी सेना इस समय कहाँ है तो समझिए हम लड़ाई जीत चुके हैं। लेकिन हमें शत्रु की स्थिति का कैसे पता लग सकता है? और पता लगने के बाद हमें क्या करना होगा?

एक मूलमंत्र है सी4आई.एस.आर., जिसका कृत्रिम अर्थ है—कमांड, कंट्रोल, कम्युनिकेशन (संपर्क), कंप्यूटर, इंटेलिजेंस (बुद्धिमत्ता), सर्विलेंस (निगरानी) व रीकॉनिसंस (सैन्य सर्वेक्षण)। इन सब को एक साथ जोड़ने के परिणामस्वरूप नेटवर्क-केंद्रित क्षमता प्राप्त होती है।

एक आदर्श युद्ध में सबसे पहले शत्रु की आक्रमण क्षमता व उसकी रक्षात्मक पंक्ति का आकलन किया जाता है। इसके लिए निगरानी उपकरणों के माध्यम से शत्रु पर निरंतर निगाह रखी जाती है। इसका एक विशिष्ट उदाहरण तसवीरें लेनेवाली (इमेजिंग) सेटैलाइट है। इसके अतिरिक्त तसवीरें खींचने में सक्षम विमानों, जैसे उपकरणों से उपयोग से नजदीकी सैन्य सर्वेक्षण अवश्य करना चाहिए। इस डेटा का विश्लेषण करने से शत्रु की जानकारी होने के साथ ही बुद्धिमत्ता में भी वृद्धि होती है।

आकलन के पश्चात् शत्रु के कमजोर बिंदुओं पर हमला करने व अपने कमजोर बिंदुओं की सुरक्षा के लिए योजना बनाने की आवश्यकता होती है। इस योजना को मिल-जुलकर व तय समयसीमा में निष्पादित करना होता है; इसलिए कमांड सेंटर के उचित आदेशों व नियंत्रण में ही इसका क्रियान्वयन किया जाता है। निर्णय लेनेवाला यह कमांड सेंटर इस अग्रिम मोरचे से बहुत दूर स्थित होता है। इसलिए कमांड सेंटर से अग्रिम मोरचे तक आदेश का पहुँचना व अग्रिम मोरचे से कमांड सेंटर तक रिपोर्टों का वापस पहुँचते रहना अनिवार्य होता है। कोई देर से पहुँची रिपोर्ट या आदेश पूरी लड़ाई का परिणाम बदल सकता है।

शत्रु पर हमले के बाद बैटल डैमेज असेस्मेंट (बी.डी.ए.), यानी युद्ध में हुई हानि का आकलन किया जाता है। इसमें लक्ष्य का ध्वस्त होना भी शामिल रहता है; यदि लक्ष्य ध्वस्त न हुआ हो, तो एक बार फिर हमला किया जाता है।

संक्षेप में कहें, तो प्रत्येक यूनिट किसी निकटतम कमांड के माध्यम से हाई कमांड से जुड़ी होती है। हाई कमांड किसी भी यूनिट से सीधे संपर्क साध सकता है। ऐसे सशक्त संपर्क सूत्र से ही सूचना साझा करना सरल होता है। जानकारी के साझा होने से, लड़ाई के मैदान की पूरी तसवीर साफ हो जाती है, सैन्य भाषा में इसे स्थितिजन्य जागरूकता (सिचुएश्नल अवेयरनेस) कहते हैं। इस स्थितिजन्य जागरूकता से कमांड व कंट्रोल की कुशलता के साथ ही मिशन की प्रभावकारिता में भी वृद्धि होती है।

एक परिदृश्य की कल्पना करें, जहाँ पूर्व-चेतावनी विमान को शत्रु के जंगी विमानों के बेड़े का पता चला है, जिन्हें रोका जाना आवश्यक है। कुछ अन्य मित्र विमान आकाश में हैं, जो किसी अन्य मिशन को पूरा करके लौट रहे हैं। इन विमानों को आनेवाली शत्रु सेना से लड़ने नहीं भेजा जा सकता। क्यों? क्योंकि मित्र विमानों का स्तर अलग-अलग है; कुछ के पास हथियार नहीं है, तो कुछ का ईंधन समाप्त है और कुछ विमानों को क्षति भी हुई है। कमांड सबसे पहले सैन्य स्थिति जानना चाहेगा। जब कमांड को मित्र विमानों के संबंध में प्रत्येक जानकारी मिल जाएगी तो वह उनमें से लड़ने के लिए उपयुक्त विमानों को चुनेगा और उन्हें शत्रु को रोकने भेजेगा। कमांड को यह सारी जानकारी कहाँ से मिलेगी? यहीं पर संसूचना सूत्रों की भूमिका सामने आती है।

संसूचना नेटवर्क

इस संग्राम की प्रत्येक परत पर, जैसे जलमग्न पनडुब्बियाँ, तैरते जहाज, पैदल सेना व टैंक, विमान तथा सेटैलाइट आदि परस्पर नेटवर्क से जुड़ी रहती हैं। यह दिखने में जितना सरल है, इसे वास्तविक बनाना उतना ही कठिन है, क्योंकि इसमें सेना की प्रत्येक यूनिट जुड़ी रहती है। यदि वहाँ हवा में 1,000 लड़ाकू विमान और जमीन पर पैदल सैनिकों की 1,000 पलटन मौजूद हैं तो वहाँ संसूचनाओं की व्यापकता की कल्पना कीजिए। सबसे जटिल बात यह है कि वहाँ कार्य कर रही सेना की प्रत्येक यूनिट भिन्न संपर्क स्पेक्ट्रा का उपयोग कर रही है। यदि यह सब एक ही बैंड पर हों, तो भी वहाँ आवाज व डेटा संपर्कों की बाढ़ सी होगी और वह भी रियल टाइम में आती हुईं। इसमें कोई आश्चर्य नहीं कि जिस भी पक्ष की नेटवर्क क्षमता बेहतर होगी, युद्ध की लगाम उसी के हाथ में होगी। जैसा सन-तसुई ने एन.सी.डब्ल्यू. पर कहा है, 'अब जानकारी व जानकारी का प्रवाह ही हथियार होगा। शत्रु का नेटवर्क निशाना बनेगा और प्रत्येक नेटवर्क के कुछ अवरोध बिंदु व कमजोरियाँ होती हैं। इन बिंदुओं पर प्रहार से शत्रु का नेटवर्क समाप्त या खराब हो जाएगा, जिससे उसकी संघर्ष क्षमता में कमी आएगी।'

> यदि लक्ष्य कोई तटीय शहर हो, तो यह सुनिश्चित करना होता है कि हमला कैसे किया जाए। यह जहाज-आधारित हथियार प्रणाली हो या जमीन-आधारित हथियार प्रणाली से किया जाए या फिर विमान-आधारित हथियार प्रणाली से अंजाम दिया जाए। यदि यह जमीनी हमला होगा तो एम.ए.एल. हमले को सरलतापूर्वक निष्पादित करने के लिए वहाँ समीपस्थ एम.सी.पी. को इसका आदेश देगा। एम.ए.एल. मार्ग योजना बनाने के बाद मिसाइल को प्रक्षेपित करेगा। फिर एम.ए.एल. इससे संबंधित रिपोर्ट को विभिन्न कूट संकेतों के माध्यमों से उच्च विभागों को भेज देगा।

एन.सी.डब्ल्यू. में ब्रह्मोस

भारतीय सेना की नेटवर्क-केंद्रित क्षमता में ब्रह्मोस मिसाइल प्रणाली सबसे प्रमुख है। जमीन पर व तटीय सुरक्षा के रूपांतरवाली जमीन-आधारित हथियार प्रणाली को बतौर एन.सी.डब्ल्यू. सक्षम विकसित किया गया है। जब किसी मौजूदा समुद्र-आधारित हथियार प्रणाली का उपयोग प्रक्षेपण जहाज के रूप में होने लगता है, तो वह स्वतः ही एन.सी.डब्ल्यू. उपकरण बन जाती है। इसी तरह जब संबंधित प्लेटफॉर्म बदला जाता है तो पनडुब्बी-आधारित व विमान-आधारित प्रणाली भी एन.सी.डब्ल्यू. सक्षम हो जाती है।

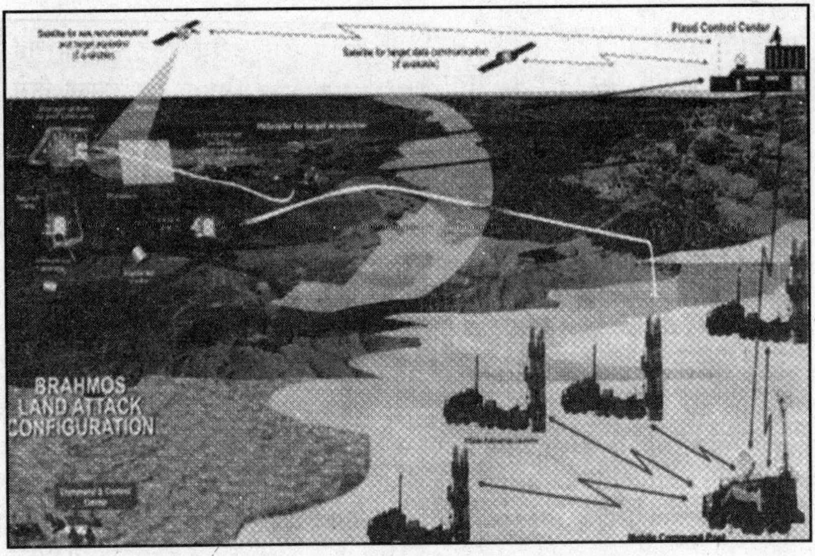

(एन.सी.डब्ल्यू सहित ब्रह्मोस के जमीनी हमले का स्कीमैटिक स्कैच)

जब यह पूरा ढाँचा नेटवर्क-केंद्रित हो जाता है, तब इस नव निर्मित नेटवर्क के स्थापित होने के बाद ब्रह्मोस प्रणाली को इसमें जोड़ना बहुत सरल होता है। उपर्युक्त रेखाचित्र में दरशाया गया है कि किसी तरह ब्रह्मोस योजनाबद्ध ढंग से किसी जमीनी हमले को अंजाम देती है।

□

भाग–5

अशांत जल में साहस

सफलता कोई रहस्य नहीं है। यह कड़ी मेहनत, कुशलता, असफलताओं से सीखना, निष्ठा व दृढ़ता का परिणाम होती है।

—कॉलिन पॉवेल

हमारे सामने बहुत सी परेशानियाँ थीं, उनपर काबू करने के लिए हमने अपना पूरा जोर लगा दिया। उड़ान परीक्षण के दौरान हमने जो तनावपूर्ण हालात झेले हैं, उन्हें कोई अनजान व्यक्ति नहीं समझ सकता। इसलिए अब मैं आपको समय के उस दौर में ले जाऊँगा।

11

उड़ान परीक्षण

उड़ान परीक्षण के दौरान विभिन्न उपप्रणालियों के किसी मिशन को पूरा करने में एकीकृत ढंग से कार्य करने की क्षमता का गतिशील मूल्यांकन किया जाता है। यह जमीन पर किया जानेवाला अंतिम विकास कार्य है।

मिसाइल में प्रणोदन, ढाँचा, कंट्रोल, निर्देशन, इलेक्ट्रॉनिक, सॉफ्टवेयर व टेलीमैट्री (दूरमापी) जैसी कई प्रमुख उपप्रणालियों के साथ ही बिजली की आपूर्ति, कनेक्टर, जंक्शन बॉक्स, रिले, लॉजिक सर्किट, प्रोसेसर, कई किलोमीटर लंबी केबुल और भी बहुत सी सामग्री होती है। प्रत्येक यूनिट को गुणवत्ता जाँच में सैन्य मापदंडों के वर्णित पर्यावरण स्थितियों पर खरा उतरना होता है। इन कठोर परीक्षणों और विश्वसनीयता के आकलन से उस यूनिट का कार्य कुशल होना सुनिश्चित होता है। यह टेस्ट पूरा होने पर निरीक्षण एजेंसी सर्टिफिकेट जारी कर देती है व यह यूनिट उपप्रणालियों में लगा दी जाती है, एक बार फिर जमीन के नीचे इनके एकीकृत प्रदर्शन की विभिन्न स्तरों पर जाँच की जाती है। इसके बाद जाँच हो रहे हथियार के लिए उपप्रणालियों का इंटरफेस स्थापित होता है। जाँच के दौरान ही प्रत्येक उपप्रणाली की इलेक्ट्रिकल कार्यकुशलता और इंटरफेस को प्रकिया में निर्दिष्ट विशिष्ट परिस्थितियों के अनुसार पार करना होता है।

किसी विशिष्ट मिशन को अंजाम देने में इसकी एकीकृत कार्यकुशलता को सुनिश्चित करने के लिए, मिसाइल को हार्डवेयर-इन-लूप सिम्युलेशन (एच.आई.एल.एस.) द्वारा जमीन पर उड़ाया जाता है। यहाँ मिसाइल के उड़ान सेंसर को बाहरी इनपुट देकर उद्दीप्त किया जाता है। इसे समझने के लिए हम एक प्रेशर गेज का उदाहरण लेते हैं, जो मिसाइल में बननेवाले दबाव की निगरानी करता है। जैसे ही दबाव बढ़ता है यह प्रेशर गॉज अत्यधिक ऊर्जा निर्मित करने लगता है। इसकी निर्देशन प्रणाली ऊर्जा में वृद्धि को देखकर समझ जाती है कि दबाव बढ़ रहा है। एच.आई.एल.एस. के दौरान गेज प्रेशर गेज हटाकर यह सिग्नल हाथ से दिया जाता है, जैसे किसी इलेक्ट्रॉनिकल सिग्नल से एक छोटी बैटरी को जोड़ते हैं। अब दबाव को बढ़ाने के लिए इसके साथ एक और बैटरी

जोड़ी जाती है। इस परीक्षण से यह सिद्ध हो जाता है कि वह उपप्रणाली डिजाइन के अनुसार ही कार्य कर रही है। लेकिन यही पर्याप्त नहीं होता। इन प्रभावों के अध्ययन के लिए कुछ जान-बूझकर असफल परीक्षण भी किए जाते हैं। इस मिशन एल्गोरिथम को भी एच.आई.एल.एस. में सत्यापित किया जाता है। इसके बाद हम मिसाइल के उड़ान परीक्षण के लिए तैयार होते हैं।

उपर्युक्त उपप्रणाली को वास्तविक उड़ान में भी सफलतापूर्वक काम करना चाहिए। प्रत्येक उड़ान परीक्षण में जाँच के कुछ पैरामीटर निश्चित करने के बाद जाँच की जाती है। जब कोई उपप्रणाली मिसाइल के साथ उड़ रही हो, तो हमें कैसे पता चलता है कि वह ठीक काम कर रही है? इसके लिए हमें ऐसी इलेक्ट्रिक प्रणाली का उपयोग करते हैं, जो मिसाइल के कार्यों को जमीन पर प्रेषित कर देती है। इसे टेलीमेंट्री प्रणाली कहा जाता है। उपप्रणाली के प्रदर्शन को रिकॉर्ड करने तथा इस डेटा को जमीन पर उपस्थित यूनिट को भेजने व उन्नत कंप्यूटरों द्वारा इसे संसाधित करने के लिए ऑन-बोर्ड टेलीमेंट्री की आवश्यकता होती है। इससे मिसाइल में जो हो रहा है उसका हम रियल-टाइम आकलन कर सकते हैं। उड़ान परीक्षण के दौरान कंट्रोल सेंटर में हमें अपने सामने वास्तविक प्रक्षेपण-पथ दिख रहा होता है, जिससे हम मिसाइल के वास्तविक प्रदर्शन से जुड़े रहते हैं।

इन सभी उड़ान परीक्षणों को सशस्त्र सेना के लोगों का समूह भी देखता है। जब वे संतुष्ट हो जाते हैं तो वे एक नकली युद्ध का परिदृश्य बनाते हैं। यह उपयोगकर्ता-निर्धारित उड़ान परीक्षण होता है, जो उपयोगकर्ता की युद्ध आवश्यकताओं के अनुसार किया जाता है। जब लक्ष्य पूर्ण हो जाए—यानी इस नकली युद्ध परिदृश्य में लक्ष्य पर निशाना सध जाए—तो प्रणाली को तैनाती के योग्य माना जाता है। इसके साथ ही, प्रणाली के वास्तविक उपयोग की तैनाती को सुनिश्चित करने के लिए सैनिकों को इसका विस्तृत प्रशिक्षण दिया जाता है। इससे अधिक आश्वासन हेतु, प्रशिक्षित कर्मियों द्वारा नौसेना के लिए जहाज से और थलसेना के लिए रेगिस्तान या पहाड़ी इलाकों में इसका जमीनी परीक्षण भी किया जाता है।

अधिष्ठापन के पश्चात् उपयोगकर्ता स्वयं इसका उड़ान परीक्षण करते हैं। इसे उपयोगकर्ता उड़ान परीक्षण कहा जाता है। यहाँ उपयोगकर्ता ही प्रणाली को पूरी तरह नियंत्रित करता है और इसे विकसित करनेवाले वैज्ञानिक इस परीक्षण की निगरानी करते हैं। इन परीक्षणों से मिले परिणाम उपयोगकर्ता को इसके युद्ध हेतु तैयार रहने के प्रति आश्वस्त करते हैं। इसके बाद इन्हें परिनियोजित किया जाता है।

अब मैं उड़ान परीक्षण के दौरान युद्ध के परिदृश्य की काउंट डाउन (उल्टी गिनती) का विस्तारपूर्वक वर्णन करूँगा।

काउंट डाउन क्या होता है?

आप में से अधिकांश लोग जानते होंगे कि उड़ान परीक्षण के दौरान उल्टी गिनती की जाती है। ऐसा क्यों किया जाता है? और इस दौरान क्या होता है? यहाँ मैं किसी ऐरोस्पेस मिशन के लिए पारंपरिक काउंट डाउन प्रक्रिया के बारे में बताता हूँ, फिर वह इसरो, डी.आर.डी.ओ. या नासा में से कोई भी यह कार्य कर रहा हो। मैं यहाँ मिसाइल शब्द का उपयोग प्रतीक के रूप में करूँगा।

मिसाइल की प्रणाली बहुत जटिल होती है, जिसमें हजारों उपप्रणालियाँ, अकेले, किसी क्रम में या समूह के रूप में काम करती हैं। संभव है, कोई उपप्रणाली केवल एक सेकेंड के लिए ही काम करती हो। जैसे हो सकता है कि इसमें एक वॉल्व हो, जिसका काम सिर्फ खुलना और बंद होना ही हो। सरल है, है न? इसमें असली जटिलता समयानुकूल होना होता है। उस वॉल्व को बिल्कुल सटीक सेकेंड पर ही खुलना होगा। उसका एक सेकेंड भी आगे या पीछे खुलने से तबाही आ सकती है।

यहाँ इसका मानवीय पक्ष सामने आता है। यह एक मिशन है, इसलिए इसमें कई एजेंसियाँ जुड़ी रहती हैं। जिस स्थान से मिसाइल का प्रक्षेपण किया जाता है, उसे मिसाइल परीक्षण रेंज कहा जाता है। इस रेंज के पास प्रक्षेपण हेतु सुरक्षा अनुमति लेनी होगी। इस प्रक्षेपण के दौरान यातायात को रोकने के लिए उड़ान एन.ओ.टी.ए.एम. (नोटिस टू एयर एंड मेरिन मूवमेंट) यानी हवाई व जलीय संचरण नोटिस जारी किया जाता है। सभी ट्रैकिंग रेडार, टेलीमेंट्री स्टेशन, कंप्यूटर नेटवर्क व सुरक्षा संचालन को नेटवर्क कर इस कार्य को रेंज में ही रखा जाता है। नौसेना के जहाजों पर टेलीमेंट्री स्टेशन लगाकर उन्हें लक्ष्य बिंदुओं के निकट व लक्ष्य के निशाने संबंधी डेटा प्राप्त करने के लिए हेलीकॉप्टर भी तैनात किए जाते हैं। इसके अतिरिक्त प्रक्षेपण बिंदु पर कई टेलीमेंट्री और निगरानी प्रणालियों में रेडार व इलेक्ट्रो-ऑप्टिकल प्रणाली, डेटा प्रोसेसिंग सेंटर और मिशन कंट्रोल सेंटर सभी को नेटवर्क रूप में कार्यशील किया जाता है। एकीकृत समन्वय व उल्टी गिनती के क्रम की घोषणा का कार्य मिशन कंट्रोल सेंटर करता है। प्रत्येक मिशन में इसके संपूर्ण कंट्रोल की बागडोर मिशन के निदेशक के हाथ में होती है, जो मिसाइल, जमीनी व्यवस्था, रेंज प्रणाली, मौसम संबंधी डेटा, रेंज की सुरक्षा, डाउन-रेंज स्टेशन, संपर्क नेटवर्क, प्रोसेसिंग केंद्र और आपातकालीन प्रबंधों को एकीकृत करता है।

जब एक उड़ान परीक्षण की योजना बन जाती है, तो सबसे पहले मिसाइल प्रक्षेपण के लिए आवश्यक मौसमी परिस्थितियों के पहलू की जाँच की जाती है। तत्पश्चात् मिसाइल के प्रक्षेपण का समय तय किया जाता है। घड़ी को उल्टी गिनती के लिए सेट किया जाता है। इस समय को मिसाइल के प्रक्षेपण का तैयारी काल कहा जाता है। उदाहरण के लिए, हमारे पी.एस.एल.वी. का तैयारी काल 60 घंटे का है। कई प्रणालियाँ

ऐसी होती हैं, जिन्हें तैयार होने में 96 घंटे तक लग जाते हैं। इस मिशन से जुड़ी प्रत्येक उपप्रणाली को, चाहे वह मिसाइल से संबंधित हो या जमीनी कार्यों से, उसकी संपूर्ण जाँच के बाद ही प्रक्षेपण के लिए तैयार माना जाता है।

यदि मिसाइल में पृथ्वी की तरह तरल ईंधन वाला राकेट इंजन है, तो तैयारी काल के दौरान ईंधन भरा जाता है। ध्यान दें कि ईंधन के क्षयकारी होने के चलते इसे पहले से नहीं भरा जा सकता। एक बार ईंधन भर जाने पर मिसाइल को फौरन ही प्रक्षेपित करना होता है, उसे निश्चित समय से अधिक तक नहीं रोका जा सकता। ईंधन व ऑक्सिकारक के हापरगॉलिक (मिश्रित होते ही तुरंत विस्फोटक बननेवाले) होने के चलते किसी भी प्रलयंकारी विस्फोट से बचने के लिए ईंधन भरने का यह कार्य पूरी सावधानी से किया जाता है। ब्रह्मोस में रैमजेट इंजन और ठोस प्रोपेलेंट बूस्टर हेतु विमानन-श्रेणी का ईंधन भरा जाता है, इसलिए इसके काउंट डाउन में ईंधन भरना सम्मिलित नहीं होता।

कई अन्य कार्य भी हैं, जो तैयारी काल की श्रेणी में आते हैं। इन सभी कार्यों का समय व स्थान के समाजोयन द्वारा प्रबंधन किया जाता है। उल्टी गिनती में ये सभी कार्य समाहित रहते हैं।

काउंट डाउन का वर्णन करते समय मुझे एक दिलचस्प किस्सा याद आ गया, जो मैं पाठकों को बताना चाहता हूँ।

मेरे पुत्र डॉ. भागवत कुमार सर्जन हैं। इन्होंने चेन्नई स्थित स्टेनली मेडिकल कॉलेज से प्लास्टिक सर्जरी में चिरुरजिकल में मास्टर्स करने के बाद फेलोशिप पर माइक्रो व हस्त सर्जरी के लिए अमेरिका गए। मेरे पौत्र शिवथनु कुमार, जो उस समय केवल पाँच वर्ष के थे, मुझे अमेरिका से फोन किया और पूछा, 'अमेरिका में सब 0, 1, 2, 3¨¨10 से गिनती शुरू करते हैं तो मुझे भारत में 1, 2, 3¨¨ गिनती क्यों सिखाते हैं?' मैंने जवाब दिया, 'क्योंकि 0 का कोई मूल्य नहीं होता, इसलिए हम 1 से शुरू करते हैं।' उसने मेरी बात को पकड़ लिया और बोला, 'दादाजी, आपने मुझे मिसाइल के प्रक्षेपण का एक वीडियो दिखाया था। जहाँ वे प्रक्षेपण की तैयारी के दौरान कहते हैं, 10, 9, 8¨¨1, 0 तक। तो उनके शून्य कहने पर ही मिसाइल को छोड़ा जाता है। यानी 0 भी महत्त्वपूर्ण है। भारतीय शिक्षा को भी 0 का महत्त्व समझना चाहिए।' उसने मुझे हरा दिया। मुझे महसूस हुआ कि शून्य की खोज करनेवाले भारतीयों को वाकई अपनी गिनती 0, 1¨¨ से शुरू करनी चाहिए।

सामान्यत: घड़ी चाहे कुछ भी समय बताए, प्रक्षेपण करने का ठीक क्षण वह होता है, जब टी0 (टी शून्य) बोला जाता है। यदि प्रक्षेपण में 30 मिनट बाकी होते हैं तो उस समय को टी0 घटा 30 (टी0–30) मिनट कहा जाता है। मिसाइल प्रक्षेपित होने के बाद से समय को सामान्य तरीके से गिना जाता है। प्रक्षेपण के बाद के दो मिनट को टी0+2

मिनट कहा जाता है। काउंट डाउन के दौरान सभी कार्य समन्वय के साथ क्रमानुसार किए जाते हैं। प्रत्येक समूह यह सुनिश्चित करता है कि उसने अपने हिस्से का कार्य ठीक ढंग से किया है।

मिशन का निदेशक काउंट डाउन शुरू करने की घोषणा करता है। और जैसे-जैसे काउंट डाउन आगे बढ़ता है, प्रत्येक प्रणाली व व्यवस्था की तैयारी की पुष्टि की जाती है। तब मिशन निदेशक प्रक्षेपण को ऑटो मोड में अधिकृत कर देता है। अंतिम कुछ मिनटों में प्राय: टी0-6 मिनट में पूरा कंट्रोल ऑटोमेटिक जाँच प्रणाली के हाथ में आ जाता है। यह जाँच प्रणाली मिसाइल की सभी व्यवस्थाएँ पूरी तरह तैयार होने व शुद्धता हेतु पैरामीटर की जाँच करने से जुड़े सिग्नल देती है। अधिकृत प्रक्षेपण नियंत्रक अफसर निश्चित समय पर फायर बटन को दबा देता है। मिसाइल स्टार्ट होकर उड़ान भर लेती है। इसके बाद हम मिसाइल के अपने लक्ष्य पर पहुँचने तक पैरामीटरों को गिनते हुए उनकी घोषणा करते रहते हैं। अंत में, मिशन निदेशक मिशन के कामयाब होने की घोषणा करता है और सभी सहभागियों को धन्यवाद देता है। अगले दो घंटों में उड़ान बाद का आकलन करनेवाला दल उसकी कार्यक्षमता की पुष्टि के लिए ताजा परिणामों को पेश करता है।

मैं एस.एल.वी.-3 से अग्नि और फिर ब्रह्मोस तक के जमीनी व समुद्री उड़ान परीक्षणों में शामिल रहा हूँ। प्रक्षेपण का कार्यभार सँभाल रही टीम अपनी कड़ी मेहनत को व्यर्थ जाने नहीं देना चाहती, इसलिए वह समय बहुत तनावपूर्ण होता था। इन उड़ान परीक्षणों में सैकड़ों या हजारों उपकरणों को उम्मीद पर खरा उतरना होता था, इसलिए यह कभी सफल रहते, तो कभी असफल। किसी एक उपकरण के भी सही ढंग से काम न करने के परिणामस्वरूप मिशन असफल रहता, जबकि प्रत्येक उपप्रणाली को भी पूरी सावधानी व गहन जाँच के बाद बनाया जाता। जब मिशन सफल हो जाता है, तो उस उड़ान परीक्षण कार्यक्रम से जुड़े सभी लोगों के चेहरे की खुशी देखने लायक होती। यह बात सत्य है कि सफल उड़ान परीक्षण से उत्साह कल्पना से भी ऊँचाई तक पहुँच जाता है।

उड़ान परीक्षण स्थल

सामान्यत: ओडिशा में बलसोर के निकट स्थित चाँदीपुर के समुद्र के इंटिग्रेटिड टेस्ट रेंज (आई.टी.आर.) में यह उड़ान परीक्षण मिशन किए जाते हैं। पर्यटन की दृष्टि से यह बहुत सुंदर स्थान है। कम ज्वार होने पर बंगाल की खाड़ी यहाँ से चार किलोमीटर दूर रहती है, वहीं ज्वार-भाटे की स्थिति में लहरों के थपेड़े खूब जोर से उठते हैं। ऐसा दिन में दो बार होता है और देखने में बहुत आनंद आता है। ज्वार कम हो तो समुद्र तट पर नंगे पैर जाकर सीप जमा की जा सकती हैं। ब्रिटिश लोगों ने तोपों की गोलाबारी का

परीक्षण करने के लिए यह जगह बनाई थी। आज 100 वर्ष से भी अधिक पुराने इस स्थान को प्रूफ एंड एक्सपेरिमेंटल एस्टेब्लिशमेंट (पी.एक्स.ई.) कहा जाता है।

ऐसे ही एक एकीकृत परीक्षण रेंज में जब हमें अग्नि की जाँच करनी होती तो सुरक्षा अनुमति लेने के लिए हमें आसपास के गाँवों के लगभग 3,500 लोगों को वहाँ से हटाना पड़ता। जहाँ ग्रामवासी बिना परेशानी हमें उपकृत कर देते, वहीं कुछ अन्य विचारणीय समस्याएँ अभी भी बनी हुई थीं। हमें एक सुरक्षित रेंज चाहिए थी। एक समय हमें थलसेना द्वारा निर्मित पृथ्वी की सटीक प्रहार को साबित करने के लिए जमीनी लक्ष्य की तलाश थी। ओडिशा के डामरा स्थित ह्वीलर द्वीप पर हमें आइ.टी.आर. के लिए 70 किलोमीटर की रेंज मिल सकती थी। पृथ्वी का प्रक्षेपण सफल रहा और उसने ह्वीलर द्वीप पर स्थित लक्ष्य के बिल्कुल करीब प्रहार किया, तब डॉ. कलाम ने निर्णय लिया कि चूँकि यहाँ प्रक्षेपण के लिए किसी को उसके स्थान से हटाने की आवश्यकता नहीं पड़ती, इसलिए अग्नि व आगे होनेवाले किसी भी बड़े मिशन का प्रक्षेपण स्थल ह्वीलर द्वीप ही रहेगा। उन्होंने तत्कालीन मुख्यमंत्री बीजू पटनायक से इस संबंध में मुलाकात की तथा उनसे उस स्थान की माँग की। श्री पटनायक तुरंत मान गए और बोले, 'डॉ. कलाम, आप ह्वीलर द्वीप से आई.सी.बी.एम. को प्रक्षेपित कर हमारे देश को मजबूत बनाएँ।' आज ह्वीलर द्वीप से प्रक्षेपित हुई अग्नि–V ने बीजू पटनायक व डॉ. कलाम के सपने को सच कर दिया है।

परीक्षण रेंज में बहुत से विभिन्न तरह के उपकरण लगे होते हैं, जिनमें कई बैंड के निगरानी रेडार, सामान्य व इंफ्रा–रेड रोशनी में निगरानी करनेवाली इलेक्ट्रो- ऑप्टिकल प्रणाली (कैमरे जैसी), स्थिर व गतिशील टेलीमेंट्री स्टेशन, टेली–कमांड स्टेशन, रेंज सुरक्षा, मौसम विज्ञान संबंधी स्टेशन, रियल टाइम डेटा प्राप्त करने व उनके प्रोसेस हेतु कंप्यूटर, कैमरा स्टेशन आदि शामिल होते हैं। अब यह स्थान मिसाइलों व वायुयानों के परीक्षण के लिए अत्याधुनिक सुविधाओं से युक्त हो गया है। इस स्थान का खूब उपयोग करते हुए हमने अपने सभी विकास संबंधी उड़ान परीक्षण यहीं से किए। ऐसी ही सुविधाएँ ह्वीलर द्वीप के करीबी तट पर भी उपलब्ध हैं।

राजस्थान के पोखरण में भी एक और ऐसा ही स्थान मौजूद है। इसे पोखरण फील्ड फायरिंग रेंज (पी.एफ.एफ.आर.) कहा जाता है। थलसेना व वायु सेना इस स्थान का उपयोग व्यापक रूप से अपने जखीरे में शामिल होनेवाले उपकरणों व हथियारों के परीक्षण हेतु करती हैं। इसी रेंज में हमने पृथ्वी के स्फोटक शीर्ष (वॉरहैड) का परीक्षण किया था। कभी–कभी जहाज का भी रेंज के तौर पर उपयोग होता है। नौसेना अपने समुद्रीय परीक्षण में इस जहाज को लॉञ्च पैड के रूप में उपयोग करती है।

1. मिसाइल गिरने पर भी

हमने आई.टी.आर. में अपने पहले प्रक्षेपण की तैयारी शुरू कर दी, हम मिसाइल को ब्रह्मोस प्रणाली के लिए विशेष रूप से बनाए वर्टिकल प्रक्षेपक में लोड कर रहे थे। इस वर्टिकल प्रक्षेपक में लोड करने के लिए मिसाइल को इससे दोगुनी ऊँचाई पर ले जाकर इसके अंदर डालना होता है। मिसाइल को एक विशेष लिफ्टिंग क्रेन द्वारा अग्र-नोक से उठाया जाना था। जैसे ही मिसाइल जमीन से 15 मीटर की ऊँचाई पर पहुँची, क्रेन अचानक आगे को झुकी और टूट गई। उस सक्रिय मिसाइल के वापस अपने वाहन ट्रॉली-कॉर्सेट पर आ गिरने से जोरदार आवाज हुई। यह बहुत निराशाजनक दृश्य था, जहाँ ऑपरेशन सँभालनेवाले व्यक्ति अपनी सुरक्षा के लिए बचकर भाग रहे थे। स्फोटक शीर्ष (वॉरहैड) न होने पर भी सक्रिय मिसाइल बहुत खतरनाक होती है। सब की साँसें रुक गईं। थोड़ी देर बाद उनमें से कुछ लोग हिम्मत बाँधकर मिसाइल की कमी जाँचने के लिए उसकी ओर बढ़े। यह सूचना मिलते ही हमने तुरंत काररवाई की और उस सक्रिय मिसाइल को विशेषज्ञों की जाँच के लिए सबसे पृथक् कर दिया। हमारे रूसी मित्रों ने कहा कि हमें प्रक्रिया का पालन करते हुए मिसाइल को नष्ट कर देना चाहिए। अपने देश में वे यही करते हैं।

उड़ान परीक्षण के लिए हमने दो मिसाइल तैयार की थीं, एक मुख्य व दूसरी स्टैंडबाय। मुख्य मिसाइल के दुर्घटनाग्रस्त होते ही हमने बिना समय गँवाए लोडिंग मशीन को ठीक किया और स्टैंडबाय मिसाइल को लोड कर दिया। वह प्रक्षेपण सफल रहा।

इसके बाद हमने वहाँ गिरी मिसाइल का अध्ययन कर उसकी प्रत्येक प्रणाली की सावधानीपूर्वक जाँच हेतु योजना बनाई व परिणामों का विश्लेषण किया। इससे हम मिसाइल की स्थिति के प्रति आश्वस्त हो गए और उसे नष्ट करने के स्थान पर उसका उड़ान परीक्षण करने का निर्णय लिया। पारंपरिक समझ कहती है कि एक बार गिर चुकी मिसाइल में आंतरिक त्रुटि की संभावना रहती है, इसलिए इसका उड़ान-परीक्षण नहीं करना चाहिए। लेकिन भारतीय टीम ने इसे चुनौती के रूप में लेते हुए इसमें शामिल खतरों की सावधानीपूर्वक समीक्षा की व इसके प्रक्षेपण का निर्णय किया। बहुत मनाने व प्रत्येक उपप्रणाली के परिणाम दरशाने व विश्वास दिलाने के बाद रूसी पक्ष भी प्रक्षेपण पर राजी हो गया। लॉन्च ऑथोराइजेशन बोर्ड (एल.ए.बी.) ने प्रक्षेपण की अनुमति दे दी। यह प्रक्षेपण (एफ.टी. 02) सौ प्रतिशत सफल रहा और हमारे वैज्ञानिक इस पर पिछली बार मिली सफलता से कहीं अधिक प्रसन्न हुए। ब्रह्मोस इतनी दमदार है। इतना ही महत्त्वपूर्ण असफल होने के बाद भी प्रक्रिया को अंजाम देने संबंधी निर्णय रहा।

2. एम.ए.एल. से प्रक्षेपण

कोई भी मशीन तब तक संपूर्ण नहीं होती जब तक उसे चलानेवाला व्यक्ति सक्षम न हो। सैन्य मशीन होने के कारण इसका उपयोग विपरीत व लगातार परिवर्तित होनेवाली गतिशील परिस्थितियों में होना है और इसे चलानेवाला व्यक्ति भी इस कार्य में दक्ष होना चाहिए। किसी भी मशीन से पूरी क्षमता से काम लेने में उसे चलानेवाले व्यक्ति की भी महत्त्वपूर्ण भूमिका होती है। आज भी किसी भी युद्ध मशीन प्रणाली को साबित करने की अंतिम कड़ी उसका मानव द्वारा उपयोग ही है। इसका कारण यह है कि किसी भी प्रणाली की सुरक्षा उसे कई बार उपयोग करने से ही साबित की जा सकती है।

इसलिए अब भारतीय सेना के लिए बनी आधुनिक निर्देशन प्रणालीवाले गतिशील प्रक्षेपण संकुल से इसके प्रक्षेपण-पथ के युद्धकौशल के संचालन को मान्यता देने के लिए आई.टी.आर. से इस मिसाइल का प्रायोगिक-फायर किया गया। इसके मोबाइल ऑटोनोमस लॉञ्चर (एम.ए.एल.) से प्रक्षेपण की तैयारियाँ जोर-शोर से होने लगीं। सेना ने मिसाइल दल का स्थान लेने के लिए कर्नल बिष्णु राम के नेतृत्व में विशेषज्ञों की एक टीम तैनात की।

मुझे अपने उन कर्नल का अदम्य साहस आज भी याद आता है, जब उन्होंने स्वेच्छा से स्वयं ही उस मिसाइल के एम.ए.एल. से प्रक्षेपण की बात कही। सामान्यत: जब तक विकास की प्रक्रिया पूरी होकर प्रणाली का डिजाइन पूर्ण न हो जाए, तब तक ऐसे किसी साहसिक कारनामे की स्वीकृति नहीं दी जाती। इस मामले में जोखिम इसलिए भी बढ़ा था, क्योंकि इसमें मिसाइल बिल्कुल उनके सिर के ऊपर से उड़ान भरती है। मिसाइल में सैकड़ों किलो का प्रोपेलेंट भरा होता है। छोटी सी दुर्घटना भी घातक हो सकती थी और उड़ान परीक्षण व असफलता का चोली-दामन का साथ होता है। यहाँ तक कि अमेरिका व सोवियत संघ जैसे विकसित देश भी उड़ान परीक्षणों में असफलता का मुँह देखने के साथ ही अपने कई अंतरिक्ष यात्रियों को खो बैठे हैं। आपको ज्ञात होगा कि अंतरिक्ष में सबसे पहले जानेवाले व्यक्ति यूरी गगारिन थे। वे परीक्षक पायलट थे, जिनकी एक विमान की प्रायोगिक उड़ान के दौरान मौत हो गई थी। यानी दुर्घटना कभी भी हो सकती है।

हमारे कर्नल ने कहा, 'सर, मेरे संस्थान ने मेरी तैनाती यहाँ किसी विशिष्ट मंतव्य से की है। ये प्रणाली हमारे लिए है और मैं इन प्रणालियों के बीच ही बड़ा हुआ हूँ। डिजाइन के अंतिम व्यवस्थापन के लिए मेरा एम.ए.एल. द्वारा इस मिसाइल को प्रक्षेपित करना आवश्यक है।' इस प्रणाली के प्रति उस अफसर के साहस व विश्वास को देखकर मैं अभिभूत हो गया। उन्होंने सेना की निस्स्वार्थ निष्ठा दिखाते हुए आगे बढ़कर जिम्मेदारी लेने की सबसे उत्तम परंपरा का प्रदर्शन किया।

फलत: कर्नल के इस विश्वास ने हमें अपनी योजना को आगे बढ़ाने के प्रति

आश्वस्त किया। मैं इस प्रणाली की क्षमता जानता था, इसके बावजूद असफलता की लाखों में एक संभावना मेरे मन में घर बनाए हुए थी।

इसी दौरान एफ.सी.एस. विभाग के श्री वी.एस.एन. मूर्ति ने भी स्वेच्छा से एम.ए.एल. द्वारा मिसाइल को फायर करने में कर्नल का साथ देने की घोषणा की। यहाँ मैं उनकी हिम्मत और धैर्य की दाद दूँगा। सामान्यत: एक वैज्ञानिक कोई भी खतरा लेने से पहले दो बार सोचता है। हमारे रूसी मित्रों ने हमें रिमोट प्रक्षेपण का विकल्प चुनने की सलाह दी थी, लेकिन फिर भी हम अपने लोगों के एम.ए.एल. में रहते हुए प्रक्षेपण करने के निर्णय पर कायम रहे। प्रक्षेपण के दौरान एम.ए.एल. में अपने लोगों के होने के विचार ने मेरी रातों की नींद उड़ा दी। मैं इसलिए चिंतित था, क्योंकि हमारी मिसाइल टीम के लिए यह बिल्कुल नया अनुभव था। यदि कोई दुर्घटना होती है तो वह अनर्थकारी होने के साथ ही ब्रह्मोस की सेना में तैनाती को अवरुद्ध कर देगी। लेकिन हमारे लोगों द्वारा दिखाया गया सच्चा धैर्य व साहस, जोखिम को नकारने के साथ ही हमें अपनी चिंताओं को भी काबू करने में मदद दे रहा था। हमने प्रक्षेपण स्थल पर होनेवाली किसी भी आकस्मिक घटना से उत्पन्न सबसे बुरे हालातों से निपटने के लिए विस्तृत योजना बना रखी थी।

अंतत: वह समय आ पहुँचा। हमने दोनों को शुभकामनाएँ देते हुए अपनी प्रार्थनाएँ दोहराईं। पूर्वनिर्धारित समय पर वे लोग एम.ए.एल. में प्रविष्ट हो गए। मुझे जुलाई 1969 का अपोलो 11 मिशन याद आ गया, जब लुनार मॉड्यूल एल.एम. 5 में नील आर्मस्ट्रॉन्ग, माइकल कोलिन्स और एडविन एल्डरिन प्रविष्ट हुए थे। उसी तरह हमारे मित्र भी एम.ए.एल. में प्रविष्ट हुए थे। दोनों अफसर शांत थे, उनमें किसी तरह की हिचक नहीं दिख रही थी। लॉन्च पैड खाली कर दिया गया और हम ब्लॉकहाउस में कंसोल के सामने जा बैठे। क्रू की स्थिति दिखाने के लिए एम.ए.एल. के एफ.सी.एस. कैबिन में सी.सी.टी.वी. कैमरे लगे थे। क्रू के मुसकराते चेहरों ने हमें शांत रखा और काउंट डाउन की शुरुआत हो गई। ब्लॉकहाउस के अंदर का वातावरण बहुत तनावपूर्ण हो गया था। जैसे ही अंतिम कुछ सेकेंड आए हमारे होंठ सूख गए। तब तक कोई समस्या नहीं आई थी लेकिन वहाँ बैठा हर व्यक्ति सब ठीक होने की कामना कर रहा था। कोई भी आपातस्थिति आने पर मुझे लॉन्च पैड पर ले जाने के लिए एक आपातकालीन वाहन ब्लॉकहाउस के बाहर खड़ा था। सभी टीमें किसी भी स्थिति का सामना करने को तैयार थीं। गिनती आखिरी दस तक पहुँच गई। उसके साथ ही मेरे दिल की धड़कन भी तेज हो गई।

10…9…8…7…6…5…4…3…2…1…जीरो!

कमांड दे दी गई। इसी के साथ कान के परदे फाड़नेवाली गड़गड़ाहट हुई। अगर आपमें से कोई किसी हवाई अड्डे के निकट रहा होगा तो उसे ऊपर से निकलनेवाले

वायुयानों के शोर से अवश्य शिकायत रही होगी। मिसाइल के प्रक्षेपण से पैदा हुए शोर का स्तर बहुत अधिक होता है और इसे झेलना सरल नहीं होता। इस गड़गड़ाहट के बीच मिसाइल अपने कैनिस्टर में से ऐसे निकली, जैसे म्यान में से कोई चमकीली तलवार निकल रही हो। वह काफी ऊपर गई, घूमी, आड़ी हुई और सुपरसोनिक गति से फायर टीम के ठीक ऊपर से निकली। ब्लॉकहाउस तालियों से गूँजने लगा और सबकी आँखों से आँसू बह निकले। हाँ, प्रक्षेपण सफल हुआ! एम.ए.एल. ने हर संदेह के परे अपनी सक्षमता साबित कर दी। मैं लॉन्च पैड की ओर दौड़कर गया और उस हिम्मतवर फायर टीम को देखा, जो एक भी खरोंच लगे बिना विजेता के रूप में उभरी थी। उनकी वह विजयी मुसकान आज भी मेरी आँखों के सामने है और हमेशा रहेगी। मैंने उन्हें नील आर्मस्ट्रॉन्ग की वह उक्ति याद दिलाई कि 'मनुष्य का यह छोटा सा कदम, मानवता के लिए लंबी छलाँग है।' इस सुपरसोनिक क्रूज मिसाइल को जमीन से दागनेवाला पहला-क्रू होने पर फायर टीम बहुत उत्साहित थी। मैंने उन्हें बताया कि भारतीय सेना दुनिया की पहली थलसेना है, जिसके पास जमीन से मार करनेवाली सुपरसोनिक क्रूज मिसाइल है।

कर्नल बिष्णु राम सेना की सबसे पहली ब्रह्मोस रेजिमेंट के कमांडर बने, वहीं डी.आर.डी.ओ. के वैज्ञानिक श्री वी.एस.एन. मूर्ति अब ब्रह्मोस के परियोजना निदेशक हैं। इन दोनों ने अपने सिर के ऊपर से ब्रह्मोस मिसाइल को दागकर ब्रह्मोस के इतिहास में अपना सम्मानजनक स्थान बना लिया है। चूँकि सभी सैन्य-श्रेणी की मिसाइलें एम.ए.एल. से ही प्रक्षेपित होती हैं, इसलिए अब यह कार्य नियमित रूप से दोहराया जाता है। हाल ही में एक साहसी युवा महिला वैज्ञानिक ए.एन.एस. प्रशांति ने एम.ए.एल. कैबिन में सैनिकों के साथ बैठकर एक प्रक्षेपण को अंजाम दिया। इसी एम.ए.एल. का उपयोग भारतीय वायु सेना और इसके बाद तटीय सुरक्षा के लिए भारतीय नौसेना करेगी।

3. एक चक्रवाती परीक्षण

जून माह के दक्षिण-पश्चिमी वर्षा काल में आई.टी.आर. द्वारा एक और उड़ान परीक्षण किया गया। हम मिसाइल से जुड़े उन्नत सॉफ्टवेयर व निर्देशनवाले कुछ जटिल मानकों की जाँच के लिए मिसाइल का प्रक्षेपण करना चाहते थे। लेकिन हम यह नहीं जानते थे कि प्रकृति माता उस मिसाइल से कुछ अधिक ही करवाना चाहती है। वे चाहती थीं कि मिसाइल हर मौसम में कार्य करने की अपनी क्षमता का प्रदर्शन करे।

सभी आवश्यकताएँ पूरी की जा चुकी थीं और प्रक्षेपण कार्यक्रम व्यवस्थित ढंग से जारी था। तभी अचानक न जाने कहाँ से बंगाल की खाड़ी में तुरंत ही कुछ ऊष्णकटिबंधीय चक्रवात बन गए, जिनके पूर्वी तट से करीब से गुजरने की संभावना थी। जब हम आई.टी.आर. पर पहुँचे, समुद्र बेकाबू होकर पूरे जोरों से गरज रहा था, हमारे

लिए यह दृश्य बहुत भयप्रद था। हम जानते थे, चक्रवात के दौरान हवा व समुद्र की स्थिति मिसाइल के प्रक्षेपण के लिए ठीक नहीं होती। आई.टी.आर. का मौसम सेटअप बता रहा था कि आज वहाँ हवा की रफ्तार 150 किलोमीटर प्रति घंटा है।

किसी भी उड़ान परीक्षण के दौरान हम प्रायोगिक उड़ान में कुछ निर्धारित प्रक्रियाओं का पालन करते हैं, जिनसे फ्लाइट रेडिनेस रिव्यू (एफ.आर.आर.) तैयार होता है। चक्रवात के दिन हमारी एफ.आर.आर. की एक मीटिंग में मौसम की चेतावनी के बाद मिशन को जारी रखने या रोकने पर चर्चा चल रही थी। जहाँ कुछ लोग यह प्रक्षेपण करना चाहते थे, वहीं कुछ लोग इसके विरोध में थे। उस समय तेज हवाएँ चल रही थीं, अगले दिन प्रक्षेपण के समय भारी बारिश आने की पूरी संभावना थी। हमारे बीच अगले दिन मौसम के न्यूनतम अनुकूल होने तक प्रतीक्षा करने पर सहमति बनी और यदि इसमें कोई सुधार नहीं हुआ, तो हम अपने बैग पैक कर हैदराबाद के लिए रवाना हो जाएँगे, क्योंकि मौसम विज्ञानियों ने एक तूफान के उसी ओर बढ़ने का समाचार दिया था।

उस रात अगले दिन उड़ान परीक्षण के प्रति आशंका के चलते हम एक झपकी भी नहीं ले सके। यह परीक्षण सभी मनुष्यों व मशीन के लिए निर्णायक साबित होनेवाला था। मस्तिष्क में बहुत से विचारों का संघर्ष जारी था। मिशन का अपने विशाल लक्ष्य पर खरा उतरा था, हमें भी स्वयं को साबित करके दिखाना था। रात को ही तेज हवा की सीटियों के साथ बारिश शुरू हो गई। मैं चिंता के कारण सो नहीं पा रहा था, मैंने अपने कमरे की खिड़की खोली और आसमान की तरफ ताकने लगा। यकीनन चिंघाड़ते हुए समुद्र को देखना एक डरावना अनुभव था। समुद्र की लहरों की तरह मेरे विचार भी तरंगित हो रहे थे, तभी मुझे महसूस हुआ कि मेरे सहकर्मियों की आँखों से भी नींद कोसों दूर है।

मेरी चिंता का कारण यह था कि वास्तविकता यह है कि युद्ध कोई क्रिकेट का मैच नहीं है, जिसे बारिश आने पर रोका जा सकता हो और जिसका परिणाम डुकवर्थ लेविस पद्धति से निकाला जा सके। युद्ध किसी भी समय शुरू हो सकता है और मौसम ही वह महत्त्वपूर्ण पहलू है, जिसका लाभ सेना को मिल सकता है। इस परिस्थिति की समुद्र में तुलना कीजिए, जहाँ जहाज विभिन्न परिस्थितियों में डूबता-उबरता रहता है। तब भी जहाज पर वरदी पहने सैनिकों को युद्ध लड़ना ही पड़ता है। उन्हें शत्रु के जहाज पर आक्रमण करने के लिए मिसाइलों को प्रक्षेपित करना होगा। मूल बात यह है कि वह चाहे मनुष्य हो या मशीन, कैसे भी कठिन परिस्थिति होने पर भी उसे युद्ध के लिए तैयार रहना होगा। इसलिए कोई भी मौसम खराब होने से प्रणाली की अक्षमता की बात कहकर बचा नहीं जा सकता, लेकिन फिर भी विकास हेतु परीक्षण में इस तरह का खतरा उठाना ठीक नहीं है।

अगले दिन तड़के मैंने समुद्र की लहरों और हवा की तेजी पर नजर डाली। समुद्र के

तट पर मेरी अपनी टीम के बहुत से सदस्यों से मुलाकात हुई। मैं उस नए गेस्टहाउस की ओर बढ़ गया, जहाँ रूसी विशेषज्ञ ठहरे हुए थे। उनका हमेशा खुला रहनेवाला दरवाजा पीछे की ओर से पड़ रहे तेज हवा के दबाव के कारण खुल नहीं पा रहा था। हमारे सभी रूसी सहकर्मी बालकनी में खड़े समुद्र को देख रहे थे। जब मैंने उन्हें पुकारा तो एक महोदय ने दरवाजा खोलने का असफल प्रयास किया। उसने हमसे दरवाजे को बाहर से अंदर की ओर धकेलने को कहा। लेकिन दरवाजा अभी भी नहीं खुल सका। इसके बाद अंदर बैठे सभी लोगों ने मिलकर दरवाजा खोलने की कोशिश की। यह सब बालकनी की ओर खुलनेवाले दरवाजे के कारण हो रहा था। जैसे ही वह दरवाजा बंद किया गया, हमारी ओर का दरवाजा खुल गया। जब मैं अंदर गया और उनके आश्चर्यचकित समूह की ओर देखा तो उनमें से एक ने कहा, 'प्रकृति सभी के साथ एक जैसा व्यवहार करती है!' इस समयानुकूल वाक्य से पूरा कमरा ठहाकों से भर गया।

बाहर तेज बारिश हो रही थी। जरा कल्पना कीजिए कि झंझावात के साथ चक्रवाती बारिश से उस तटीय क्षेत्र का क्या हाल हुआ होगा। इसी बीच मौसम अचानक खुल गया, हालाँकि यह अभी भी अनुकूलता से बहुत दूर था। लेकिन प्रकृति ने हमें प्रक्षेपण के लिए यह एक मौका दिया था। हमने जल्दी-जल्दी सभी तैयारियाँ पूरी कीं। भारतीय नौसेना के वाइस एडमिरल व तत्कालीन वाइस चीफ अरुण प्रकाश प्रक्षेपण देखने के लिए हमारे बीच उपस्थित थे। प्रयोक्ता के आते ही अचानक बादल छँट गए और आकाश में चमक दिखने लगी। सूर्य हमारे सामने था। हमने तुरंत निर्णय किया और प्रक्षेपण के लिए तैयार हो गए।

काउंट डाउन अपने सबसे महत्त्वपूर्ण अंतिम चरण में पहुँच गया था। इस छोटे से समय में ऐसा लगा कि हमें किसी प्रैक्टिकल परीक्षा का कोई प्रश्नपत्र थमा दिया गया हो। साइंस व इंजीनियरिंग के विद्यार्थी इस समस्या को अधिक बेहतर ढंग से समझ सकेंगे! काउंड डाउन का अंतिम चरण अनुभवी पेशेवरों के लिए भी धैर्य व सहनशक्ति की परीक्षा होता है। इसके बाद जैसे ही हवा की गति तीव्र हुई, एक चेतावनी आई कि उस क्षेत्र से संभवतः बहुत जल्द एक चक्रवात गुजरनेवाला है। रेंज डायरेक्टर के अनुसार परिस्थिति प्रक्षेपण के अनुकूल न होने के चलते मिशन को रोक दिया गया।

निर्णय की घड़ी आ गई थी। इस तेज हवा में मिशन को अंजाम दिया जाए या उसे रोक दें। मैंने अपनी टीम से लगातार बढ़ते हुए अधिकतम गति तक पहुँची उन हवाओं की परवाह न करते हुए मिशन को जारी रखने के लिए कहा। तत्कालीन परियोजना निदेशक श्री वेणुगोपालन से लेकर टीम का हर सदस्य यह जोखिम लेने के लिए तैयार था। होल्ड को उठाया गया और काउंट डाउन शुरू हो गया।

जीरो बोलते ही मिसाइल छोड़ दी गई। वह आकाश में ऊपर गई और बिल्कुल

लिखित प्रदर्शन की तरह अपनी यात्रा पर चल पड़ी। उड़ान के समय ली गई तसवीरें देखकर साफ पता लगता है कि उस समय हवा कितनी तेज थी। बूस्टर के लिए एक दिशा में एक्जहॉस्ट करना बेहद कठिन कार्य हो रहा था। हमें महसूस हुआ कि मिसाइल की कंट्रोल प्रणाली व ढाँचा इतना मजबूत है कि वह इतनी खराब मौसमी परिस्थितियों में भी अपना काम कर रहे हैं। विशेष रूप से डी.आर.डी.ओ. की अक्रिय निर्देशन प्रणाली की प्रौद्योगिकी बहुत बेहतर ढंग से कार्य कर रही थी। यह जोखिमपूर्ण परिस्थितियों में लिए गए निर्णय से मिला बेहतरीन अनुभव था। मुझे ऐसा लगा कि ब्रह्मोस परियोजना में ईश्वर भी भागीदार हो गया है।

विख्यात ब्रिटिश कवि एलेक्जेंडर पोप ने एक बार कहा था—

'प्रकृति व प्रकृति का कानून अँधेरे में छिपा हुआ था,

ईश्वर ने कहा, न्यूटन को भेजो! और सब जगह प्रकाश हो गया।'

उनके इन शब्दों की भाँति खराब मौसम में भी मिसाइल के प्रदर्शन ने निराशा के सभी बादलों को भेद दिया था।

एडमिरल अरुण प्रकाश व इस प्रक्षेपण को देखनेवाले अन्य मित्र भी ब्रह्मोस के आश्चर्यजनक प्रदर्शन को मान गए। इसने उपयोगकर्ता के आत्मविश्वास को चरम पर पहुँचा दिया, जिसके परिणामस्वरूप तुरंत ही ब्रह्मोस को नौसेना के विभिन्न जहाजों में लगाने का आशय पत्र तैयार हो गया, जिसपर तत्कालीन नौसेना के वाइस चीफ व वर्तमान वाइस एडमिरल अरुण प्रकाश के हस्ताक्षर थे।

4. अंडमान से प्रक्षेपण

एक द्वीप, उफ्फ!

हमें किसी जहाज द्वारा जमीनी लक्ष्य पर निशाना बनाने में अपनी मिसाइल की जमीनी हमले की क्षमता साबित करनी थी। इससे नौसेना इस मिसाइल द्वारा तटीय लक्ष्यों को निशाना बनाने में समर्थ हो जाएगी। चूँकि हमें भारत के मुख्य भूभाग में कोई जमीनी लक्ष्य नहीं मिला, इसलिए हमने इस उड़ान परीक्षण को अंडमान द्वीप में करने का निर्णय किया। एक और हीरो लेफ्टिनेंट कर्नल अनिल मिश्रा व मैंने अपने लक्ष्य को स्थापित करने के लिए द्वीप की खोज में अंडमान व निकोबार के 572 द्वीपों का हवाई सर्वेक्षण किया। इसमें हमने नौसेना व अंडमान व निकोबार की संयुक्त कमांड (ए.एंड.एन.) की भी सहायता ली। बहुत से लोग मानते थे कि प्रधानमंत्री की कमेटी हमें अंडमान व निकोबार द्वीप समूह में अपनी मिसाइल के लिए जमीनी लक्ष्य को स्थापित करने हेतु पर्यावरण मंजूरी कभी नहीं देगी।

इसका कारण वहाँ के अधिकांश निर्जन द्वीपों पर वनस्पतियों व जीवों की बहुत सी लुप्तप्राय प्रजातियों का होना व द्वीपों पर मूल आदिवासी निवासियों की उपस्थिति था। फिर भी हमने अंडमान सागर में तैरते जहाज से ब्रह्मोस के प्रक्षेपण हेतु लक्ष्य की स्थापना के लिए उचित द्वीप की खोज के लिए अपना सर्वेक्षण जारी रखा।

नौसेना के विमान में बैठकर अंडमान सागर व उन खूबसूरत द्वीपों को देखना बहुत अच्छा अनुभव रहा। यह कोई आनंद यात्रा नहीं बल्कि एक मिशन था, बावजूद इसके हम स्वयं को उन द्वीपों की खूबसूरती सराहने से रोक नहीं सके। ज्वालामुखीय बैरन द्वीप के ऊपर से उड़ते समय हमने वहाँ अपना लक्ष्य स्थापित करने पर विचार किया। लेकिन यह हमारे मिशन के हिसाब से ठीक नहीं था। इसके बाद पोर्ट ब्लेयर के दक्षिण में स्थिति निकोबार के एक द्वीप मिरोई ने हमारा ध्यान आकर्षित किया। मिरोई द्वीप से दो द्वीप और जुड़े हुए हैं त्रक व त्रेईस। पूरे सर्वेक्षण के बाद मैं और कर्नल मिश्रा वहाँ के वन क्षेत्राधिकारियों, मुख्य सचिव व लेफ्टिनेंट गवर्नर से मिले और हमारी ब्रह्मोस मिसाइल के मिशन के लिए मिरोई, त्रक व त्रेईस द्वीपों को आवंटित करने से जुड़ा अपना प्रस्ताव उनके सामने रखा। हमने उन्हें विश्वास दिलाया कि यह मिसाइल बिल्कुल सटीक है और हम अपना लक्ष्य पहाड़ के किसी छोटे से हिस्से में कुछ नारियल के पेड़ों के बीच किसी बलुआ स्थान पर ही स्थापित करेंगे। मैंने उन्हें विश्वास दिलाया कि इस पूरी प्रक्रिया में एक भी नारियल के पेड़ को नुकसान नहीं पहुँचेगा। हम चाहते थे कि इन द्वीपों के जमीनी सर्वेक्षण के बाद ही हम लक्ष्य का स्थान सुनिश्चित करें।

इस सुझाव और द्वीपों के आवंटन की साहसिक बात को सुनकर लेफ्टिनेंट गवर्नर बहुत उत्साहित हुए। उन्होंने मुझे उसी शाम अपने निवास पर चाय के लिए बुलाया और लैपटॉप पर इससे जुड़ा प्रस्तुतीकरण दिखाने को कहा। उस शाम मैं उनके घर गया और लेफ्टिनेंट गवर्नर मुझे अपने अतिथि-कक्ष में ले गए। वहाँ मेज पर खाने-पीने की कई चीजें सजी हुई थीं, जिनमें मेरी पसंदीदा मद्रास मिक्स्चर और मुरुक्कु भी थे। लेफ्टिनेंट गवर्नर ने कहा, सबसे पहले आप मुझे ब्रह्मोस के प्रक्षेपण से जुड़ा वह वीडियो एक बार फिर दिखाएँ। मैं उसे अपनी पत्नी को भी दिखाना चाहता हूँ। मैंने प्रक्षेपण वीडियो दिखाया। उनकी पत्नी चिल्लाते हुए बोलीं, क्या शानदार मिसाइल है। अब भारत सुरक्षित है। फिर उन्होंने गर्वनर साहब से कहा, 'आपको इनके ए. एंड एम. द्वीप में उड़ान परीक्षण का लक्ष्य पूरा करवाना चाहिए।' अंततः हमें प्रशासन की ओर से प्राथमिक हरी झंडी मिल गई।

द्वीप में साहसिक कार्य

जमीन पर पैदल सर्वेक्षण करना अपने आप में बहुत साहसिक कार्य था। इस कार्य

को करनेवाली टीम में कर्नल उनियाल, लेफ्टिनेंट कर्नल अनिल मिश्रा, ए.डी. राणे व संयुक्त प्रबंध निदेशक एलेक्जेंडर माखिशचेव शामिल थे। आपने सुना होगा कि खिलाड़ी, विशेषतौर पर क्रिकेटर बहुत अंध-विश्वासी होते हैं। लेकिन मिसाइल वैज्ञानिक किसी भी अन्य व्यक्ति से कहीं अधिक अंध-विश्वासी होते हैं। हमारी टीम ने एक शुभ मुहूर्त खोजा और सर्वेक्षण जहाज आई.एन.एस. 'सागरध्वनि' में चल पड़े।

दुर्भाग्यवश उस दिन समुद्र का मिजाज खराब था और उसकी लहरें उफान मार रही थीं। ऊपर से सब साहस दिखा रहे थे, लेकिन समुद्री हालात उनकी रीढ़ में सिहरन पैदा कर रहे थे। उन्होंने मुझे जहाज से ही फोन किया और मुझे सारी स्थिति से अवगत कराते हुए द्वीप की ओर अपनी यात्रा शुरू करने के संबंध में मेरा निर्णय पूछा। मैंने उन्हें बिना किसी भय के आगे बढ़ने को कहते हुए कहा कि सब ठीक हो जाएगा, मैंने ऐसा इसलिए कहा, क्योंकि मुझे पूरा विश्वास था कि इस कार्य में भगवान भी हमारे साथी हैं। जब वे द्वीप की ओर बढ़े तो सदस्यों में से दो लोग सामुद्रिक गोताखोरों द्वारा आमतौर पर उपयोग होनेवाली 25एच.पी. इंजनवाली छोटी जैमिनी नाव में सवार हो गए। इनके साथ एक कार्यपालक अधिकारी और दो नौसेना के निपुण गोताखोर भी थे।

जोर की गर्जना के साथ जैमिनी ने अपनी जहाज से द्वीप की ओर की यात्रा शुरू की। बारिश अभी भी जारी थी और कुछ भी स्पष्ट नहीं दिख रहा था। जहाज पर से नाव नीली लहरों के बीच डूबता-उतरता निरंतर धुँधलाता बिंदु सा दिख रही थी। वे तट से 10 मीटर दूर थे कि लहर के एक ऊँचे थपेड़े ने राफ्ट को तट की ओर उछाल दिया, जहाँ वे पाँचों सदस्य सिर के बल गिरे। दोनों सदस्य बहुत कठिनाई से किनारे तक पहुँचे, पथरीले किनारे के कारण उनके सारे शरीर पर खरोचें आ गईं। उसी समय नौसेना की टीम फौरन समुद्र में गई और लहरों द्वारा खींची जा रही जैमिनी को पकड़ लिया। तभी एक बड़ी लहर ने उन्हें वहाँ से दूर फेंक दिया। दूसरी टीम के सदस्यों ने बड़े जतन के बाद समुद्र में जा रही जैमिनी को बचाया।

उधर जहाज पर द्वीप पर जानेवाला दूसरा समूह जैमिनी पर सवार होने के लिए उस अस्थिर नाव में कूद गया। तट से सौ मीटर दूर गोताखोरों ने नाव पर सवार सभी व्यक्तियों को जैमिनी को सँभालने में उनकी मदद करने को कहा, ताकि उनका भी वही हश्र न हो, जो पहले यात्रियों का हुआ था। इस समूह को जैमिनी के तट पर पहुँचने में आई कठिनाइयों की जानकारी नहीं थी। उन्होंने जैमिनी को दोनों ओर से पकड़ा तथा तट पर कूद गए। तभी कुछ ही सेकेंड के भीतर जैमिनी उनके ऊपर थी; अपने बच निकलने के आंतरिक हौसले के चलते ही वे इस खतरनाक स्थिति से निकल पाए। जैमिनी को किसी तरह तट पर खींचा गया। हालात ऐसे थे कि उनमें से एक व्यक्ति को तैरना नहीं आता था, वह किसी तरह हाथ-पाँव पटककर बामुश्किल तट तक पहुँच

पाया। अपनी स्थिति सँभालने व उतरने में सिर की ओर से लैंड होने की शुरुआती झटकों के बाद टीम ने अपना काम शुरू कर दिया।

उन्होंने पूरे द्वीप को देखने की कोशिश की, लेकिन कभी यह किनारे पर बने ऊँचे पहाड़ों के कारण संभव नहीं हुआ, कभी घना जंगल इसमें बाधा बना। बल्कि तट पर गीले कपड़ों में घूमना भी बहुत कठिन था, क्योंकि वहाँ के रेतीले तट पर पैर चार से पाँच इंच तक भीतर घुस जाते। आश्चर्यजनक ढंग से समुद्री पानी व रेत से पटी सभी इलेक्ट्रॉनिक प्रणालियाँ ठीक से काम कर रही थीं! लेकिन दुर्भाग्यवश क्रू द्वारा ले जाया गया पीने का पानी खो गया था। उन लोगों ने पूरे शरीर पर खरोंचे लिए नमक युक्त पानी के बीच ही अपना काम शुरू कर दिया। उन्होंने लक्ष्य को स्थापित करने के लिए बड़े हिस्से में रेत से घिरे एक उपयुक्त स्थल को खोज लिया। इस स्थान को इस सोच के चलते चुना गया था, जिससे मिसाइल के अपना निशाना भेदने के बाद अंडमान व निकाबोर द्वीप के पर्यावरण को कोई नुकसान न पहुँचे।

द्वीप की प्राप्ति

द्वीप के विस्तृत सर्वेक्षण के बाद हमने जहाज पर अपने संभावित प्रक्षेपण स्थल की योजना बनाई और निशाना साध लिया। हमें सभी सरकारी अनुमति रिकॉर्ड समय में मिल गई थीं। लेकिन तभी वहाँ का प्रशासन बदल गया। लेफ्टिनेंट जन. (रिटा.) भूपेंद्र सिंह ने अंडमान व निकोबार द्वीप के नए लेफ्टिनेंट गवर्नर का पदभार सँभाला। इससे पहले वे डॉ. कलाम के राष्ट्रपति काल में उनके सैन्य सचिव रहे थे। हम दोनों एक दूसरे को अच्छी तरह जानते थे। इसलिए अब सब कामों की गति बढ़ गई। लेफ्टिनेंट गवर्नर, मुख्य सचिव व वन अधिकारी का पूरे मिशन को अत्यधिक समर्थन मिलने लगा। हमने उन्हें विश्वास दिलाया कि ब्रह्मोस से द्वीप की वनस्पतियों व जीवों को कोई हानि नहीं पहुँचेगी, क्योंकि हम ब्रह्मोस के अचूक लक्ष्य भेदन के प्रति निश्चित थे। सभी उत्साहित थे और आश्चर्य जता रहे थे कि कैसे यह मिशन संभव हो भी पाएगा। इसके लिए हमारे हीरो कर्नल मिश्रा को धन्यवाद, जिनके प्रयासों से हमें ब्रह्मोस के लिए यह द्वीप मिल पाया। लेकिन प्रक्षेपण को संभव बनाने के लिए रक्षा मंत्रालय व सरकार से अनुमति लेना आवश्यक था।

और फिर सुनामी का हमला

26 दिसंबर, 2004 को धरती की सतह से 1.1×10^{17} जौल पर प्रवाहित हुई ऊर्जा के कारण हिंद महासागर में सुनामी आ गई, इस ऊर्जा का स्तर हिरोशिमा पर बरसे परमाणु बम से 1,500 गुना अधिक था। सुनामी ने द्वीप को 9.0 के परिमाण से प्रहार

किया, जिसका केंद्र सुमात्रा का पश्चिमी समुद्रतट था। धरती की टेक्टोनिक प्लेट्स नाम की परत के एक हिस्से में हुई प्रचंड गतिविधि ने बड़े पैमाने पर जल को अस्थिर कर दिया, जिससे हर दिशा में आघात तरंगें प्रवाहित हो गईं। इस भयंकर सुनामी ने निकोबार भूभाग की वनस्पतियों व जीवों को तबाह कर दिया। खारे पानी ने उस पूरे भूभाग की हरियाली को नष्ट कर दिया और कुछ द्वीप पानी में डूब गए। अंडमान व निकोबार के उत्तरी द्वीप, जहाँ 1.5 मीटर ऊँचे उठ गए, वहीं दक्षिणी द्वीप उसी अनुपात में नीचे हो गए।

इस तबाही ने हमारे मिशन को बाधित कर दिया। प्रशासन ने हमें बताया कि सुनामी के कारण इंडोनेशिया का एक जहाज मिरोई द्वीप पर फँस गया है। कर्नल मिश्रा और मैंने अपने द्वीपों की हालत देखकर वहाँ प्रक्षेपण करने संबंधी निर्णय लेने के लिए एक बार फिर हवाई सर्वेक्षण किया। मैंने द्वीप के ऊँचे ऊठे हिस्से पर पानी के निशान बने देखे, वहीं इंदिरा पॉइंट का लाइटहाउस जलमग्न हो गया था, इसके अलावा समुद्री पानी के अंदर प्रविष्ट होने से द्वीप के सभी पेड़ों को भारी नुकसान पहुँचा था। हम कार निकोबार गए और वहाँ अपने साहसी वायुसैनिकों से मुलाकात की। वे सब अपनी परेशानियाँ भूलकर हमसे ब्रह्मोस की वायु सेना में तैनाती के बारे में बात करने लगे। मिरोई द्वीप का केंद्रीय हिस्सा बुरी तरह तबाह हो चुका था और त्रिक व त्रेइस में भू-क्षरण हुआ था। अब हमने त्रक द्वीप के समुद्री तट पर अपना लक्ष्य स्थापित करने की ओर विचार करना शुरू किया। मिराई द्वीप की हालत देखकर हमने उसे तथा वहाँ फँसे विदेशी जहाज को उसी हालत में छोड़ देने का फैसला किया। शासन ने हमें बताया कि यदि फँसे हुए जहाज का स्वामी उसे एक वर्ष में वहाँ से निकालकर नहीं ले जा सका तो हम उसे ब्रह्मोस के लिए लक्ष्य के तौर पर उपयोग कर सकते हैं। इसके बाद हम अंडमान सागर में खड़े आई.एन.एस. 'राजपूत' से प्रक्षेपण द्वारा त्रक पर स्थापित लक्ष्य को निशाना बनाने की तैयारियों में जुट गए।

क्या यही है शत्रु?

कर्नल मिश्रा (ब्रह्मोस), राणा (डी.आर.डी.एल.), धीर (टी.बी.आर.एल.), एन.एस. श्रीनिवास (आर.सी.आई.) और सत्यनारायण (आर.सी.आई.) की पाँच सदस्यीय टीम को द्वीप पर लक्ष्य स्थापित करने, प्रविष्ट होनेवाली मिसाइल के प्रक्षेपण पथ को ध्यान में रखते हुए लक्ष्य के स्थापन में आवश्यक परिवर्तन करने और लक्ष्य का विध्वंस फिल्माने के लिए हाई स्पीड कैमरा स्थापित करने का काम सौंपा गया। इसके लिए उन्हें धातु की रॉड्स से एक स्टैंड बनाना था। टीम को हेलीकॉप्टर द्वारा द्वीप पर उतारने का निर्णय लिया गया। हमारी टीम को वहाँ पहुँचाने में सहायता के लिए भारतीय वायु सेना आगे आई और उन्होंने कार निकोबार में तैनात अपने एक हेलीकॉप्टर को इस

काम की जिम्मेदारी सौंपी। हेलीकॉप्टर उस द्वीप के ऊपर मँडरा रहा था। हेलीकॉप्टर से उतरने के पूर्व ही टीम के सदस्यों ने वहाँ कुछ अस्पष्ट से निशान देखे, जो किसी ट्रक के लग रहे थे। टीम ने हेलीकॉप्टर क्रू से उन निशानों के बारे में पूछा। हेलीकॉप्टर के पायलट ने अपना सिर टीम के सदस्यों की ओर घुमाया और अपने होंठों के कोने पर रहस्यमयी मुसकराहट लाते हुए टीम को शुभकामनाएँ दीं। इसके साथ ही हेलीकॉप्टर ने टीम के सदस्यों को एक-एक कर वहाँ उतार दिया।

टीम उन निशानों को लेकर सशंकित थी। लेकिन सौभाग्यवश उन निशानों का रहस्य उसी शाम अपने आप खुल गया। यह पता चला कि वे निशान न तो किसी ट्रक से बने हैं और न ही वहाँ कोई अनजाना जीव घूम रहा है, वे तो समुद्री कछुओं के पदचिह्न थे।

अथक परिश्रम

हमारी टीम के जमीन पर पहुँचते ही आई.एन.एस. 'राजपूत' पर सवार हम लोगों ने प्रक्षेपण की व्यवस्थित तैयारी शुरू कर दी। टीम को द्वीप पर लक्ष्य स्थापित करने से जुड़े सभी आवश्यक सामान के साथ उतारा गया था। लेकिन हमारे पास लहरों के उतार-चढ़ाव से जुड़ी कोई जानकारी नहीं थी। फिर भी उन्होंने उस अज्ञात द्वीप पर अपना काम जारी रखा। हम नहीं जानते थे कि उन्होंने वहाँ कितना काम पूरा कर लिया है।

टीम ने टेंट लगाकर अस्थायी आश्रय बना लिया। तभी रात घिरते ही अचानक तेज हवाएँ चलने लगीं, जिसके बाद बारिश शुरू हो गई। हवा इतनी तेज थी कि उसने वहाँ लगे टेंट उखाड़ फेंके। लगातार 24 घंटे तक बारिश होती रही। टीम ने अपना बचाव कैसे किया? उन लोगों ने स्वयं को टेंट के कपड़े में लपेटा और वहीं रेत पर लालटेन जलाकर बैठ गए, अगली सुबह तक केवल यही उनकी आशा का दीप बना रहा। सदस्यों ने अपना समय एक-दूसरे को अपने पुराने अनुभव सुनाते हुए व्यतीत किया।

लेकिन वहाँ उनका साथ मित्रवत् व्यवहार न रखनेवाले केकड़े दे रहे थे। बड़ी संख्या में केकड़ों ने उनके खाद्यान्न, सिगरेटों और जो भी कुछ जमीन पर पड़ा था, उसपर हमला कर दिया। उनके सोते समय भी ये केकड़े उनपर हमला बोल सकते थे। इसलिए उन्होंने केकड़ों को दूर रखने के लिए आसपास पड़ी नारियल की सूखी पत्तियाँ जमा कीं और आग जला ली। उनमें हर व्यक्ति एक-एक कर जागता रहा, जिससे बाकी लोग आराम कर सकें।

लगभग 24 घंटे बाद बारिश हल्की हो गई। टीम ने लक्ष्य की स्थापना के लिए विभिन्न माप लेने शुरू किए, जिसमें पूरा दिन लग गया। वहाँ कुछ चट्टानी अवरोध होने के कारण लक्ष्य स्थापना में कुछ समय लगा। अंततः स्थान तैयार करके निर्माण कार्य शुरू कर दिया गया।

यहाँ अंडमान की संयुक्त कमांड द्वारा दी गई विस्तृत सहायता का उल्लेख करना आवश्यक है। कमांड ने इस उड़ान परीक्षण के लिए द्वीप से बेस तक आवागमन हेतु खासतौर पर एक हेलीकॉप्टर तैनात कर दिया था। यदि मैं अपनी टीम के सदस्यों से उनके द्वारा अपने जीवन में कभी भी किए गए सबसे बेहतरीन नाश्ते के बारे में प्रश्न करूँ तो यकीनन वे बिना एक क्षण गँवाए त्रक द्वीप पर किए गए नाश्ते का नाम लेंगे। एक क्रू सदस्य ने बताया, '24 घंटों तक लगातार बारिश में भीगने के बाद हेलीकॉप्टर क्रू द्वारा लाए तथा गिराए गए आलू के पराँठे व गरम चाय से हमें नया जीवन मिला।'

लक्ष्य को स्थापित करने का कार्य जारी था। लक्ष्य के दो हिस्से थे—ऊपरी भाग व निचला भाग। ऊपरी भाग को खंभे जैसे निचले भाग पर रखा जाना था। एक भाग को दूसरे पर रखने का यह कार्य हेलीकॉप्टर को करना था। क्या यह ढाँचा रेतीली भूमि पर टिका रहेगा? इस ढाँचे को टिकाए व खड़ा रखने के लिए उन्होंने इसे खूँटों से टिकाया।

हेलीकॉप्टर आया और उसने ऊपरी भाग को उठा लिया। टीम हेलीकॉप्टर के नीचे खड़ी होकर ऊपरी भाग को निचले टॉवर पर लगाने लगी। क्या आपने कभी किसी समुद्र तट पर उतरनेवाले हेलीकॉप्टर के नीचे खड़े लोगों को देखा है? इस अनुभव को टीम के सदस्यों ने अपने शब्दों में बयान किया—'ऐसा लगता है मानो हजारों सुई एक-साथ आपके शरीर में चुभ रही हैं।' अंततः दोनों भाग निश्चित डिजाइन के अनुसार स्थापित कर दिए गए। लेकिन अभी कार्य पूरा नहीं हुआ था। निचले टावर पर रखा ऊपरी भाग योजनाबद्ध तरीके से नहीं रखा गया था। इसका अर्थ था कि ऊपरी भाग को सुधारने के लिए इसे ठीक कोण में लाना होगा, जो अपने आप में भीषण कार्य था। जब कोई कठिन कार्य परंपरागत पद्धति से हल न हो सके तो इसे पूरा करने हेतु नई तरकीब खोजने में सेना के लोग निपुण होते हैं। कर्नल मिश्रा और राणे ने टर्न बकल में परिवर्तन कर इस समस्या का समाधान खोजा। उन्होंने जमीन पर एक और खूँटा लगाया और लोहे की तारों से उस ढाँचे को टर्न बकल से जोड़ दिया। इसके बाद टर्न बकल को पकड़कर उन्होंने उस ढाँचे को उठाया और उसे सही कोण पर स्थापित कर दिया।

मैं हेलीकॉप्टर में त्रिक द्वीप पहुँचा और पायलट को मुझे द्वीप पर टीम से मिलने के लिए उतारने को कहा। मेरे साथ बैठे संयुक्त कमांड के डिप्टी चीफ सेवानिवृत्त एडमिरल नायर ने मेरी सुरक्षा को ध्यान में रखते हुए मुझे ऐसा करने के लिए मना किया। वे मेरे साहसिक मन को जानते थे, इसलिए उन्होंने अपने आदमियों से मेरी सीट बेल्ट कसकर बाँधने को कहा। मैंने हेलीकॉप्टर के पायलट से लक्ष्य के जितना संभव हो, उतना करीब उड़ने को कहा। हेलीकॉप्टर एक बार फिर वहाँ गया। जब मैंने लक्ष्य को स्थापित हुआ देख लिया, तब मुझे संतोष हुआ। उस द्वीप पर पाँच दिन तक कड़ी मेहनत से अपना काम पूरा करके टीम आई.एन.एस. 'राजपूत' पर वापस लौट आई। वे बहुत थके हुए थे

व उनके शरीर पर जगह-जगह छाले पड़ गए थे। मिसाइल को आई.एन.एस. 'राजपूत' से प्रक्षेपित किया गया, वह अपने निश्चित प्रक्षेपण पथ पर उड़ी और जाकर सीधे लक्ष्य को भेद दिया। यह एक सटीक निशाना था, जिसकी पुष्टि हेलीकॉप्टर क्रू ने भी की। हमारी टीम द्वीप पर गई और वहाँ से हाई स्पीड कैमरा ले आई। इन वीडियो को देखकर लक्ष्य पर सटीक प्रहार की पुष्टि हो गई। हमने मिसाइल के समुद्र से जमीन पर मार करनेवाले एक और रूपांतर सिद्ध कर दिया था। इस द्वीप को खोजने, इसपर प्रक्षेपण के लिए अनुमति लेने, खराब परिस्थितियों व शारीरिक थकान के बीच लक्ष्य का निर्माण करने और हमारे परिचालन तट से सुदूर स्थित अंडमान सागर से प्रक्षेपण को कार्यान्वित करने के ब्रह्मोस टीम के पूरे दिल से किए प्रयासों के लिए यह बड़ी उपलब्धि थी। इसमें बहुत श्रम लगा, लेकिन मिशन पूर्णत: सफल रहा। सिंदबाद के साहसिक कारनामों के अलावा इस अनुभव की किसी से बराबरी नहीं हो सकती।

मिशन की सफलता के बाद जब मैं पोर्ट ब्लेयर में लक्ष्य-स्थापना करनेवाले सदस्यों से मिला तो मेरी आँख में आँसू भर आए। उन लोगों के पूरे शरीर छालों से भरे थे, आँखें धँस गई थीं व बढ़ी हुई दाढ़ीवाले चेहरे रेत से सने हुए थे, लेकिन उनकी आँखों में चमक थी। मैंने दृढ़ संकल्प से लैब में बिना थके काम करते समय व स्थान की परवाह किए बिना मिसाइल इंटीग्रेशन बनाते समय भी उन युवा वैज्ञानिकों की आँखों में यही चमक देखी थी। यही चमक मुझे उन लोगों की आँखों में भी दिखी, जो मिसाइल के अपना मिशन पूरा करते देख आँसुओं में डूब गई थीं। जब एक बार मैं सीमा पर गया तो मैंने वहाँ दुर्गम इलाकों, मौसम व अन्य निजी भावनाओं से जूझते हुए भी शत्रु का मुकाबला करनेवाले अपने सैनिकों की आँखों में भी इसी चमक को देखा था। यह दृढ़ संकल्प, साहस व निष्ठा ही है, जो देश को विकास की राह पर आगे ले जाती है। हम उस महान् देश के वासी हैं, जहाँ आवश्यकता पड़ने पर हमारे लोग कुछ भी कर गुजरते हैं! मेरे सभी मित्रों को सलाम! क्योंकि वही ब्रह्मोस के असली हीरो हैं।

5. आई.एन.एस. राजपूत से प्रक्षेपण-तबी मुट्ठी

अपने युद्धपोतों पर इस दमदार हथियार को स्थापित करना नौसेना की दूरदृष्टि थी। पहले उड़ान परीक्षण को देखने के बाद से तत्कालीन पूर्वी नौसेना कमांड के फ्लैग ऑफिसर कमांडिंग-इन-चीफ, वाइस एडमिरल जॉन डि सिल्वा हमेशा इस खोज में रहते थे कि किस जहाज पर ब्रह्मोस लगाया जा सकता है। सौभाग्यवश आई.एन.एस. राजूपत की पुनर्सज्जा का कार्य जारी था। उन्होंने तत्कालीन नौसेना प्रमुख, एडमिरल सुशील कुमार को यह कार्य ब्रह्मोस को सौंपने को कहा। जब एडमिरल ने मुझसे फोन पर इस संबंध में बात की तो मैंने इसे तुरंत स्वीकार किया और जहाज की पुनर्सज्जा व

इसमें ब्रह्मोस को स्थापित करने का त्वरित खाका तैयार कर दिया। हमारे लिए तो यह वरदान जैसा था।

मिसाइल लगाने का अर्थ है कि वह मिसाइल वैद्युत्, ढाँचागत व मशीनी तौर पर जहाज से जुड़ी हो, जिस कार्य में बहुत समय लगता है। इलेक्ट्रॉनिकली, मिसाइल को जोड़ने के लिए पहले उसका फायर कंट्रोल सिस्टम (एफ.सी.एस.) तैयार करना होता है। इसके बाद इस एफ.सी.एस. को जहाज के इलेक्ट्रॉनिक कंसोल में लगाया जाता है। इसी तरह प्रक्षेपक को भी जहाज में लगाया जाता है। हमारी डिजाइन टीम, ढाँचागत व लोड का ब्योरा जानने व मौजूदा प्रक्षेपकों को हटाने संबंधी विवरण समझने, कुमुक संबंधी आवश्यकताओं व नए प्रक्षेपकों को स्थापित करने जैसी बातों को लेकर मूल रूप से आर-श्रेणी के जहाजों का डिजाइन तैयार करनेवाले रूसी विशेषज्ञों के संपर्क में थी। प्रारंभिक परियोजना रिपोर्ट का निर्माण व समीक्षा की गई, इसकी डिजाइन समीक्षा कमेटी में भारतीय व रूसी विशेषज्ञ, लार्सन एंड टुर्बो (एलएंडटी) व नौसेना डॉकयार्ड के सदस्य तथा पूर्वी नौसेना कमांड के अफसर शामिल थे। इसके ढाँचागत, प्रक्षेपक व एफ.सी.एस. की इलेक्ट्रिकल इंटरफेस आवश्यकताओं की पूर्ति के निर्माण व निर्धारण के लिए एक व्यापक दृष्टिकोण बनाया गया। यह कार्य एलएंडटी व नौसेना के डॉकयार्ड पर किया गया। यह सारा कार्य पुनर्सज्जा के लिए नियत समय के भीतर ही पूरा हो गया।

अब मिसाइल व विशेषत: ब्रह्मोस के लिए निर्मित जहाज कॉम्प्लेक्स की कार्यकुशलता साबित करने के लिए उड़ान परीक्षण किया जाता है। इस परीक्षण में चलते जहाज से मिसाइल को प्रक्षेपित करते हैं। नियुक्त की गई फ्लाइट रेडिनेस रिव्यू (एफ.आर.आर.) टीम इस मिशन की पूर्णत: समीक्षा करती रहती है। इसमें एफ.सी.एस. सॉफ्टवेयर की उपयुक्तता, खराब समुद्री हालात में थपेड़े खाते जहाज से मिसाइल को छोड़ने के लिए प्रक्षेपण पथ तैयार करना, अग्र नोक के डेक पर ही गिर जाने की संभावना, उड़ान भरने के पूर्व ही बूस्टर का डेक पर ही फट जाना, तेज आवाज जो क्रू को झेलनी थी, लोगों की सुरक्षा, जहाज की गति से सीमाबद्ध होना और ऐसी ही कई अन्य बातों पर विचार किया जाता है। नौसेना पहली बार इतनी बड़ी मिसाइल प्रक्षेपित करनेवाली थी, इसलिए ये चिंताएँ होना स्वाभाविक ही था। हर बात में जोखिम था, लेकिन हम इन खतरों से भयभीत नहीं थे। सावधानीपूर्वक कुशल विश्लेषण द्वारा किसी भी खतरे का सामना किया जा सकता है। इस दृढ़ निश्चय के साथ हमने प्रक्षेपण को अंजाम दिया। प्रक्षेपण पूर्णत: सफल रहा। नौसेना के लिए वरदान था कि एक लंबी दूरी तक मार करनेवाली सुपरसोनिक जहाज-भेदी क्रूज मिसाइल उनके प्रमुख जहाज आई.एन.एस. 'राजपूत' पर स्थापित हो गई, भारत के लिए यह ऐतिहासिक क्षण था।

लक्षित जहाज पर अचूक सुराख

भारतीय नौसेना ने आई.एन.एस. राजपूत पर लगी ब्रह्मोस से विभिन्न प्रकृति के उड़ान परीक्षण करने का निर्णय लिया। तो अब अगला चरण था मिसाइल की निशाना बनाने की क्षमता को साबित करना। प्रत्येक उड़ान परीक्षण के लिए हमें लक्ष्य की आवश्यकता होती है। प्राय: इसमें काम में न आने लायक युद्धपोत को लक्ष्य बनाया जाता है। चूँकि वे जहाज वास्तविक होते हैं, इसलिए वे मिसाइल के लक्ष्य मानदंडों को सटीक दरशाते हैं। इसी कारण नौसेना अकसर अपने जहाजों को भविष्य के लक्ष्य के तौर पर उपयोग करने हेतु सँभालकर रखती है।

इस मिशन के लिए भारतीय नौसेना ने सेवा मुक्त जहाज आई.एन.एस. 'एंडरोथ' को लक्ष्य के रूप में आवंटित किया। इस जहाज में से इंजन, हथियार व अन्य सभी उपयोगी सामान निकाला हुआ था, परीक्षण के लिए उसे ठेलकर निर्धारित स्थान पर पहुँचाया गया। लेकिन वह जहाज इतनी बुरी स्थिति में था कि जैसे ही वह निर्धारित स्थान पर पहुँचा, उसमें पानी भरना शुरू हो गया। इससे उस उड़ान परीक्षण पर संशय के बादल छा गए।

सौभाग्यवश उस जहाज के पूर्व कप्तान रहे ब्रह्मोस के कोमोडोर चिन्नावेरिया उसी टीम में थे, जो उस लक्ष्य जहाज को ठेलकर ले गई थी। सामान्यत: जहाज के कप्तान अपने पोत को अपना नजदीकी साथी मानते रहे हैं। तो इन्होंने कहा, 'मैं अपने साथी को डूबता हुआ नहीं छोड़ सकता।' उन्होंने सहायता के लिए पूछा। नौसेना के लोग आगे आए और एक छोटी सी टीम का गठन हो गया। वह टीम अँधेरे के बीच लहरों से जूझते हुए एक बोट द्वारा जहाज में प्रविष्ट हो गई। सारी रात वे लोग पानी निकालते रहे। पौ फटने से पहले ही वह जहाज तैरने लगा और सुबह तड़के तक अपने निर्धारित स्थान पर पहुँच गया। इसके बाद लक्ष्य के तैयार होने की घोषणा कर दी गई।

श्री वेणुगोपालन, श्री किसलेव व मैंने उसकी तैयारी की समीक्षा की और प्रक्षेपण की अनुमति दे दी। सुबह मिसाइल अपने निश्चित समय पर दाग दी गई। उसने बहुत खूबसूरती से गड़गड़ाहट के साथ उड़ान भरी और अपने लक्ष्य को भेद दिया। लक्ष्य की स्थिति जानने के लिए एक हेलीकॉप्टर को भेजा गया। उस हेलीकॉप्टर पर सवार कमांडर एस.एम. शिव कुमार, जो कुछ भी देख रहे थे, उसकी सूचना लगातार मुझ तक पहुँचा रहे थे। उन्होंने कहा, 'लक्ष्य दिख रहा है, लेकिन उसे कुछ नहीं हुआ।' लेकिन जैसे ही हेलीकॉप्टर जहाज के नजदीक पहुँचा, उन्होंने रिपोर्ट भेजी, 'लक्षित जहाज में छेद हो गया है।' हेलीकॉप्टर को लक्ष्य बने जहाज के दूसरी ओर ले जाया गया, जिसके बाद उन्होंने रिपोर्ट भेजी, 'लक्ष्य में एक बहुत बड़ा छेद हो गया है।' इसका यह अर्थ था कि मिसाइल ने लक्षित जहाज को पानी के स्तर से एक मीटर ऊपर भेद दिया था, प्रहार सीधे जहाज के खोल के बीचोबीच हुआ था। इसे कहते हैं सटीक निशाना। परीक्षण पूरी

तरह सफल रहा और नौसेना ने इस अवसर पर समुद्र के बीच आई.एन.एस. राजपूत पर शानदार पार्टी का आयोजन किया।

6. युद्धक प्रक्षेपण लॉञ्च : एक शॉट, एक मौत

उपयोगकर्ता की पूर्णतः भागीदारी सहित सफल उड़ान परीक्षण देखने के बाद नवनियुक्त नौसेनाध्यक्ष अरुण प्रकाश ने नौसेना के वार्षिक अभ्यास के दौरान युद्धक उड़ान परीक्षण दिखाने का अनुरोध किया। सामान्यतः परीक्षणों के दौरान वारहेड्स का उपयोग नहीं किया जाता। नौसेनाध्यक्ष प्रकाश ने ब्रह्मोस के लक्ष्य को सफलतापूर्वक भेदने पर तुरंत प्रोडक्शन ऑर्डर देने व और अधिक परीक्षण न देखने का आश्वासन दिया। यह माँग हमारी योजना का हिस्सा थी, इसलिए मैंने इसे स्वीकार कर लिया। हमारे रूसी मित्रों ने कहा कि इस टेस्ट को नौसेना स्वयं करे और इसमें उपयोग हुई मिसाइल को उन्हें बेचा हुआ माना जाए। नौसेना ने यह शर्त स्वीकार कर ली।

हम तुरंत ही गोवा के तट पर युद्धक मोड में क्रियाशील वारहेड के साथ इसके परीक्षण की तैयारी में जुट गए। आई.एन.एस. राजपूत पर मिसाइल को लोड किया गया और पूर्व आई.एन.एस. सिंधुदुर्ग को लक्ष्य जहाज के तौर पर चुना गया। 15 अप्रैल, 2005 को मैं आई.एन.एस. विराट पर था, मेरे साथ नौसेनाध्यक्ष अरुण प्रकाश, वाइस एडमिरल सुरीश मेहता और तत्कालीन डी.सी.एन.एस. व अन्य नौसेना अधिकारी मौजूद थे। वेणुगोपाल के साथ हमारी टीम आई.एन.एस. राजपूत पर थी। हमने प्रक्षेपण किया, जिसने पूरी सटीकता से लक्ष्य पर प्रहार कर उसे दो भागों में विभक्त कर डुबो दिया। यह पूरी प्रक्रिया फौरन ही निपट गई। दोपहर में भोजन के बाद हम हेलीकॉप्टर पर सवार होकर लक्ष्य की स्थिति देखने निकल पड़े। जब हम वहाँ पहुँचे तो जहाज पूरी तरह डूब चुका था। वहाँ केवल जहाज का मलबा ही मौजूद था। उसके बाद हमें एक नौका दिखी, जिस पर सवार नौसेना के गोताखोर हमें देखकर हाथ हिलाने लगे।

नौसेना के गोताखोरों ने मिसाइल के धमाके के साथ लक्ष्य पर प्रहार करने का वीडियो रिकॉर्ड किया था, जिसके बाद निशाना बना जहाज दो भागों में विभक्त होकर पानी में डूब गया। बाद में उन्होंने बताया कि यह सारा कार्य इतनी तेजी से हुआ कि मिसाइल ने आकर जहाज पर प्रहार किया और वह कुछ ही मिनटों में डूब गया। जहाज के डूबने से लहरों में मची हलचल में गोताखोरों को अपनी नौका को स्थिर रखना बहुत कठिन हो गया था। मिसाइल की गतिक ऊर्जा और शक्ति वीडियो में साफ दिख रही थी। ब्रह्मोस का कोई मुकाबला नहीं था। एडमिरल अरुण प्रकाश ने अपनी बात रखी और ब्रह्मोस को अनेक जहाजों पर लगाने के लिए प्रोडक्शन ऑर्डर दे दिया। इसके साथ ही उन्होंने भविष्य में जहाजों पर सर्वदेशीय ऊर्ध्वमुखी प्रक्षेपक लगाने के लिए डिजाइन व

विकास हेतु फंड भी जारी किया। यकीनन भारतीय नौसेना के साथ यह हमारी बेहतरीन भागीदारी रही।

7. मरुभूमि लॉञ्च-जहाज-भेदी मिसाइल को जमीनी हमलावर बनाना

ब्रह्मोस को मूल रूप से रेडार खोजी व जहाज-भेदी मिसाइल के तौर पर विकसित किया गया था। थलसेना के लिए इसका नया रूपांतर तैयार करने के लिए इसे जमीन से जमीन पर मार करनेवाली मिसाइल बनाना था। दूसरे शब्दों में इस मिसाइल को मोबाइल प्रक्षेपक (लॉञ्चर) से प्रक्षेपित होनेवाला कमांड व कंट्रोल प्रणाली का रूप देना था। इसके निशाने पर आयुध संभार, मिसाइल बेस, मिसाइल व आयुध फैक्ट्रियाँ, रेलवे यार्ड, हवाई अड्डे, संपर्क केंद्र, महत्त्वपूर्ण पुल व ऐसे ही कई अन्य स्थान थे। जमीनी लक्ष्यों को निशाना बनाने के लिए सटीक सीकर की आवश्यकता थी। इसके लिए बहुधा इलाके का नक्शा बनाना व जी.पी.एस. निर्देशन प्रणाली चाहिए थी। जब हमने इसके लिए स्क्रीन कोर्रिलेशन एंड एरिया नेवीगेशन (स्कैन) सीकर विकसित करना शुरू किया तो हम जानते थे कि थलसेना को तुरंत समाधान (सॉल्यूशन) सौंपने के लिए ऐसी नई पद्धतियों का उपयोग करना होगा, जैसा इससे पहले कभी न हुआ हो।

सीकर की जाँच

सामान्यत: किसी भी विमान पर लगे सीकर का कार्य मिसाइल के प्रक्षेपण पथ का (गति का नहीं) अनुक्रमण करना होता है। सीकर के आउटपुट का विश्लेषण इस आधार पर होता है कि उसने लक्ष्य की कितनी सटीक पहचान की है, किस प्रक्षेपण पथ का अनुगमन किया, किस कोण को चुना इत्यादि। रूसी टुपोलेव-134 शॉर्ट-रेंज मालवाहक विमान में आवश्यक परिवर्तन कर इस विश्लेषण को अंजाम देने का प्रबंध किया गया। हम चाहते थे कि सीकर के जमीनी-प्रहार मोड की सटीकता सिद्ध करने के लिए इन मिसाइल सीकर को कुछ विमानों पर लगाकर विभिन्न वास्तविक लक्ष्यों के ऊपर से उड़ान भरें। हमारी टीम ने टेलीमेंट्री प्रणाली की संभावना की समीक्षा की और सभी सीकर की रिकॉर्डिंग को मॉनीटर करने के लिए किए गए प्रबंधों से प्रसन्न थे। हमारे वैज्ञानिक रूसी टीम द्वारा यह परीक्षण करने की प्रतीक्षा करने लगे।

विमान देते समय इसके साथ एक शर्त भी जोड़ी गई थी। कहा गया था कि यह विमान किसी अन्य रूसी एजेंसी का है, जिस पर हमारे भागीदार का कोई नियंत्रण नहीं है, इसलिए किसी भी भारतीय को इसमें सवार होने की आज्ञा नहीं थी। हमने इस बात

का कड़ा विरोध किया। हमने प्रतिवाद किया और कहा कि यह एक संयुक्त उपक्रम है, इसलिए भारतीय वैज्ञानिकों को भी इस परीक्षण को अपनी धरती पर करने की समान जवाबदेही व अधिकार प्राप्त है। हमने रूसी एजेंसी से अपना विमान वापस लेने को कहा, क्योंकि हम नहीं चाहते थे कि हमारी धरती पर कोई भी प्रयोग भारतीयों के बिना पूरा किया जाए। विमान से संबंधित टीम ने भारतीय पक्ष के इस अड़ियल रवैये को समझा और अपने अधिकारियों से संपर्क किया। हमारे इस निर्णय ने उन्हें झुका दिया और तब हमने उस विमान का उपयोग किया। हमने विमान को विभिन्न लक्ष्यों पर से उड़ाया तथा सीकर की क्षमता का आकलन किया। हमें शानदार नतीजे मिले और सीकर को मिसाइल से जोड़ने की अनुमति मिल गई।

मरुभूमि में उड़ान परीक्षण

हमने ब्रह्मोस के जमीनी-प्रहार रूपांतर को साबित करने के लिए लगातार दो सफल परीक्षण किए। यह परीक्षण पोखरण फील्ड फायरिंग रेंज (पी.एफ.एफ.आर.) में किए गए। तत्कालीन थल सेनाध्यक्ष जनरल जे.जे. सिंह ने दोनों उड़ानों का निरीक्षण किया। संयोगवश 31 मई, 2006 को किया गया दूसरा परीक्षण गरम मौसम में किया गया। राजस्थान का रेगिस्तान अपनी गरमी के लिए विख्यात है, गरमियों में तो यहाँ का तापमान 52 डिग्री से भी अधिक हो जाता है। यहाँ परिस्थिति ऐसी थी कि सुबह तड़के काम शुरू किया जाता और इसे प्रातः 10 बजे तक पूरा कर लिया जाता। इसके बाद शाम 5 बजे के बाद ही काम शुरू हो पाता। यहाँ मैं अपने रूसी भागीदारों की सहनशक्ति की तारीफ करना चाहूँगा। जब हमने प्रक्षेपण की घोषणा की, तब से उन्होंने हर कार्य में हमारा साथ दिया, जबकि वे उस तापमान में रहने के बिल्कुल भी आदी नहीं थे। उनके देश में −20 डिग्री तापमान सामान्य माना जाता है। उनके द्वारा दरशाया गया उत्साह प्रशंसनीय था।

लक्ष्य का निर्माण

मिसाइल को पी.एफ.एफ.आर. से बाहर दागा जाना था, उसे रेगिस्तान में बसे दो गाँवों के ऊपर से उड़कर लक्ष्य हेतु बनाई गई विशेष कंक्रीट की दीवार पर प्रहार करना था। राजस्थान की गरम मरूभूमी में दीवार बनाना सबसे कठिन कार्य था, चूँकि दीवार बिना नींव के नहीं बन सकती और रेत में नींव खुद नहीं सकती। कंक्रीट की दीवार को सहारा देने के लिए खंभे जैसा ढाँचा बनाया गया जो फोटोफ्रेम के पीछे लगे स्टैंड जैसा था।

लक्ष्य भेदन

जनरल जे.जे. सिंह ने प्रक्षेपण की तैयारी की समीक्षा की। उन्होंने मोबाइल कमांड पोस्ट व मिसाइल युक्त मोबाइल ऑटोनोमस प्रक्षेपक, उसके स्टैंड बाई व कमांड सेंटर का भी जायजा लिया। काउंट डाउन शुरू हुआ और हमेशा की तरह टी0 पर बहुत खूबसूरती के साथ मिसाइल ऊपर की ओर प्रक्षेपित हुई, लक्ष्य की ओर मुड़ी और हमारी नजरों से ओझल हो गई। लक्ष्य की हालत देखने के लिए मैं और जनरल साहब फौरन हेलीकॉप्टर की ओर दौड़ गए। जब हम वहाँ पहुँचे तो हमने देखा कि मिसाइल ने अपना काम बहुत पहले ही अंजाम दे दिया है। हमने जनरल साहब का हेलीपैड लक्ष्य के निकट ही बनाया था। हेलीपैड से हम चारपहिया वाहन में सवार होकर रेगिस्तान में पहुँचे और अपने लक्ष्य को देखा। जनरल साहब ने मुसकराते हुए मुझे बधाई दी और कहा कि सेना के आयुध डिवीजन में इसकी तैनाती की प्रक्रिया भी इतनी ही तेज गति से होनी चाहिए।

सही अवसर

अपनी सफलता का उत्सव मनाते हुए हमें याद था कि इस पूरे कार्य में हमारी युवा टीम ने कितनी परेशानियों का सामना किया है। लक्ष्य से पाँच या छह किलोमीटर पीछे टेलीमेंट्री वाहन पर हमारी टीम के लगभग 24-26 वर्ष के दो इंजीनियर मौजूद थे। लक्ष्य पर प्रहार का वीडियो बनाने के लिए उसके निकट स्थित हाई-स्पीड कैमरे की तार इस टेलीमेंट्री वाहन से जुड़ी थी। काउंट डाउन शुरू हो चुका था। टी0 होने में केवल 90 मिनट शेष थे। अचानक टेलीमेंट्री वाहन को सिग्नल मिलने बंद हो गए। दोनों युवा इंजीनियर एक वाहन पर सवार होकर तारों की जाँच के लिए पहुँचे। उन्होंने निकली हुई तारों को जोड़ा और वापस लौटने लगे, तभी उनका वाहन लक्ष्य के निकट ही रेत में धँस गया। दुर्भाग्यवश उनका सेल्युलर फोन लग नहीं पा रहा था और काउंट डाउन शून्य तक पहुँचने में केवल 45 मिनट बाकी थे।

पूरी संभावना थी कि उस वाहन के प्रवाहित होता रेडार सिग्नल मिसाइल के लिए बाधा बन जाएगा। दोनों युवक कोई चूक होने देना नहीं चाहते थे, जिसके लिए काउंट डाउन को रोका जाना आवश्यक था। इसलिए वे दोनों रेतीली भूमि पर वाहन के पहियों के निशान देखते हुए उसकी ओर दौड़ने लगे। जो लोग कभी भी सूर्य की गरमी में मरुभूमि की रेत में चले होंगे, वे जानते होंगे यह कितना कठिन काम है। दौड़ते हुए उनके पैर रेत में धँस रहे थे लेकिन वे टेलीमेंट्री वाहन तक पहुँचे और वहाँ मौजूद सेनाधिकारी को वायरलेस रेडियो के माध्यम से यह परेशानी बताने को कहा। हमारी विकास गतिविधियों से जुड़े कर्नल मिश्रा ने फौरन अपना वायरलेस रेडियो उठाया

और प्रक्षेपण केंद्र को काउंट डाउन रोकने के लिए कहा। वे चाहते थे कि प्रक्षेपण को कुछ देर तक रोका जाए, जिससे वे वहाँ फँसे वाहन को निकालने के लिए दूसरा वाहन भेज सकें। दुर्भाग्यवश, वे संपर्क स्थापित नहीं कर पाए और प्रक्षेपण में केवल सात मिनट ही शेष थे। वे अपने वाहन में बैठकर फौरन उस स्थान पर पहुँचे और ड्राइवर से रिकवरी वाहन की दिशा बदलने को कहा। वहाँ से उन्हें लक्ष्य साफ दिखाई दे रहा था, लक्ष्य से कुछ 500 मीटर दूर जाते ही उन्होंने सोनिक बूम व बैंग की आवाजें एक साथ सुनीं। मिसाइल ने लक्ष्य को भेद दिया था और थोड़ा आगे बढ़कर जमीन पर भी प्रहार कर दिया था।

हम प्रक्षेपण केंद्र पर प्रतीक्षारत थे, लेकिन टेलीमेंट्री वाहन से संपर्क नहीं हो पा रहा था। हमें अन्य वाहनों से सूचना मिली कि लक्ष्य पर प्रहार हो गया है। अंततः रेडियो का संपर्क जुड़ा और कर्नल ने स्वयं हमें यह सूचना दी।

उन्होंने व्यक्तिगत रूप से मुझे बताया कि उन दोनों इंजीनियरों को मेडिकल चेकअप के लिए पास ही स्थिति सेना के चिकित्सालय ले जाया गया है। मैं एक अन्य वरिष्ठ वैज्ञानिक को साथ लेकर वहाँ गया। जब उन इंजीनियरों ने मुझे देखा तो उनका पहला प्रश्न था, 'सर, क्या वह सफल रहा?' मैं उन युवा वैज्ञानिकों को शारीरिक कष्टों के बावजूद प्रतिबद्ध देख चकित रह गया। मैंने 'हाँ' कहते हुए अपना सिर हिलाया और उन्हें शुभकामनाएँ दीं। उन युवाओं के धैर्य और समर्पण से मुझे बहुत प्रेरणा मिली। इससे राष्ट्र के उत्थान हेतु सशक्त युवा पीढ़ी के निर्माण संबंधी मेरी धारणा और दृढ़ हो गई।

8. असफलता का स्वाद व पुनः एकजुटता

हमने सन् 2007 में इसकी पहली रेजिमेंट तैनात कर दी। सेना अब ब्रह्मोस का ऐसा रूपांतर चाहती थी, जो कई लक्ष्यों में से किसी निश्चित लक्ष्य को पहचानकर उसे निशाना बना सके। लक्ष्य को पहचानकर उस पर प्रहार करने के लिए इसमें शल्यक (सर्जिकल) परिशुद्धता होना आवश्यक था। मिसाइल के ऑन बोर्ड कंप्यूटर व निर्देशन प्रणाली को और अधिक बुद्धिमत्तापूर्ण बनाना था। हमें ऐसे जी.पी.एस. रिसीवर की आवश्यकता थी, जो एकाधिक वैश्विक नेवीगेशन सेटैलाइट प्रणालियों से सुसंगत हो वहीं सीकर को भी गैर-रेडियो व्यतिरेक लक्ष्यों के प्रति संयोजित करना होगा। यह आवश्यकताएँ चुनौतियों से परिपूर्ण थीं, इसलिए हमने ब्रह्मोस ब्लॉक-II प्रणाली को विकसित करना आरंभ कर दिया। ब्लॉक-II का पहला प्रक्षेपण 20 जनवरी, 2009 को किया गया। इस प्रक्षेपण का निरीक्षण तत्कालीन सेनाध्यक्ष जनरल दीपक कपूर ने किया।

पोखरण रेंज में पतली शीट से पाँच लक्ष्यों का समूह बनाया गया। जिससे ये रेडार ऊर्जा (कम सिग्नेचर) प्रतिबिंबित नहीं कर रहे थे।

छोटे से काउंट डाउन के बाद मिसाइल ने उड़ान भरी और वास्तविक लक्ष्य की ओर मुड़ गई। हमें यह देखकर बहुत निराशा हुई कि मिसाइल ने लक्ष्य पर प्रहार नहीं किया बल्कि वह उड़ती हुई उसके ऊपर से निकल गई। जनरल कपूर इस प्रदर्शन से असंतुष्ट थे, इसलिए सेना ने मीडिया को उड़ान परीक्षण के असफल होने की सूचना दे दी। मीडिया ने इसे बहुत गंभीरता से लिया। ब्रह्मोस के इतिहास में यह पहली बार हुआ था कि मिसाइल ने अपने लक्ष्य पर प्रहार नहीं किया। इसके अतिरिक्त तभी हुए 26/11 मुंबई हमले के चलते वैसे भी देश के लिए यह कठिन दौर था। खूब हंगामा हुआ। सेना ने उदासीन रवैया अपनाते हुए अपना पक्ष रख दिया कि तैनाती का कार्य तभी आगे बढ़ सकेगा, जब उड़ान परीक्षण में सफलता मिलेगी। मैंने सरकार, सेना व मीडिया को आश्वासन दिया कि हम इस समस्या का हल खोज लेंगे और एक महीना पूरा होने से पहले ही एक और परीक्षण करेंगे।

सफल होने का साहस

जब मैं नई दिल्ली वापस लौटा तो ऑफिस में सभी के चेहरे बुझे हुए थे। मेरी टीम ने पहली बार असफलता का स्वाद चखा था। वे लोग आलोचनात्मक टिप्पणियों से बहुत आहत थे। उसी शाम मैंने एक मीटिंग बुलाई और उसमें घोषणा की, 'हम एक महीने में ही सॉफ्टवेयर में बदलाव कर सफल उड़ान परीक्षण को अंजाम देंगे।' जब मैं इसरो में था, तो एस.एल.वी.-3 के 10 अगस्त, 1979 को हुए प्रक्षेपण के पहले प्रयास में भी हमें ऐसा ही बड़ा झटका लगा था। सन् 1989 में पृथ्वी के चौथे प्रक्षेपण में और सन् 1991 में अग्नि के दूसरे प्रक्षेपण में भी ऐसा ही हुआ था। यदि हम सावधानीपूर्वक समीक्षा करें व सही परिणाम निकाल सकें तो असफलताएँ भी बड़ी शिक्षक बन जाती हैं। एस.एल.वी.-3 के 18 जुलाई, 1980 को किए गए दूसरे प्रक्षेपण को बड़ी सफलता मिली, वहीं इसके बाद पृथ्वी व अग्नि के किए गए सभी उड़ान परीक्षण भी लगातार सफल रहे। मैंने टीम को अग्नि से जुड़ा अपना अनुभव सुनाया।

अग्नि का अनुभव

प्रारंभ में अग्नि की तकनीक का प्रदर्शन दो स्टेज की प्रणोदन प्रणाली सहित री-एंट्री तकनीक व निर्देशन व कंट्रोलवाले कार्बन मिश्रित री-एंट्री ढाँचे को स्थापित करने के लिए हुआ था। एस.एल.वी.-3 के प्रथम चरण में उपयोग होनेवाला पहले चरण का ठोस बूस्टर था। हमने इसे इसरो से पहली स्टेज पर लिया था और सन् 1989 में इसका प्रक्षेपण किया।

अग्नि के प्रक्षेपण का अभियान बहुत विशिष्ट था, जो तकनीक, प्रबंधन, सामाजिक

व राजनैतिक कठिनाइयों से परिपूर्ण था। छह वर्ष तक विभिन्न प्रणालियों को विकसित करने व बड़ी संख्या में जमीनी परीक्षण के कठोर श्रम के बाद अप्रैल 1989 में इसका पहला उड़ान परीक्षण किया जाना था। प्रक्षेपण की मुहिम 31 मार्च, 1989 से शुरू हो चुकी थी। चाँदीपुर में मिसाइल परीक्षण रेंज में एक विशेष प्रक्षेपण व्यवस्था की शुरुआत की गई, जिसमें ट्रेकिंग व टेलीमेंट्री के बहुत से उपकरण थे।

प्रक्षेपण काउंट डाउन 20 अप्रैल, 1989 को शुरू हुआ। टी-6 के पश्चात् चैकआउट प्रणाली ने इस ऑटोमैटिक मोड में डालकर अपने नियंत्रण में ले लिया। मिसाइल की उड़ान हेतु सभी प्रणालियों को सक्रिय कर दिया गया और एक-एक कर लगातार जाँच की ज़ाने लगी। ठीक टी-1 सेकेंड पर उस प्रक्षेपण को रोकना पड़ा, क्योंकि कंप्यूटर ने यूम्बिलिकल पुल-आउट में कोई होल्ड दरशाया था। मिशन डायरेक्टर उस होल्ड को ठीक समय पर नहीं उठा सके, जिसके परिणामस्वरूप मिशन को रोकना पड़ा। अब प्रक्षेपण को अधिकृत्त करने से पहले सभी पावर पैकेजों की विस्तारपूर्वक समीक्षा करना आवश्यक था।

उस समय वहाँ उपस्थित कई महत्त्वपूर्ण दर्शकों में रक्षा मंत्री, कैबिनेट सचिव, रक्षा सचिव व तीनों सेनाओं के प्रमुख शामिल थे। इससे पहले कि हंगामा शुरू हो डॉ. कलाम ने स्थिति को सँभाल लिया। उसी दिन असफलता के कारणों की विस्तारपूर्वक समीक्षा की गई और उसमें सुधार शुरू हो गया। पूरी प्रणाली का नवीनीकरण हुआ और इसरो टीम की सहायता से कंट्रोल प्रणाली के प्रथम चरण की विशेष रूप से सफाई की गई। 10 दिन के भीतर ही प्रणाली फिर से तैयार थी और 1 मई, 1989 को प्रक्षेपण का प्रयास किया गया। एक बार फिर काउंट डाउन के दौरान टी-3 सेकेंड पर कंट्रोल प्रणाली के प्रथम चरण के विफल होने की सूचना मिली। एक इंजेक्शन वॉल्व हट गया था, जिससे अतिरिक्त इंजेक्टेंट से रिसाव होने लगा था। ऑटोमैटिक चैकआउट प्रणाली ने मिशन को रोक दिया। इससे संकट उत्पन्न हो गया। सरकार बहुत अप्रसन्न हुई और अग्नि का प्रक्षेपण रोक दिया गया। उन दिनों के समाचार-पत्रों में अग्नि को इंटरमीनिएब्ली डीलेड बैलेस्टिक मिसाइल (आई.डी.बी.एम.) दरशानेवाले खूब कार्टून छपे।

हमारे लिए स्थिति विकट थी। हमने असफलता के आकलन हेतु कंट्रोल प्रणाली पैकेज की समीक्षा की और पाया कि स्ट्रेस कोर्रिसन के कारण इंजेक्शन वॉल्व चटक गया है। इसके बाद प्रथम चरण की कंट्रोल प्रणाली के कई घटकों का फिर से डिजाइन व नवीनीकरण हुआ।

इसरो के सैकड़ों वैज्ञानिक व कर्मचारियों ने 12 दिन तक लगातार कार्य किया, जिससे कंट्रोल प्रणाली के प्रथम चरण के सुधार का कार्य रिकॉर्ड समय में पूरा हो

गया। यह इंटीग्रेटिड प्रणाली सभी अंगीकरण परीक्षणों को पार कर गई और विशेषज्ञों की कमेटी ने भी इस प्रणाली को स्वीकार्यता प्रदान कर दी।

मैं डी.आर.डी.एल. पहुँचा और डॉ. कलाम से मिला। उन्होंने बताया कि सरकार ने अभी प्रक्षेपण की अनुमति नहीं दी है। उन्हें राजी करने के लिए हमें दिल्ली जाकर अधिकारियों को सारी जानकारी देनी होगी, साथ ही उन्हें प्रक्षेपण की सफलता के प्रति आश्वस्त भी करना होगा। हमें इस कार्य में सफलता मिली। प्रेस की आलोचना व बाहरी दबावों के बीच एक बार फिर प्रक्षेपण संबंधी अभियान आरंभ किया गया। प्रक्षेपण मुहिम के लिए इंडियन एयरलाइंस व भारतीय रेल ने हमारे सैकड़ों सदस्यों को बिना पूर्व रिजर्वेशन यात्रा की अनुमति दी। एयर फोर्स ने विमान व हेलीकॉप्टर उपलब्ध करवाने की अपनी सहायता जारी रखी। नौसेना ने अपने जहाजों पर स्थित स्टेशनों और थलसेना ने अपनी चिकित्सीय सेवाएँ प्रदान कर हमारी सहायता की। चाँदीपुर स्थित लॉन्च पैड से 3.5 किलोमीटर के क्षेत्र से लगभग 12,000 लोगों को सुरक्षा कारणों के चलते हटाना पड़ा। लोगों को हटाने में स्थानीय प्रशासन के साथ मिलकर संयुक्त काररवाई की गई, उनके रहने-खाने की व्यवस्था करने के अतिरिक्त प्रक्षेपण के दिन उनकी सुरक्षा हेतु आवश्यक व्यवस्थाएँ की गईं।

अंततः वह दिन आ गया। 22 मई, 1989 को बाधारहित काउंट डाउन के बाद अग्नि ने शानदार तरीके से उड़ान भरी और अपना मिशन पूरा किया। आलोचनाएँ व आक्षेप कहीं पीछे छूट गए और पूरे देश ने मिशन की इस सफलता की एक साथ मिलकर खुशियाँ मनाईं। भारत के लिए वह बहुत महान् दिवस था, क्योंकि हम लंबी दूरी की मिसाइल रखनेवाले देशों की एलीट जमात में शामिल हो गए थे। दिलचस्प बात है कि 24 मई, 1989 को उस रेंज पर एक चक्रवात आया, जिसके बाद कई दिनों तक लगातार बारिश होती रही।

अग्नि के साथ हुए इस अनुभव को सुनाने के बाद मैंने अपनी टीम के उदास सदस्यों से कहा, 'हमारे और सफलता के बीच अंतर केवल समय का होता है; और समय के इस अंतराल को कम करना ही हमारे लिए चुनौती है।' इस संस्मरण को सुनकर पूरी टीम जोश से भर गई और हर व्यक्ति चाहे वह कोई भी काम करता है, पूरी तरह अपना योगदान देने को तैयार हो गया।

हमने संबंधित इंजीनियरों के साथ मिलकर इसका विस्तृत अध्ययन किया और रूसी विशेषज्ञों के साथ मिलकर नए सॉफ्टवेयर की स्थापना व आवश्यक कार्य करने का खाका तैयार कर लिया। इन संशोधनात्मक उपायों में सीकर में लक्ष्य की न्यूनतम रेडार ऊर्जा को पकड़ने के प्रति अधिक संवेदनशील बनाने के साथ ही ऑन बोर्ड कंप्यूटर को त्रुटि विवरण प्रदान करने के लिए डायनेमिक कॉम्प्यूटेशन और आई.एन.एस. को

अधिक तर्कपूर्ण बनाने जैसे कार्य शामिल थे। ये सब समस्याएँ लंबी रेंज के मिशन में मौजूद नहीं थीं, जिनके लिए इसे वास्तव में बनाया गया था। यहाँ मरुभूमि में रेंज बहुत कम होती है, जिससे उड़ान समय भी कम रहता है, जबकि मिसाइल की गति सुपरसोनिक है। इन बातों को ध्यान में रखते हुए सॉफ्टवेयर में संशोधन करना था और बहुत से अभ्यास मिशन करने थे। हमें विश्वास था कि इस बार लक्ष्य भेदन अवश्य होगा। इसलिए हमने सेना को इस संबंध में सूचित कर दिया।

सेना थोड़ा हिचक रही थी। उन पर वैकल्पिक आयातित प्रणाली को खोजने का दबाव था। सभी शंकाओं को दूर हटाते हुए, हमने पूरे विश्वास के साथ मरुभूमी प्रक्षेपण किया। यह प्रक्षेपण 4 मार्च, 2009 को किया गया, जहाँ मिसाइल ने सीधा लक्ष्य पर प्रहार किया। इस परीक्षण को देखने के लिए सेना के उप प्रमुख भी आए थे।

सेना ने कहा कि मिसाइल की विश्वसनीयता को प्रमाणित करने के लिए वे एक और प्रक्षेपण चाहते हैं। मैंने मुसकराते हुए हामी भर दी। रेगिस्तान के मध्य में कई लक्ष्य स्थापित किए गए। निशाने के लिए बना लक्ष्य बहुत पतली शीटवाला न्यूनतम सिग्नल-प्रेषक था। यह एक बड़ी चुनौती थी। 29 मार्च, 2009 को यह उड़ान परीक्षण सैन्य अभियानों के महानिदेशक की उपस्थिति में किया गया। मिसाइल ने लक्ष्यों के समूह में से अपना निशाना खोजा, सीधा उसी की ओर उड़ते हुए गई और उसपर सटीक प्रहार कर दिया। हमने ब्लॉक-II के तैयार होने की घोषणा कर दी। तत्पश्चात् जल्द ही हमें सेना की दो अन्य रेजिमेंटों के लिए इसके निर्माण के ऑर्डर प्राप्त हो गए।

असफलता किसी भी उच्च-प्रौद्योगिकी विकास का अंतर्निहित भाग है, विशेषत: तब जब किसी नए

सुजन दत्ता और जी.एस. मुदुर ने ब्रह्मोस की सफलता पर 3 अप्रैल, 2009 के 'द टेलीग्राफ' में लिखा—

मिसाइल मैन ने सेना की उदासीनता भेदी, कैसे एक दृढ़ टेक्नोक्रेट ब्रह्मोस को फिर पटरी पर लाया।

नई दिल्ली, अप्रैल 3 : भारत ने जमीनी-हमले के लिए विश्व की सबसे पहली सुपरसोनिक क्रूज मिसाइल हासिल करने में अपनी हिस्सेदारी का दावा ठोक दिया है। यह कार्य एक ऐसे अनजान मिसाइल मैन ने अंजाम दिया, जिनकी परियोजना को बहुत ऊँचे लक्ष्य पर आधारित मानकर खारिज कर दिया गया था।

एक टेक्नोक्रेट शिवताणु पिल्लै ने पूरे साहस से भारतीय सेना से कहा था कि वे उनके शस्त्रागार को एक ऐसी मिसाइल से सुसज्जित करेंगे, जिसे दुनिया ने आज तक नहीं देखा। उन्होंने अपना कहा सच कर दिखाया, जिसके लिए उनका सीना मेडलों व कंधे सितारों से अलंकृत होने चाहिए।

मिशन पर काम करना हो या किसी हथियार की क्षमता को और अधिक बढ़ाना हो। असफलता से प्रणाली को और अच्छी तरह समझने में मदद मिलती है, जिससे भविष्य के लिए भी सीख मिलती है।

ब्रह्मोस की टीम को ऐसे ही बहुत से विशिष्ट अनुभव प्राप्त हुए। बीते 15 वर्षों में सदस्यों ने हर अवसर पर ऊँचे दरजे की निष्ठा, प्रतिबद्धता, साहस व मूल्यों का प्रदर्शन किया। ऐसी टीम का साथ मिलना मैं अपना सौभाग्य मानता हूँ। ब्रह्मोस के 15 वर्ष पूर्ण होने के अवसर पर 19 फरवरी, 2013 को आयोजित आर्धिक (पार्टनरशिप) दिवस में शामिल हुए मूर्धन्य व्यक्तियों ने भी इस बात को स्वीकार किया।

□

भाग-6

सभी डेक पर पहुँचें

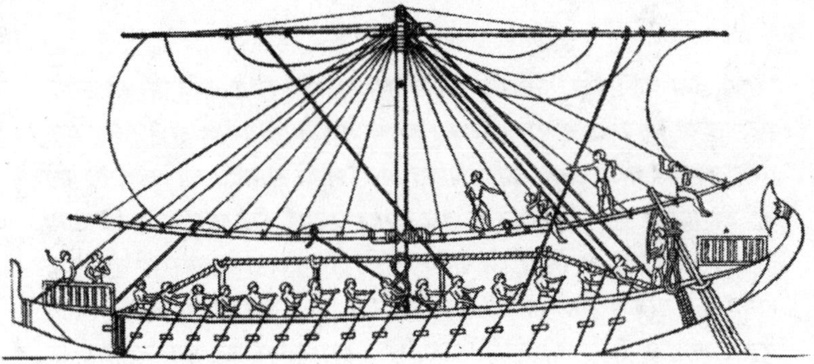

"साथ आने से शुरुआत होती है, साथ बने रहना तरक्की है, और साथ काम करने से सफलता मिलती है।"

—हेनरी फोर्ड

'सभी डेक पर पहुँचें', नौसेना की में इसका अर्थ सभी नाविकों को उनके स्टेशनों या कार्यस्थलों पर पहुँचकर हमले के लिए तैयार होना है। यह एक ऐसा वक्तव्य भी है, जहाँ कोई व्यक्ति अन्य लोगों से मदद की गुहार लगाता हो, विशेषकर उस परिस्थिति में जब कम समय में कोई बड़ा काम निपटाना हो। खराब मौसम या किसी आपातकाल के दौरान जहाज को सभी उपस्थित लोगों को सक्रिय सहयोग की जरूरत होती है। ऐसी परिस्थिति में कप्तान पुकार लगाता है, 'सभी डेक पर पहुँचें'। इस पुकार को सुनकर सभी क्रू सदस्य व कई बार कुछ यात्री भी तुरंत डेक पर पहुँचते हैं और आपातकालीन काररवाई, जैसे जहाज से पानी बाहर फेंकना, पाल उठाना आदि कार्यों में जुट जाते हैं। इस प्रकार के सामूहिक प्रयास से ही जहाज को संकट से बाहर निकलने में मदद मिलती है। ब्रह्मोस का अस्तित्व भी संयुक्त प्रयासों व विषम हस्तियों के हाथ मिलाने से ही साकार हुआ है।

12

महान् बुद्धिमानों का संगम

इस बात से सभी सहमत होंगे कि भारत व रूस अपनी संस्कृतियों, भाषा, मौसम आदि के आधार पर एक-दूसरे से बिल्कुल अलग हैं। परियोजना पर काम करते समय हम सभी ने इस विषमता की गंभीरता का सामना किया। दोनों पक्षों ने एक-दूसरे को समझने व साथ काम करने के विशुद्ध प्रयास किए और अंत में जीत हमारे संयुक्त दृढ़ संकल्प की हुई।

कार्य-शैली

कार्य-शैली में समय व काम की गुणवत्ता भी शामिल रहती है। रूसी संस्कृति के अनुसार काम के लिए निश्चित की गई समय सीमा में इन दोनों मापदंडों को प्राप्त करना होगा। जैसे हमारे रूसी मित्र ऑफिस के समय को लेकर बहुत पाबंद थे। वे ऑफिस खुलने से दो मिनट पहले आ जाते और ऑफिस बंद होने के समय के दो मिनट बाद उनमें से कोई भी वहाँ नहीं दिखता। वहीं हम भारतीयों के लिए ऑफिस का काम उसके बंद होने के समय के बाद ही शुरू होता। प्रत्येक महत्त्वपूर्ण विषय पर शाम 6 बजे के बाद चर्चा होती। हम देर रात तक काम करते और अगले दिन सही समय पर ऑफिस पहुँच जाते। जब मैं आई.जी.एम.डी.पी. में था, तो एक दोपहर मेरा घनिष्ठ मित्र मुझसे मिलने आया, उस दौरान मैं किसी समीक्षा बैठक में था। मेरे सहायक ने उन्हें अगले दिन सुबह 10 बजे आने का कहा। लेकिन उसने मुझसे उसी दिन मिलने पर जोर दिया। मेरे सहायक ने उसे बताया कि मैं शायद देर रात तक ही लौट सकूँगा। मेरे मित्र ने देर रात का अर्थ 8 बजे के आसपास समझा, वे सोफे पर बैठकर मेरी प्रतीक्षा करने लगा। मीटिंग रात 2 बजे समाप्त हुई। जब मैं बाहर आया, तो मैंने देखा कि कोई सोफे पर सो रहा है। वह और कोई नहीं, मेरा वही पुराना मित्र था। वह गहरी नींद में था।

भारतीयों के लिए काम में अच्छी गुणवत्ता लाने के लिए समय में छूट दी जा सकती है; जबकि रूसियों के अनुसार ऑफिस समय के भीतर ही गुणवत्तापूर्ण कार्य

होना चाहिए। बल्कि हमारे कई रूसी मित्र कहते थे कि जो काम तय समय सीमा में पूरा न हो सके, उसकी गुणवत्ता भी खराब होती है। अंततः हमने उनसे यह महत्त्वपूर्ण पाठ सीखा और इसी का पालन करना शुरू कर दिया। हम अपने ग्राहकों को समय से पहले ही प्रोडक्ट तैयार कर सौंप देते हैं, जो भारतीय परिदृश्य के बिल्कुल विपरीत है।

भाषा

हमारे बीच सबसे बड़ा अवरोध भाषा थी। रूस लगभग एकल जाति व एक ही भाषावाला देश है। वहीं दूसरी ओर भारत ऐसा महाद्वीप है, जहाँ भिन्न भाषाओं, बोलियों व उच्चारणवाले विभिन्न लोग रहते हैं। हम दोनों को जोड़ने का कार्य अंग्रेजी भाषा कर रही थी। सभी रूसी दस्तावेज, प्रणालियों व उनकी उप-प्रणालियों के नाम रुस्की (रूसी भाषा) में थे। हमारे सभी दस्तावेज अंग्रेजी में थे, जिसे रूसी नहीं पढ़ पाते थे। हमारे लिए दुभाषिए का होना जरूरी था।

शुरुआत में दिलचस्प बात यह रही कि अधिकांश दुभाषिए व अनुवादक कला व शास्त्रीय पृष्ठभूमि के थे। उन्होंने हाई स्कूल के बाद से विज्ञान का अध्ययन नहीं किया था। जबकि आज वे उच्च-स्तर का प्रौद्योगिक अनुवाद कर रहे हैं। इसलिए उन्हें अंग्रेजी व रुस्की दोनों भाषाओं में वैज्ञानिक शब्दावली सीखनी पड़ी। सौभाग्यवश, हमारे कुछ वैज्ञानिकों की शिक्षा रूस में हुई थी। मीटिंग के दौरान वे बहुत काम आते थे। समय बीतने पर हमारे बहुत से वैज्ञानिक रुस्की सीख गए तथा रूसी भी अंग्रेजी बोलना सीख गए।

मानकों और विनिर्देशों के बीच सेतुबंध

भारतीय वैज्ञानिकों को इंजीनियरिंग के डिजाइन से लेकर दस्तावेजों आदि तक के पश्चिमी मानकों का पूरा ज्ञान था। एक समय पर लोहे के परदे में बंद सोवियत संघ, जहाँ सबकुछ बहुत रहस्यमय था, अपने स्व-निर्धारित मानकों व विनिर्देशों को पालन करता था। इसलिए न तो यह सोवियत निर्मित पेंच पश्चिमी देशों के खाँचे में फिट हो रहे थे और न ही इसका उलट संभव था। यह बाधा हमारी छोटे से लेकर बड़ी व जटिल प्रणालियों को भी बेमेल कर देती। जब संभव होता हम मौजूदा मिसाइल प्रणाली को भारतीय मानकों के अनुसार तैयार करते; लेकिन जब स्थितियाँ काबू से बाहर हो जातीं, तो हम कारवाई को सरल बनाने के लिए रूसी मानकों को स्वीकार कर लेते। यह महत्त्वपूर्ण कदम साबित हुआ, क्योंकि इससे रूसियों के साथ काम करने की गति तेज हो गई; हालाँकि हमने इससे उपजी परेशानियों के रूप में इसकी कीमत भी चुकाई।

भारत में बनी इलेक्ट्रॉनिक प्रणालियों को भारतीय मानकों के अनुसार विकसित किया गया। अब एक ऐसी नई मध्यवर्ती प्रणाली विकसित करने की आवश्यकता थी, जो

रूसी व भारतीय दोनों प्रोटोकॉल के अनुकूल हो। इन प्रणालियों में रूसी प्रोटोकॉल का डेटा अपनाकर उसके आधार पर भारतीय प्रोटोकॉल के अनुसार डेटा तैयार किया गया।

परियोजनाओं, विकसन प्रणालियों, सेक्शनों व सब-सेक्शन में संख्याओं का काफी उपयोग होता था। यह भारत में अपनाई जाने वाली उल्लेखनीय परंपराओं से बहुत अलग है। प्रायः इतनी अधिक संख्याओं का उपयोग भ्रमित करनेवाला होता है, लेकिन हम जल्द ही इसके अभ्यस्त हो गए। उदाहरण के लिए, रूस के केलिनिनग्राद स्थित यांतर शिपयार्ड में भारतीय नौसेना के तीन तलवार-श्रेणी के पोतों का निर्माण हुआ, जिन पर मुख्य शस्त्र प्रणाली के तौर पर ब्रह्मोस मिसाइल को स्थापित किया गया। इसका अर्थ यह हुआ कि भारतीय डिजाइन टीम को रूसी डिजाइनरों के साथ मिलकर काम करना होगा, ताकि जहाज व मिसाइल प्रणाली सुसंगत बन सकें।

भोजन और जलवायु

उम्र बढ़ते समय हम जो भी भोजन करते हैं, हमारा स्वाद उसी के अनुसार विकसित होता है। हम अन्य प्रकार के भोजन का आनंद तो ले सकते हैं, लेकिन उसे अपना दैनिक आहार नहीं बना सकते। भारतीय भोजन का आधार मसाले हैं। वहीं रूसी भोजन में मसाले बिल्कुल नहीं होते। जब रूसी लोग भारत आए तो हमारे भोजन में उनके हिसाब से बहुत अधिक मसाले थे और जब हम उनके देश जाते तो वहाँ का खाना हमें स्वादहीन लगता। इसलिए दोनों पक्षों में से किसी का भी अपने भागीदार राष्ट्र में यात्रा का परिणाम आहार वैविध्य के चलते पेट संबंधी खराबी के रूप में सामने आता। समय के साथ जैसे-जैसे यात्राओं की संख्या बढ़ती गई, हमने अपने दिल्ली ऑफिस के कैफेटेरिया में अलग से एक रूसी कॉर्नर शुरू किया और एन.पी.ओ.एम. में भारतीय कॉर्नर शुरू हुआ। अब हमारी साझेदारी केवल मिसाइल तकनीक की विशेषज्ञता तक ही नहीं बल्कि पाक-कला में भी हो गई थी। एन.पी.ओ.एम. की रसोई में मौजूद रूसी महिलाओं को विशेष तौर पर भारतीय भोजन बनाने का प्रशिक्षण दिया गया।

हमारे वैज्ञानिकों के सामने दोनों राष्ट्रों का मौसम भी बड़ी समस्या थी। जब प्राथमिक डिजाइन की मॉस्को में समीक्षा होनी थी तो वहाँ उस समय सर्दियाँ चरम पर थीं। हमें वहाँ जाने से पहले रूस के हिसाब से सर्दियों के वस्त्र लेने की सलाह दी गई। जब हमने इन गरम कपड़ों को पहना तो हमें ऐसा लगा कि हमारा वजन दोगुना हो गया है। हमने मजाक किया कि हम अंतरिक्षयात्री या मध्यकालीन अथवा शूरवीर योद्धा बन गए हैं। लेकिन इसके बावजूद हम उन कवचनुमा वस्त्रों के भीतर काँप रहे थे। तभी किसी ने हमें बताया कि उस दिन वहाँ का तापमान कुछ गरम था। यह सुनकर हम अपनी मुसकान रोक नहीं सके, चूँकि उस वक्त का तापमान शून्य से भी 25 डिग्री नीचे था।

ऐसे वातावरण में बाहर जाने पर नाक व कान ऐसे सुन्न हो जाते हैं कि उनका अहसास ही नहीं होता। हम वहाँ तीन महीने रहे और जब वापस आकर हमने वे भारी-भरकम वस्त्र उतारे तो हमें ऐसा लगा, जैसे हमारा वजन बहुत कम हो गया है।

इसी तरह भारतीय मौसम भी रूसी मित्रों के लिए परेशानी से भरा होता। हमारा एक उड़ान परीक्षण मई के अंतिम हफ्ते में पोखरण में हुआ। वहाँ का तापमान 52 डिग्री था तथा कार्यक्रम 20 दिन चलना था। वहाँ रूसी हमेशा गीले कपड़े पहने रहते। उस मरुभूमि में उन्होंने बहुत बुरे दिन देखे तथा चाँदीपुर के अत्यंत नम मौसम में भी उनका ऐसा ही हाल रहा।

हम सब के लिए मिशन किसी भी बात से अधिक बड़ा था, इसलिए हम स्वयं को परिस्थितियों के अनुसार ढालते रहे।

□

13

प्रज्ञावान पुरुष

दोनों ही देशों में हमें उच्च पदासीन राजनेताओं, मंत्रियों, राष्ट्रीय नेताओं, सेनाध्यक्षों, वरिष्ठ वैज्ञानिकों व प्रशासनिक अधिकारियों से मिलना तथा उनके साथ काम करने का मौका मिला। इसमें हमें कई शानदार अनुभव प्राप्त हुए, जो सदा हमारी स्मृतियों में बने रहेंगे।

पहला उड़ान परीक्षण

जब कंपनी ने काम करना शुरू किया था, तभी मिसाइल का डिजाइन निश्चित हो गया था। शुरुआत में हमारे पास भारत में मिसाइल स्थापन की ये सुविधाएँ नहीं थीं। इसलिए डी.आर.डी.ओ. से सभी आवश्यक घटकों एवं पुरजों को रूस भेजा गया, जिसे अन्य रूसी घटकों के साथ संयोजित किया गया। अंतिम मिसाइल को बहुत गुपचुप तरीके से भारतीय वायु सेना के मालवाहक विमान द्वारा लाया गया। यहाँ तक कि उसे लानेवाले अपवाहन क्रू को भी कंटेनर में मौजूद सामग्री की जानकारी नहीं थी। उस समय केवल तीनों सेनाओं के प्रमुखों, रक्षा मंत्रालय के उच्च स्तरीय प्रशासनिक अधिकारियों और डी.आर.डी.ओ. को ही इस परियोजना के बारे में पता था। परीक्षण की तारीख 12 जून, 2001 निश्चित की गई। रूस में यह दिन 'रूस दिवस' के रूप में मनाया जाता है।

हम में आत्मविश्वास व चिंता दोनों एक साथ मौजूद थे। श्री जसवंत सिंह (तत्कालीन रक्षा व विदेश मंत्री), तीनों सेना प्रमुख और डी.आर.डी.ओ. व एन.पी.ओ.एम. के उच्च अधिकारी, ओडिशा स्थित इंटीग्रेटिड टेस्ट रेंज (आई.टी.आर.) में एकत्र हुए। काउंट डाउन शुरू हुआ और सबकी नजरें ब्लॉकहाऊस में लगे मॉनीटर पर टिक गईं। टी0 पर मिसाइल अपने प्रक्षेपक से बाहर निकली। इसी के साथ मिसाइल युद्ध के नए युग की शुरुआत हो गई।

अब तक संयुक्त उपक्रम सर्वथा गुप्त परियोजना थी, लेकिन आई.टी.आर. में

किया गया कोई भी उड़ान परीक्षण चर्चा में आना ही था। इसलिए कोई उड़ान परीक्षण करने के अलावा परिणाम का समाचार देने के लिए भी सरकार की अनुमति होना आवश्यक था। तब ब्रह्मोस परियोजना से पूर्णत: परिचित हमारे प्रज्ञावान पुरुष तत्कालीन प्रधानमंत्री अटल बिहारी वाजपेयी ने संयुक्त उपक्रम कार्यक्रम की घोषणा व उड़ान परीक्षण से जुड़े समाचार को प्रकट करने की अनुमति दे दी। भारत द्वारा सुपरसोनिक क्रूज मिसाइल के सफल प्रक्षेपण से पूरी दुनिया स्तब्ध रह गई।

उस दिन से ही कंपनी के विकास की गति तेज हो गई तथा प्रत्येक माह इसमें और वृद्धि हो जाती। उड़ान परीक्षण के पूर्व इस बात का कोई आश्वासन नहीं था कि सेना इस हथियार को खरीदेगी ही और यदि ऐसा नहीं हुआ तो इस परियोजना का भविष्य क्या होगा, आदि। लेकिन इसके कुछ ही मिनटों बाद मिसाइल ने सभी नकारात्मक विचारों को धूमिल करते हुए उपयोगकर्ताओं, विशेष रूप से नौसेना को आत्मविश्वास से परिपूर्ण कर दिया।

व्लादिमिर पुतिन द्वारा कॉरपोरेट ऑफिस का उद्घाटन

पहले उड़ान परीक्षण के लगभग एक वर्ष बाद हमें अपने पहले कारपोरेट ऑफिस के लिए नई दिल्ली कैंटोनमेंट क्षेत्र में जगह मिल गई। हमने उस जगह एक गेस्टहाउस और अत्याधुनिक कारपोरेट ऑफिस बनाने का निर्णय लिया। हम चाहते थे कि हमारे ऑफिस का उद्घाटन रूसी संघ के तत्कालीन प्रधानमंत्री श्री व्लादिमिर व्लादिमिरोविच पुतिन के हाथों हो। सन् 2004 में हमारे ऑफिस की बिल्डिंग लगभग तैयार हो गई थी। हम चाहते थे कि इस ऑफिस में भारत-रूस के रिश्तों व इसमें सहभागी रहे एन.पी.ओ.एम. और डी.आर.डी.ओ. के तकनीकी कौशल के इतिहास से जुड़ी स्थायी प्रदर्शनी भी बनाई जाए।

पुतिन साहब की यात्रा की तारीख पास आने पर हमें निर्माण में कुछ अनपेक्षित समस्याएँ सामने आईं, जिससे हम तय समय-सीमा से पीछे हो गए। बिल्डिंग व इसके आसपास के क्षेत्र में सुरक्षा एजेंसियाँ तैनात हो गईं। इस टीम में कुछ रूसी प्रोटोकॉल अफसर भी शामिल थे, जब उन्होंने अधूरे निर्माण का जायजा लिया तो वे बहुत बिगड़े। उन्होंने हमसे कहा कि वे रूसी राष्ट्रपति के यात्रा कार्यक्रम में इस उद्घाटन समारोह को शामिल नहीं कर सकते। हमने बहुत कठिनाई से उन्हें विश्वास दिलाया कि राष्ट्रपति के आने से पहले सारा कार्य पूरा हो जाएगा। हमारे पास समारोह तक का केवल 10 दिन का समय था।

हमें यहाँ समवर्ती इंजीनियरिंग पद्धति अपना कर तेजी से काररवाई करनी होगी। आंतरिक साज-सज्जा के साथ ही राजमिस्त्री कार्य व बिजली तथा प्लंबिंग का कार्य भी

शुरू करा दिया गया। समारोह से एक रात पहले सारे कार्य संपूर्ण हो गए और सुरक्षा एजेंसियों ने बिल्डिंग को अपने अधिकार में ले लिया।

अगले दिन श्री पुतिन आए और उन्होंने कहा कि वे भारत व रूस की सहकारिता के परिणामस्वरूप सामने आई इस विश्वस्तरीय उच्च-तकनीकी परियोजना में जुड़कर बहुत प्रसन्न हैं। अपने भाषण में उन्होंने इस संयुक्त उपक्रम की सफलता की सराहना की। उन्होंने कहा कि ब्रह्मोस को भविष्य में सभी विदेशी राष्ट्रों से संयुक्त उपक्रम स्थापित करने का मॉडल होना चाहिए। श्री पुतिन हमारे ऑफिस में अपनी उपस्थिति के लिए तय समय से 20 मिनट अधिक रुके और प्रत्येक विवरण जानने में बहुत रुचि दिखाई।

सन् 2005 में मैं भारत के राष्ट्रपति महामहिम डॉ. ए.पी.जे. अब्दुल कलाम के साथ आधिकारिक यात्रा पर क्रेमलिन गया, वहाँ मुझे राष्ट्रपति पुतिन से उनकी हाल ही में जारी डिक्री पर बात करने का मौका मिला, जिसके अनुसार किसी भी सुरक्षा संबंधी व दोहरे उपयोग में आनेवाली सैन्य संबंधी तकनीकों व सेवाओं के रूसी निर्यात/आयात से जुड़ी किसी भी चर्चा में रोसोबॉर्न एक्सपोर्ट को मध्यवर्ती एजेंसी बनाकर ही किसी भी रूसी उद्योग से बात की जा सकती थी। मैंने ब्रह्मोस को इससे छूट देने की माँग करते हुए इसकी प्रक्रियाओं में देरी का कारण बनने की संभावना जताई। राष्ट्रपति पुतिन ने मेरी बात का संज्ञान लेते हुए ब्रह्मोस व एन.पी.ओ.एम. के बीच स्थिति जस-की-तस रखने संबंधी राष्ट्रपति की विशिष्ट डिक्री जारी कर दी।

एम.ए.के.एस. 2011 के दौरान घटी एक अन्य घटना में तत्कालीन राष्ट्रपति श्री व्लादिमिर पुतिन रूसी संस्थान में हाइपरसोनिक प्रोग्राम में सहव्यवस्था का जायजा लेने आए। हॉल में प्रविष्ट होते ही जैसे ही उन्होंने मुझे दूर से देखा तो वे अपने साथी अधिकारियों के साथ लपककर मेरी ओर आए, मुझे गले लगाया और संयुक्त उपक्रम की वर्तमान स्थिति के बारे में बात की। यह छोटी सी घटना बताती है कि उनके स्तर का नेता भी भारत-रूस से संयुक्त कार्यक्रम में मिली सफलता को कितना महत्त्वपूर्ण मानता था।

जमीन से मार करनेवाली प्रणाली का पहला प्रक्षेपण

डॉ. कलाम को राष्ट्रपति के तौर पर आम आदमी के राष्ट्रपति के रूप में बहुत ख्याति मिली। सन् 2007 में थलसेना के लिए हमारा जमीन से मार करनेवाला रूपांतर तैयार हो गया और उसका उत्पादन कार्य चल रहा था। 21 जून, 2007 को हमने प्रक्षेपण प्रणाली की शुरुआत के संबंध में एक औपचारिक समारोह आयोजित किया। यह कार्यक्रम उस समय बहुत बड़ा हो गया, जब रक्षा मंत्री श्री ए.के. एंटनी ने इस दिन को भारतीय सेना के लिए ऐतिहासिक दिन बताया। शस्त्र सेनाओं के सुप्रीम कमांडर के

हाथों यह मिसाइल प्राप्त करनेवाले जनरल जे.जे. सिंह ने सेना के पास इतनी ताकतवर मिसाइल होने के प्रति प्रसन्नता व्यक्त की। राष्ट्रपति कलाम ने घोषणा की कि ब्रह्मोस की प्राप्ति करनेवाला पहला देश बनकर भारत ने अपनी पाँचवाँ देश होने की रूढ़ि को तोड़ दिया है।

दिलचस्प कारोबार

पहला सौदा

पहले उड़ान परीक्षण में मिसाइल को ऊपर की ओर प्रक्षेपित किया गया था, और दूसरी बार में सीधी अवस्था में प्रक्षेपित किया गया। उसी समय भारतीय नौसेना के तत्कालीन प्रमुख ने कहा कि हम यह परीक्षण उनके जहाज से कर सकते हैं। हर व्यक्ति पहला प्रयास निशुल्क ही करना चाहता है। हमारे साथ ऐसा नहीं था, हमने नौसेना से उनके जहाज पर मिसाइल को स्थापित करने के लिए धन की माँग की। नौसेना प्रमुख ने अवाक् होकर कुछ क्षण मुझे देखा, फिर मुसकराते हुए धन आवंटित कर दिया। यह हमारा किसी भी ग्राहक के साथ पहला सौदा था, जिसे हमने पूरे आभार के साथ स्वीकार किया।

हमारे स्टॉल पर प्रधानमंत्री की उपस्थिति

सैन्य व्यापार सेक्टर में अंतरराष्ट्रीय सैन्य प्रदर्शनी महत्त्वपूर्ण भूमिका अदा करती है। इन प्रदर्शनियों से सैन्य उपकरण बेचने हेतु व्यापारिक कैंपेन की शुरुआत की जा सकती है। निर्यात ऑर्डर प्राप्त करने के लिए ब्रह्मोस एयरोस्पेस ऐसी सैन्य प्रदर्शनियों में बहुत आक्रामकता से अपनी मार्केटिंग करती है। शुरुआत से ही, हम अपने उत्पाद का नाम दुनिया भर में स्थापित व सुपरिचित कराना चाहते थे। सन् 2001 में हम लांगकावी इंटरनेशनल मैरिटाइम एंड एयरोस्पेस एक्जिबिशन (एल.आई.एम.ए.) में शामिल हुए। यद्यपि बहुत से लोगों की दृष्टि में हमारी छोटी कंपनी थी, इसलिए वहाँ हमारी उपस्थिति से उनकी भृकुटियाँ तन गईं। अन्य भागीदारों व सैन्य व्यापार दिग्गजों के लिए वहाँ हमारी उपस्थिति संदेहास्पद थी। वे फिलहाल भारतीयों को खरीददारों व दर्शकों के बीच ही देखने के अभ्यस्त थे।

देर से नाम दर्ज करवाने के कारण हमें प्रदर्शनी स्थल पर कोने में जगह मिली। प्रदर्शनी का उद्घाटन करनेवाले मलेशिया के प्रधानमंत्री डॉ. महातिर मोहम्मद ने अपने दौरे के मध्य उत्सुकतावश हमारे स्टॉल में प्रवेश किया। वहाँ केवल तीन लोग मौजूद थे—मैं, मलेशिया में भारत के राजदूत व भारतीय नौसेना के तत्कालीन उप प्रमुख वाइस एडमिरल डी. सिल्वा। अन्य स्टॉलों के अनुपात में हमारा स्टॉल छोटा था; वहाँ केवल कुछ पोस्टर लगे थे तथा लैपटॉप पर हमारे उड़ान परीक्षणों के वीडियो मौजूद थे। इन

वीडियो को देखने के बाद डॉ. मुहम्मद बहुत प्रभावित हुए और अपने रक्षा प्रमुखों से ब्रह्मोस पर नजर बनाए रखने को कहा, क्योंकि इसकी सटीकता व गति लाभप्रद साबित हो सकती है। इसी बीच डॉ. मुहम्मद के हमारे स्टॉल पर इतना अधिक समय बिताने से अन्य भागीदारों में हमारे प्रति कौतूहल जागा। इसके बाद मलेशिया के रक्षा मंत्रालय के बहुत से सैन्य व प्रशासनिक अधिकारियों ने भी हमारे स्टॉल का दौरा किया।

ऐसी ही एक दिलचस्प घटना ला फेरिया इंटरनेकियोनल डेल ऐयरे डेलएस्पेसियो या एफ.आई.डी.ए.ई. में भी सामने आई। शस्त्र विक्रेताओं के लिए चिली में आयोजित सैन्य प्रदर्शनी एफ.आई.डी.ए.ई. बहुत महत्त्वपूर्ण होती है। चिली सरकार ने हमसे उन्हें मिसाइल निर्यात करने की संभावनाओं पर बात की। अनौपचारिक रूप से चिली के अधिकारियों ने यह खुलासा किया कि वे हमारी मिसाइल प्रणाली खरीद सकते हैं। इसके बाद तत्कालीन रक्षा मंत्री श्री प्रणब मुखर्जी ने चिली का आधिकारिक दौरा किया। उन्होंने चिली के रक्षा मंत्री से ब्रह्मोस व ए.एल.एच. पर चर्चा की। तत्पश्चात् हमें पता चला कि किसी ने उस सौदे में रुकावट डाली थी। हमारे जैसा सर्वोत्तम उत्पाद होने पर भी उसकी मार्केटिंग कोई सरल कार्य नहीं है। हमें पूरी ईमानदारी के साथ इस तरह के अदृश्य प्रभावों से भी निपटना था। यह थी असली चुनौती। कुछ समय बाद जब मैं पेंटागन के दौरे पर था, तो वहाँ के नेवल फ्लीट कमांडर ने मेरा हाथ थामा और लंबे समय तक ब्रह्मोस की सराहना करते रहे। उन्होंने यह भी कहा कि ब्रह्मोस को प्रमुख प्रहार हथियार के रूप में प्राप्त कर भारतीय नौसेना को बहुत बड़ी ताकत हासिल हो जाएगी। नेवल फ्लीट कमांडर की इस बात की अनुशंसा मेरे साथ गए भारतीय वाइस एडमिरल ने भी की।

ऐसे ही किसी अन्य अंतरराष्ट्रीय एक्सपो में हमारे पड़ोसी देशों का एक प्रतिनिधिमंडल हमारे स्टॉल पर आया। उसका नेतृत्व कर रहे मेजर जनरल ने बहुत शिष्टता से पूछा कि क्या हम उन्हें ब्रह्मोस प्रणाली के बारे में बता सकते हैं। चूँकि वह एक प्रदर्शनी थी, इसलिए हमने ब्रह्मोस व इसकी क्षमताओं के महत्त्व को प्रकाशित करने के लिए सामान्य प्रदर्शन सामग्री को बहुत अनुग्रहपूर्वक पेश किया। हमारी स्पष्टता पर उन्होंने प्रसन्नता व्यक्त करते हुए दोनों देशों के बीच अच्छे रिश्ते रहने की कामना व्यक्त की। हालाँकि, उन्होंने मेरे कान में धीमे से पूछा कि क्या भारत उनके देश को ब्रह्मोस बेचने को तैयार होगा। मैं उन्हें उत्तर देने की अपनी उत्कंठा रोक नहीं सका। मैंने कहा, 'उनके देश को ब्रह्मोस बेचने में कोई बाधा नहीं है।'

□

14

प्रक्षेपास्त्र उद्योग संकाय (कंसोर्टियम)

स्वदेशी सैन्य उत्पादन में सबसे बड़ी कमी तय सीमा के भीतर प्रचुर मात्रा में गुणवत्तापूर्ण उत्पाद की प्राप्ति होना है। जबकि किसी भी उत्पाद की सफलता विश्व पटल पर उसके प्रतिस्पर्धी मूल्य पर ही टिकी होती है।

इस उत्पाद प्रतिस्पर्धा का आधार होता है—(अ) उत्पाद उत्कृष्टता (प्रदर्शन, गुणवत्ता, विश्वसनीयता); (ब) किफायती होना; और (स) तय समय में आवश्यक मात्रा की उपलब्धता। किसी भी उत्पाद की प्रतिस्पर्धा उसे वैश्विक नेतृत्व प्रदान करती है। यह विशिष्ट स्थिति प्राप्त करने के लिए हमें लीक से परे संकल्पना, रचनात्मक विचार और नवीन दृष्टिकोण व गतिशील नेतृत्व की आवश्यकता होती है। इन सबसे बढ़कर स्वयं से जुड़े उद्योगों के साथ मजबूत भागीदारी बनाना भी आवश्यक था।

संयुक्त उपक्रम के निर्माण के दिन से ही हम ऐसा औद्योगिक संकाय बनाना चाहते थे, जिसके उद्योग स्वावलंबी हों। संयुक्त उपक्रम होने के नाते हम रूस में मौजूद बड़े औद्योगिक आधार का उपयोग कर सकते थे। लेकिन चूँकि सभी उपप्रणालियाँ केवल रूस में ही निर्मित होती थीं, इससे हम हर बात में उसी पर निर्भर हो जाते, जिससे संयुक्त उपक्रम बनाने का मूल उद्देश्य प्रभावित होता। इसलिए ब्रह्मोस के लिए मिसाइल उद्योग संकाय के निर्माण हेतु नीति तैयार की गई। संयुक्त उपक्रम बनाते समय रूस इस बात पर सहमत था कि मिसाइल का निर्माण दोनों देशों में किया जाए और हम एक-साथ मिलकर प्रणाली के आंतरिक परिवर्तन की सुविधा देने के लिए ऐसी औद्योगिक क्षमता बनाएँ, जिसमें समान मानकों, निर्माण विधि व निरीक्षण प्रक्रिया की स्थापना की जाएगी। इससे संयुक्त उपक्रम के उत्पादों का उपयोग भारत के साथ-साथ रूस भी कर सकेगा।

इस तरह व्यवहार्यता अध्ययन चरण में ही यह निर्णय किया गया कि मिसाइल अपने आप में विशिष्ट होगी, जिसका निर्माण दोनों देशों में हो सकेगा। इसके अतिरिक्त किसी भी तरह का भू-राजनीतिक, पारिस्थितिक परिवर्तन होने पर मिसाइल के निर्माण की आवश्यकता अपने ही देश में पूरी हो सकेगी, जिससे इसका उत्पाद समर्थन सदा जारी

रह सकेगा। ढाँचागत विकास में अन्य उद्योगों से निवेश लेकर उन्हें भी इस कार्यक्रम में भागीदार बनाने का साभिप्राय निर्णय लिया गया।

इस बिंदु पर मैं सबसे पहले भारत में सैन्य उत्पादों के प्रचलित परिदृश्य के बारे में बताना चाहूँगा। सन् 1962 के युद्ध के बाद, भारत को बड़ी संख्या में सैन्य उपकरणों व हथियार बनाने की, लाइसेंस के तहत तकनीक हस्तांतरण व निर्माण तथा देश के ढाँचागत विकास हेतु धन की आवश्यकता महसूस हुई। इसलिए सरकार ने सैन्य उपकरणों के निर्माण के लिए सार्वजनिक क्षेत्र उपक्रम व आयुध फैक्टरियों की स्थापना की। उस समय ऐसा कोई निजी उद्योग नहीं था जो पी.यू.सी. जैसी सुविधाएँ प्रदान कर सके। एक वर्ष के भीतर ही निजी उद्योग पनपने शुरू हो गए, लेकिन उनका टिकना इसलिए मुश्किल हो गया, क्योंकि सरकार कार्य के लिए चयन व कीमत के मामले में हमेशा पी.एस.यू. को ही प्राथमिकता देती। धीरे-धीरे विमान, इलेक्ट्रॉनिक्स, वाहन, जहाज विनिर्माण, युद्धक टैंक व मिसाइल बाजार में पी.एस.यू. का एकाधिकार स्थापित हो गया। सारे सैन्य ऑर्डर्स उन्हीं को मिलते। यहाँ किसी भी निजी इंडस्ट्री के लिए कोई मौका नहीं था।

पी.एस.यू. का काम टैंक, विमान, मिसाइल व रेडार जैसी मुख्य प्रणालियों का तकनीक हस्तांतरण व निर्माण था। उन्हें प्रक्रियाओं को समझने व अतिरिक्त पुर्जों के लिए विदेशी उद्योग पर निर्भर रहना पड़ता। इसके चलते कुछ ही वर्षों में पी.एस.यू. तकनीकी तौर पर कमजोर पड़ने लगे। इसके साथ ही कर्मचारियों की संख्या अधिक होने से अपनी उपयोगिता की तुलना में उसका आकार कहीं अधिक बड़ा हो गया। उपकरण पुराने होने लगे और आधुनिकीकरण के अभाव में यह उद्योग प्रौद्योगिकी अप्रचलन का शिकार हो गया। सैन्य बलों की आधुनिक हथियारों की आवश्यकता के चलते विदेशों विक्रेताओं ने आक्रामक मार्केटिंग शुरू कर दी जिससे उपकरणों व हथियारों का भारी मात्रा में आयात होने लगा।

वहीं दूसरी ओर स्वायत्त संस्थान, इसरो ने पी.एस.यू. के सर्वोत्तम हिस्से का उपयोग करते हुए निजी उद्योगों से भी जुड़ना शुरू कर दिया। अंतरिक्ष यानों को विशिष्ट सामग्री व रसायनों, विशिष्ट फेब्रिकेशन तकनीक व इलेक्ट्रॉनिक प्रणालियों की आवश्यकता होती है, जिसके चलते वे विकल्प खोजने को बाध्य हो गए।

इसी बात के गर्भ से निजी उद्योगों का जन्म हुआ। आज मैं कह सकता हूँ कि निजी उद्योगों ने मुख्य सैन्य उपकरण बनाने में ढाँचागत, तकनीक परिपक्वता व सटीकता, डिजाइन बनाने से लेकर विकास व निर्माण तक में उच्च स्तर हासिल कर लिया है। अब समय आ गया है कि बड़े स्तर पर गुणवत्ता पूर्ण निर्माण के लक्ष्य से एक पॉलिसी बनाकर न्यायोचित ढंग से निजी व सार्वजनिक क्षेत्र दोनों का उपयोग कर आयात पर निर्भरता को समाप्त किया जाए। चूँकि पी.एस.यू. के स्वयं इसमें अत्यधिक निवेश करने के साथ

ही उन्हें फंड के रूप में सरकार से भी बड़ी धनराशि मिलती है, इसलिए उन्हें और अधिक दक्ष, उत्पादक व प्रतिस्पर्धी बनना होगा। इन रक्षा पी.एस.यू. में स्वदेशी निर्माण में उच्च श्रेणी की आत्मनिर्भरता लाने के लिए ढाँचागत बदलाव की आवश्यकता है। इससे अतिरिक्त निजी उद्योगों को आगे बढ़कर डिजाइन व विकास के लिए अपना स्वयं का अनुसंधान व विकास विभाग स्थापित करने के साथ ही अग्रणी विदेशी सहयोगियों के साथ तकनीकी भागीदारी करनी चाहिए।

ब्रह्मोस का तरीका

आई.जी.एम.डी.पी. युग में कई कंपनियों ने लौह व अलौह धातुओं, समग्र दक्षता सामग्री, परिशुद्ध उपकरण व बड़े आकार की संरचनाओं, इलेक्ट्रॉनिक प्रणालियों, विमानन, सेंसर्स, रेडार, रसायन, केबल, कनेक्टर्स आदि का कच्चे माल से लेकर प्रणालियों तक के निर्माण में मूलभूत सामर्थ्य हासिल कर ली है। अब ब्रह्मोस मिसाइल व जमीनी प्रणालियों के सहायतार्थ पर्याप्त औद्योगिक आधार मौजूद है। हमें अपनी इस क्षमता में और भी वृद्धि करनी होगी, जिसके लिए उद्योगों को उनकी क्षमता बढ़ाने की सलाह देने के साथ ही इनसे साझेदारी बनानी होगी, जिससे बड़े पैमाने पर निर्माण संभव हो सके।

हम अपने पूर्व के अनुभवों से जानते हैं कि सभी एजेंसियों से समन्वय बनाते हुए प्रणाली को पूरा कर उसे उपयोगकर्ता तक पहुँचाने का संपूर्ण उतरदायित्व किसी एक उद्योग को सौंपना बहुत कठिन कार्य है। इसलिए हमने अपना स्वयं का एकीकृत समूह बनाकर अपने औद्योगिक नेटवर्क के माध्यम से सभी उपकरण व उपप्रणालियों को विकसित करने का निर्णय किया। संयुक्त उपक्रम के पास उपकरणों के उत्पादन के लिए उद्योग स्थापित करने के लिए धन नहीं था। इसलिए हमने अन्य उद्योगों से एयरफ्रेम जैसी उपप्रणालियों के लिए विशेष उत्पादन सुविधाएँ बनाने का अनुरोध किया तथा डी.आर.डी.ओ. से संयुक्त उपक्रम द्वारा चालित एकीकृत समूह बनाने का अनुरोध किया।

पी.एस.यू. ने यह उत्पादन निर्माण सुविधाएँ तब तक शुरू नहीं कीं जब तक सरकार ने इस हेतु अलग से कुछ धन प्रदान नहीं कर दिया। निजी उद्योग इनमें तभी निवेश करते जब उन्हें ऑर्डर प्राप्त होने का आश्वासन मिल जाता; वे उत्पादन के दौरान किस्तों में ऋण की चुकौती करते। इन सब पर विचार करते हुए ब्रह्मोस टीम ने कंपनी की सिस्टम डिजाइन, सिस्टम इंजीनियरिंग, एकीकृत प्रणाली व सिस्टम प्रबंधन से जुड़ी एक पॉलिसी तैयार की और दिग्गज कंपनियों से उपप्रणालियाँ, उपकरण व अन्य सामग्री के निर्माण हेतु भागीदारी व एम.ओ.यू. के प्रयास शुरू कर दिए। इस पॉलिसी की क्रियान्वयन प्रक्रिया की रूपरेखा कुछ ऐसी थी।

सिस्टम डिजाइन

डी.आर.डी.ओ. व ब्रह्मोस के लगभग 50 वैज्ञानिक भारत व रूस की प्रक्रियागत संसाधन प्रौद्योगिकी के आधार पर तैयार डिजाइन व इंटरफेस पर चर्चा के लिए मॉस्को के एन.पी.ओ.एम. स्थित रशियन डिजाइन ब्यूरो में एकत्र हुए। एक मिश्रित प्राथमिक डिजाइन तैयार किया गया, जिसे संयुक्त टीम ने स्वीकृत कर दिया। मिसाइल के डिजाइन को पूरा करने की डिजाइन प्रक्रिया में डी.आर.डी.ओ. की विभिन्न प्रयोगशालाओं से मिले इनपुट ने बहुत सहायता की। आर.सी.आई. ने मिसाइल के लिए उच्च कार्यक्षमता व तेज प्रतिक्रियावाली अक्रिय नेवीगेशन प्रणाली, ऑन बोर्ड प्रोसेसर्स व मिसाइल इंटरफेस यूनिट को डिजाइन किया। डी.आर.डी.ओ. ने अन्य चुनिंदा उद्योगों के साथ मिलकर जमीनी संकुल, फायर कंट्रोल प्रणाली, प्रक्षेपकों, मोबाइल कमांड पोस्ट तथा सॉफ्टवेयर के डिजाइन विवरण तैयार किए। वाहन व ढाँचे के डिजाइन से जुड़ी आर. एंड डी.ई. (ई) की मौजूदा विशेषज्ञता से तटीय संकुल व जहाज-आधारित संयंत्र की समरूपता में सहायता मिली, जिससे बाद में कुछ संकल्पनाओं व डिजाइनों को पेटेंट भी करवाया गया। इस प्रकिया के चलते ब्रह्मोस के हेडक्वार्टर में ऐसा डिजाइन सेंटर स्थापित हो गया, जिसे नौसैनिक स्थापत्य कला, ढाँचा, समुद्री अभियांत्रिकी, इलेक्ट्रिकल व इलेक्ट्रॉनिक प्रणालियाँ, गैस गतिक, द्रव यांत्रिकी व हस्तांतरण संरेखण में विशेषज्ञता हासिल थी। इस क्षमता ने अनुरूपांतर के लिए आए बहुत से जहाजों पर ब्रह्मोस प्रणाली स्थापित करने में बहुत मदद मिली।

शस्त्र प्रणाली के सर्वोत्तम उपयोग के लिए वैज्ञानिकों का एक अन्य समूह युद्धक गेमिंग के लिए सिम्युलेशन पैकेज विकसित करने के कार्य में जुट गया।

सिस्टम इंजीनियरिंग

संयुक्त उपक्रम होने से हमें भी विस्तृत रेखाचित्र, प्रक्रियागत दस्तावेज, मानक, परीक्षण पद्धतियों तथा रिपोर्टें, जाँच व गुणवत्ता प्रक्रिया, प्रणालीगत मूल्यांकन और स्वीकृति प्रक्रिया, उड़ान परीक्षण योजना व अन्य सभी प्रासंगित दस्तावेज का संरक्षण प्राप्त हो गया। यह संयुक्त उपक्रम सभी डिजाइन व विकास एजेंसियों के बीच संयुक्त समीक्षा का केंद्रबिंदु बन गया।

एकीकृत प्रणाली

सभी जमीनी संस्करणों के लिए मोबाइल संकुल व जलीय संस्करण के जहाज संकुल की उपप्रणालियों के एकीकरण के अलावा मिसाइल को अंतिम रूप देने की जिम्मेदारी भी संयुक्त उपक्रम पर थी। मिसाइल की एकीकृत प्रणाली के निर्माण हेतु कई केंद्रों पर अलग से प्रशिक्षित कर्मचारियों व ढाँचे से परिपूर्ण सुविधाएँ स्थापित की

गईं। प्रत्येक तकनीशियन, सुपरवाइजर, ओवरसीयर इंजीनियर व इंस्पेक्टर को समुचित प्रशिक्षित एवं प्राधिकृत किया गया। उच्च गुणवत्ता मानकों पर खरा उतरने के लिए सभी उपकरण, औजार, जाँच उपकरण व पद्धतियों का भी प्रमाणन किया जाता था। सभी प्रदेय प्रणालियों को 10 वर्ष के भंडारण की दृष्टि से तैयार किया जाता है, जिसके अतिसावधानी से गुणवत्ता नियंत्रण प्रक्रिया के काम में संयुक्त रूप से भारतीय व रूसी वैज्ञानिक के अलावा मिसाइल सिस्टम क्वालिटी इंश्योरेंस एजेंसी (एम.एस.क्यू.ए.ए.) द्वारा अधिकृत सरकारी इंस्पेक्टर भी शामिल रहते। सारी जिम्मेदारियाँ निभाते हुए संयुक्त उपक्रम ने निम्न परिणाम दिए—(अ) सभी कार्यों को शिड्यूल में रखना, आपूर्ति श्रृंखला का प्रबंधन, उद्योग समन्वय तथा वास्तविक उपयोगकर्ता को सुपुर्दगी सुनिश्चित करने में आनेवाली समस्याओं का निराकरण करना; और (ब) संयोजन से अंतिम परीक्षण तक गुणवत्ता जाँच बनाए रखना।

सिस्टम प्रबंधन

एन.पी.ओ.एम., डी.आर.डी.ओ., उद्योगों व अन्य सभी एजेंसियों के साथ एकल बिंदु संपर्क रखते हुए अनुबंध में कार्यों, पड़ाव पार करने व समीक्षा की पद्धति बहुत विस्तार से व सावधानीपूर्वक सुनिश्चित किए गए। अंततोगत्वा इसका मूल उद्देश्य सशस्त्र बलों को तय समय सीमा में इसकी सुपुर्दगी था। यह केवल एकीकृत प्रबंधन से ही संभव था। आखिरकार इसी से ग्राहकों के बीच हमारा विश्वास बनना था।

सार्वजनिक-निजी औद्योगिक संकाय

ब्रह्मोस मिसाइल के निर्माण में सार्वजनिक-निजी उद्यम भागीदारी का एकीकरण एक विशिष्ट विचार था। इसके लिए औद्योगिक भागीदारों को खोजने की कड़ी कसौटी रखी गई, जिसकी पूरी सावधानी से पुनर्समीक्षा व सत्यापन किया गया। भागीदारों को चुनने की कसौटी थी—(अ) क्षमता बनाए रखने या उसे बढ़ाने हेतु स्वयं धन निवेश करने की उनकी इच्छाशक्ति तथा माँग के अनुसार मात्रा बढ़ाना, (ब) विमानन प्रौद्योगिकी उत्पादन क्षेत्र में उनका अनुभव, (स) अत्याधुनिक प्रौद्योगिकी व उच्च स्तर की बौद्धिक क्षमता सामर्थ्य प्राप्त करने की क्षमता, और (द) उच्च नियमन संकेतक। दोनों देशों के विशेषज्ञों की संयुक्त टीम ने विभिन्न उद्योगों की उत्पादन व निर्माण क्षमताओं का आकलन कर ब्रह्मोस के संभावित भागीदारों के नाम चुने। इस रिपोर्ट को बोर्ड ऑफ डायरेक्टर्स के सामने रखा गया। बोर्ड ने अपने ही बीच से कुछ सदस्यों को चुनकर एक विशेषज्ञ टीम नियुक्त करके इन उद्योगों की छँटाई शुरू कर दी।

अंतिम सूची के आधार पर इस सार्वजनिक व निजी औद्योगिक भागीदारी संकाय के

लिए सरकारी अनुमति ली गई। इसमें सबसे अच्छी बात यह रही कि उद्योग स्वयं आगे आए, धन के निजी स्रोतों से अपना ढाँचागत विकास किया और उन्नत सुपरसोनिक क्रूज मिसाइल के लिए उपप्रणाली का निर्माण किया। उन्होंने मिसाइल की उपप्रणालियों हेतु विशेष उत्पादन ढाँचा विकसित किया। इनके अलावा और भी कई निजी उद्योग थे, जो या तो ब्रह्मोस के लिए सीधे काम करते या मुख्य उद्योगों के उप कॉण्ट्रेक्टर बन गए थे। कुल मिलाकर 20 मुख्य उद्योग व 200 से अधिक छोटे व मध्यम आकार के उद्यम ब्रह्मोस के भागीदार बने। ये सभी कार्य रिकॉर्ड समय में समवर्ती तरीके से संपूर्ण हुआ, जबकि हम फिलहाल यह भी नहीं जानते थे कि हमें कितना उत्पादन करना होगा, क्योंकि उस समय तक हमारे पास कोई ऑर्डर नहीं था। उद्योगों का नेतृत्व के प्रति भरपूर विश्वास जताने पर हम आश्चर्यचकित थे। उन्हें पूरा विश्वास था कि मिसाइल के निर्माण के बड़ी संख्या में ऑर्डर मिलेंगे। ऐसे कई मामले थे, जहाँ औद्योगिक भागीदारी में बननेवाले उत्पाद की स्वीकार्यता में वर्षों लग गए; और जब तक ऐसा हुआ, वह प्रौद्योगिकी पुरानी पड़ गई थी। अंततः उत्पादन ऑर्डर केवल पी.एस.यू. को ही दिया जाता। इससे कुछ समय बाद उद्योगों का सैन्य उपकरणों के विकास में भागीदारी का जोश ठंडा पड़ता जाता था। ब्रह्मोस ने इस परिस्थिति को उलट दिया। हमारे कर्मचारियों में 20,000 विशेषज्ञ, तकनीशियन और इंजीनियर शामिल थे, जो ब्रह्मोस की उपप्रणालियों का निर्माण करनेवाले विभिन्न उद्योगों में कार्यरत थे। मुख्य उद्योगों व उनके द्वारा बनाई प्रणालियों/उपप्रणालियों की गणना एक साथ की जाती। यह सूची अभी भी संपूर्ण नहीं है।

उद्योग	प्रणालियाँ/उप प्रणालियाँ
लार्सन एंड टुब्रो, मुंबई	संघटित एयरफ्रेम, कैनिस्टर, जहाजों के लिए प्रक्षेपक, एफ.सी.एस, मिसाइल घटक
गोदरेज एंड बोएस, मुंबई	मेटेलिक एयरफ्रेम (अग्र नोक, पंख व सुफने, सी.पी.एच.एस., एफ3), प्रक्षेपक व प्रक्षेपण ट्यूबें/कंटेनर्स
एच.ए.एल., हैदराबाद व कोरवा	आई.एन.एस.
ई.सी.आई.एल., हैदराबाद	संपर्क उपकरण, एम.सी.पी, एम.ए.एल. एकीकरण
आस्त्रा माइक्रोवेव्स	टेलीमेंट्री
अनंत टेक्नोलॉजीज	ओ.बी.सी., एम.आई.यू., टेलीमेंट्री
डेटा पैटर्न्स, चेन्नई	एफ.सी.एस., स्कैन सीकर, सी.ओ.ई., ए.टी.ई., हवाई पी.सी.डी.

उद्योग	प्रणालियाँ/उप प्रणालियाँ
बी.एच.ई.एल.	प्रक्षेपण प्रणालियाँ
बी.ई.एम.एल., तिरुचिरापल्ली	एम.ए.एल. व एम.सी.पी. वाहन
एच.ई.बी., तिरुचिरापल्ली	बैटरियाँ
बी.ए.टी.एल., तिरुवनंतपुरम्	मिसाइल के सभी धातु के हिस्से, जिनमें एयरफ्रेम व बूस्टर्स; कंटेनर्स, विमानस्थ प्रक्षेपक

एकीकरण सुविधा

संकाय के साथ ही हमने हैदराबाद में प्रणालीगत-एकीकरण सुविधाओं को स्थापित करना आरंभ कर दिया। आज वह दुनिया के सर्वोत्तम कॉम्प्लेक्स में से एक है।

हमने एक अन्य एकीकरण कॉम्प्लेक्स नागपुर में स्थापित किया। इस सुविधा को स्थापित करने का उद्देश्य उत्पादन की गति बढ़ाना था, चूँकि भविष्य में हमें तीनों सैन्य बलों से बड़ी संख्या में ऑर्डर मिलने लगे थे। प्रदत्त प्रणाली के भंडारण, देखरेख व क्रियान्वयन के लिए तकनीकी स्थलों का नेटवर्क स्थापित किया गया। इन उपकरणों को उपयोग के लिए हमेशा तैयार रखने व तुरंत सहायता हेतु इन सुविधाओं के निकट एक विशिष्ट उत्पाद सहायता केंद्र स्थापित करने का सक्रिय कदम उठाया गया। आज हमारे पास उत्पादन, एकीकरण व भंडारण के लिए अत्याधुनिक सुविधाएँ मौजूद हैं।

भागीदारी के शुरुआती दिनों में विकास परीक्षणों के लिए बहुत सीमित संख्या के ऑर्डर प्राप्त हुए थे। इनका उपयोग कर हम उद्योगों की तकनीकी क्षमता स्थापित कर सके। इसमें समुचित प्रशिक्षण, रूस का औद्योगिक दौरा, रूसी विशेषज्ञों के साथ मिलकर विस्तृत रेखाचित्र तैयार करना, टॉलरेंस पर काम करना, नए तकनीकी क्षेत्रों को प्रेरित करना, समतुल्य धातुओं को विकसित करना, विशिष्ट उत्पाद के निर्माण में तकनीशियनों के गुणवत्ता स्तर को प्रमाणित करना, समय-समय पर सरकारी जाँचकर्ताओं के संपर्क में रहना, उपप्रणालियों की क्षमता जाँचने के लिए बड़े पैमाने पर परीक्षण करना, आदि द्वारा यह काम किए गए। कुछ समीक्षाओं व विमर्श से मिली सलाह से यह उद्योग स्वयं को उन्नत कर उत्पाद श्रेष्ठता व संयुक्त उपक्रम के प्रति वचनबद्ध हो सके। ब्रह्मोस के विकास हेतु किए गए उड़ान परीक्षण बहुत बढ़िया रहे, जिनमें नौसेना को 100 प्रतिशत सफलता मिली, इसके परिणामस्वरूप भारतीय नौसेना ने हमें 2005 में उत्पादन ऑर्डर दे दिया। तत्पश्चात् सन् 2006 में मिसाइल के जमीनी रूपांतरण के परीक्षण के बाद हमें भारतीय थलसेना से कई ऑर्डर प्राप्त हुए।

□

भाग–7

क्षितिज के पार–भविष्य

"जब कोई विचार मस्तिष्क में घर कर जाता है तो वह शारीरिक या मानसिक अवस्था में परिवर्तित हो जाता है।"

—स्वामी विवेकानंद

दो महान् राष्ट्रों की सफल भागीदारी का उद्घोषक ब्रह्मोस एयरोस्पेस एक विकासमान विकसित होता उपक्रम है, जिसकी उच्च प्रतिष्ठा सभी के लिए आदर्श है। प्रगतिशील विचारों की निरंतरता ने इस संस्थान को जोश से भरपूर रखा है। ब्रह्मोस विजन 2050 भी संस्थान के सिद्धांत एवं विश्वास से जुड़ा है, जो आनेवाले वर्षों में हमें और भी अधिक उपलब्धियाँ प्राप्त करने में मार्गदर्शन करेगा।

15

विजन 2050

सुपरसोनिक से आगे

बाइबल में 29:18 के अनुसार—जहाँ दूरदृष्टि नहीं होती, वहाँ के लोग नष्ट हो जाते हैं। किसी संस्थान के लंबे समय तक बने रहने में भी यही बात खरी उतरती है। संस्थान की तरक्की इस बात पर निर्भर करती है कि उसकी स्थायी संवृद्धि की नींव कैसी है। किसी भी संस्थान के लंबे समय तक टिके रहने के पीछे उसके बनाए उच्च-कार्यक्षमतावाले नवीन उत्पाद व उन्हें बनानेवाली टीम पर निर्भर करता है। उत्पादों की कार्यक्षमता, विश्वसनीयता, लागत प्रभावशीलता, लंबी भंडारण क्षमता व तुरंत उत्पाद सहायता से संस्थान की लंबे समय तक जारी रहनेवाली जीवन क्षमता बनाए रखने में मदद मिलती है। निश्चित रूप से नए उत्पादों से संस्थान को नई दिशा तो मिलती ही है, वे दुर्जेय भी बन जाता है।

ब्रह्मोस में युवा ओजस्वी इंजीनियरों व विभिन्न क्षेत्रों के अनुभवी विद्वानों की टीम ने एक विजन दस्तावेज बनाया, जिसे ब्रह्मोस विजन 2050 का नाम दिया गया। यह विजन दस्तावेज दो भागों में बँटा है। पहले में ब्रह्मोस की वर्तमान प्रणाली व उसकी नवीन भूमिकाएँ हैं, तो दूसरा ब्रह्मोस-II है। इस दस्तावेज में तय सीमा में निर्माण व सुपुर्दगी हेतु वर्तमान सुविधाओं में बढ़ोतरी तथा नई उत्पादन सहायता सुविधाओं के निर्माण संबंधी कई कार्य शामिल हैं। मौजूदा प्रणालियों की नई भूमिकाओं से संबंधित सुझाव भी हैं, जैसे—वायु-प्रक्षेपण संस्करण, कार्यक्षमता सुधार व असंसूचनीयता के लिए उपप्रणालियों की प्रौद्योगिकी का उन्नयन। इस दस्तावेज में कई नए उन्नयन व नए रूपांतरणों के सुझाव भी शामिल हैं, जिनमें ब्रह्मोस का आकार छोटा करने से लेकर इसके विमान, पनडुब्बी व जहाज जैसे बहुमंचीय संस्करणों, रूपांतरणों के निर्माण शामिल हैं। इसके अलावा हाइपरसोनिक रूपांतरण, ब्रह्मोस II का निर्माण करना, जिससे इसे दुनिया की सर्वश्रेष्ठ क्रूज मिसाइल बने रहने का बल मिले। तेज गति व कम लागत के चलते भविष्य में हाइपरसोनिक प्रौद्योगिकी का ही बोलबाला रहेगा।

हाइपरसोनिक का अर्थ है गति का 5 माख से भी अधिक होना, जो लगभग 6,000 किलोमीटर प्रति घंटे के बराबर है। सैद्धांतिक तौर पर हाइपरसोनिक प्रणाली में 25 माख यानी 30,000 किलोमीटर प्रति घंटे तक पहुँचा जा सकता है। भविष्य की अंतरिक्ष यात्राओं में कम लागत में तेज गति मिलना एक निर्णायक घटक होगा, इसलिए 5 माख से अधिक हाइपरसोनिक गति से उड़ने व पुनः उपयोग हो सकनेवाली प्रणाली के तकनीकी विकास के प्रयास पूरे विश्व में चल रहे हैं। डॉ. अब्दुल कलाम व मेरे द्वारा लिखी पुस्तक 'थॉट्स फॉर चेंज—वी कैन डू इट' में हमने हाइपरसोनिक को एयरोस्पेस कार्यक्रमों के लिए भविष्य की मुख्य प्रौद्योगिकी तथा दुनिया पर राज करनेवाली 10 अद्‌भुत प्रौद्योगिकियों में से एक के रूप में पहचान की है।

आई.आई.एस. में हाइपरसोनिक शोध केंद्र

भारत के सर्वोत्तम साधनों व हाइपरसोनिक पर उच्च शोध के लिए इंडियन इंस्टीट्यूट ऑफ साइंस (आई.आई.एस.) में नवंबर 2011 में उत्कृष्टता केंद्र की स्थापना की गई। इस केंद्र ने हाइपरसोनिक पर एक अंतरराष्ट्रीय सम्मेलन का आयोजन किया, जिसमें विश्वसनीय हाइपरसोनिक यान बनाने में आनेवाली प्रौद्योगिकीय चुनौतियों पर चर्चा में कई राष्ट्रों ने भाग लिया था।

फ्रांस में फ्रेंच-एल.ई.ए. हाइपरसोनिक कार्यक्रम जारी है; जापान में हाईटेक्स कार्यक्रम पर कार्य हो रहा है; अमेरिका में हाइफ्लाई, एक्स-43 और एक्स-51 जैसे हाइपरसोनिक विमान मौजूद हैं। सन् 2004 में शुरुआत के बाद एक्स-51 ने दिसंबर 2009 में अपनी पहली सीमित भार युक्त उड़ान भरी। एक्स- 51ए के अगले दो उड़ान परीक्षण असफल रहे। तीसरा उड़ान परीक्षण केवल 15 सेकेंड तक जारी रहने के बाद एक पंख के अनियंत्रित होने से आई त्रुटि के कारण नियंत्रण खो बैठा। वहीं 1 मई, 2013 की उड़ान में इस क्रूजर ने अपनी 5.1 माख की तीव्रतम गति पर 425 किलोमीटर (230 नॉटिकल मील) का सफर केवल छह मिनट में तय कर लिया।

भारत में डी.आर.डी.ओ. हाइपरसोनिक टेक्नोलॉजी डिमॉनस्ट्रेटर व्हीकल (एच.एस. टी.डी.वी.) विकसित करने का प्रयास कर रहा है, जिसका उद्‌देश्य टर्बाइन वैमानिक ईंधन के उपयोग से स्क्रैमजेट-समन्वित यान की स्वतंत्र उड़ान का प्रदर्शन करना है। शुरुआत में यह हाइपरसोनिक यान 6.2 से 6.5 माख पर 30 किलोमीटर से 35 किलोमीटर के शीर्षलंब पर 20 सेकेंड तक उड़ान भरेगा। इसके लिए डी.आर.डी.ओ. ने एयरो-प्रोपल्सन-इंटीग्रेटिड कॉन्फिग्युरेशन, हाइपरसोनिक एयरइनटेक, गरम ढाँचा,

एकल-विस्तारित रैंप नोजल, स्क्रैमजेट कॉमबस्टर्स आदि प्रौद्योगिकी विकसित की हैं। लंबे समय की फ्लाइट (600 सेकेंड) के लिए अग्र नोक, पंख व पूँछ, जिसके किनारे, सुरक्षा आवरण, स्क्रैमजेट इंजन के लिए सक्रिय शीतलन, एंडोथैरेमिक ईंधन, आदि अभी का विकास कार्य शेष है।

ब्रह्मोस-II

ब्रह्मोस-II की गति 5 माख से 7 माख तक समनुरूप (Configure) की जाएगी, जो स्क्रैमजेट इंजन द्वारा संचालित होगी। इंजन के लंबे समय तक कार्य करने व यान के मुख्य कलपुर्जों व ढाँचागत नियंत्रण संपर्क के लिए उच्च तापमान सहनेवाली धातु विकसित करना सबसे चुनौतीपूर्ण कार्य था। वहीं स्क्रैमजेट इंजन को विकसित करना भी हमारे लिए विकट प्रौद्योगिकीय चुनौती है।

स्क्रैमजेट इंजन

वर्तमान ब्रह्मोस-I मिसाइल में रैमजेट इंजन लगा है, जिसमें कॉम्ब्यूशन चैंबर में वायु प्रविष्ट होने पर वह इसकी गति से दबकर ईंधन के ऑटोमाइज्ड स्प्रे में मिल जाती है। जलने पर वायु फैलती है और इसकी नोजल से बाहर निकलने लगती है, जिसके धक्के से मिसाइल सुपरसोनिक गति पर चलने लगती है। जब यह वायु इंजन में प्रवेश करती है तो कॉम्ब्यूशन के लिए इसकी गति घटकर सबसोनिक प्रणाली की हो जाती है।

वहीं स्क्रैमजेट इंजन में ईंधन का कॉम्ब्यूशन व वायु तब मिश्रित होती है, जब वायु सुपरसोनिक गति पर पहुँच चुकी होती है। इससे वाहक यान की गति अत्यंत तेज हो जाती है। सुनने में यह बहुत सरल लगता है, लेकिन स्क्रैमजेट इंजन का निर्माण बहुत कठिन है, क्योंकि इसकी कॉम्ब्यूशन प्रक्रिया के दौरान तापमान विशेष तौर पर बहुत अधिक बढ़ जाता है।

हाइपरसोनिक गति से उड़ान भरने से वातावरण में बहुत अधिक खिंचाव उत्पन्न हो जाता है, जिससे मिसाइल का एयरफ्रेम बहुत गरम हो जाता है। यह तापमान आसपास की वायु से कई गुणा अधिक होता है। यहाँ एक बार फिर सुपरसोनिक प्रवाह से प्रविष्ट होती वायु का कॉम्ब्यूशन सँभालना अपने आप में अतिरिक्त चुनौती है, क्योंकि जैसे ही वायु इंजन में प्रविष्ट होती है एक मिलिसेकेंड के भीतर ही ईंधन उसमें मिश्रित होकर जल जाता है।

कॉब्यूशन मात्रा को स्थिर रखने के लिए आवश्यक है कि मिसाइल की गति भी स्थिर रहे, साथ ही इंजन में दबाव व तापमान भी स्थिर रहना आवश्यक है; अन्यथा मिसाइल अपने पूरे कौशल का उपयोग नहीं कर पाएगी।

डी.आर.डी.एल. में स्क्रैमजेट इंजन विकसित करने की प्रक्रिया जारी है। 20 सेकेंड के जमीनी परीक्षण किए जा चुके हैं, जिनमें अच्छे परिणाम मिले हैं। सुपरसोनिक प्रवाह थी परिस्थितियों में तुरंत प्रज्वलन व कॉम्ब्यूशन स्थिरता प्राप्त कर ली गई है। अब इंजन को भी यान की 6 माख से अधिक की गति की बराबरी करने की क्षमता प्राप्त हो गई है। यह बहुत प्रेरणादायक बात है। इसके द्वारा सुपरसोनिक कॉम्ब्यूशन सुस्थापित किया जा सकता है। इस इंजन का उपयोग हाइपरसोनिक यान व उड़ान परीक्षणों में होगा। भारत इस प्रौद्योगिकी का संयुक्त उपक्रम में संसाधित माल के तौर पर उपयोग कर सकता है।

निर्देशन प्रणाली

वर्तमान निर्देशन प्रणाली हाइपरसोनिक गति के अनुकूल नहीं है, क्योंकि उड़ान यान को कई तरह की तंरगों व वायुगतिकीय तापन व झटकों का सामना करना पड़ सकता है। ब्रह्मोस-I व ब्रह्मोस II का मिशन एक समान है, लेकिन दोनों की गति में भेद से उनके मिशन की रूपरेखा भी अलग हो गई है।

हाइपरसोनिक ब्रह्मोस के लाभ

भविष्य के युद्धों में क्रूज मिसाइलों को रोकने के लिए बहुत सी सुरक्षा प्रणालियाँ तैनात की जाएँगी, इसलिए हाइपरसोनिक मिसाइल के लिए उसकी गति फायदेमंद साबित होगी।

इससे शत्रु को स्वयं को बचाने के लिए बहुत समय मिल सकेगा। जैसे शत्रु की मिसाइल का 290 किलोमीटर दूर स्थित बेस को ब्रह्मोस-I लगभग पाँच मिनट में ध्वस्त कर सकती है। वहीं 6 माख की हाइपरसोनिक गति से चलनेवाली ब्रह्मोस-II इसी मिशन को 2.5 मिनट में कर सकती है, यानी यह इस काम को आधे समय में ही पूर्ण कर देगी।

हाइपरसोनिक पुनः प्रयोज्य क्रूज मिसाइल व सुदर्शन चक्र

अगला कदम ऐसी हाइपरसोनिक मिसाइल बनाना है, जिसे फिर से उपयोग किया जा सके। इसके बाद हमारा अगला लक्ष्य बहु-अनुप्रयोगीय हाइपर विमानों का विकास है।

मेरे दिमाग में एक बहुत दमदार हिंदू पौराणिक कथा ने घर बना रखा है, भगवान् विष्णु ने अपनी सीधे हाथ की तर्जनी उँगली में सुदर्शन चक्र धारण कर रखा है। इस प्रौद्योगिकी उत्कृष्टता से मैं अभिभूत हूँ। सुदर्शन चक्र एक डिस्क-जैसा सुपर हथियार है, जिसमें 108 दाँतेदार किनारे हैं; यह हमेशा सक्रिय रहता है और शत्रु का सिर काटने के बाद वापस अपनी शुरुआती स्थिति में आ जाता है। क्या हम कभी ऐसा हथियार बना पाएँगे, जो बहुत तेज गति से उड़े, अपना मिशन पूरा करे और वापस लौट आए?

ये केवल हाइपरसोनिक पुनः प्रयोज्य मिसाइल से ही संभव है।

मिसाइल के वर्तमान व आनेवाले सभी रूपांतरों में वो लक्ष्य की ओर उड़ती है तथा लक्ष्य के साथ ही स्वयं भी नष्ट हो जाती है। यह हथियार केवल एक बार ही उपयोग हो सकता है। वास्तव में किसी भी युद्ध में मिसाइल का यही काम होता है। वहीं दूसरी ओर पुनः प्रयोज्य क्रूज मिसाइल अपने निश्चित प्रक्षेपण पथ पर उड़ती हुई लक्ष्य तक पहुँचेगी, लक्ष्य पर स्फोटक शीर्ष (वॉरहैड) गिराएगी व अपने मूल बेस पर वापस लौट जाएगी। यह मिसाइल मानवरहित बमवर्षक वायुयान की तरह काम करेगी, जो अपने लक्ष्य पर बम दागकर वापस अपने ठिकाने पर लौट आती है। चूँकि अपनी तेज गति के कारण यह मिसाइल उतनी ही अधिक घातक होगी। इस तरह की हथियार प्रणाली से युद्ध के लिए नया प्रतिमान स्थापित होगा, जिसमें पायलट की जान का जोखिम नहीं रहेगा।

पुनः प्रयोज्य प्रारूप की हाइपरसोनिक वायु-प्रक्षेपित मिसाइल क्रूज मोड में 7 माख की गति से 30 से 40 किलोमीटर की ऊँचाई पर उड़ान भरेगी। वायु-प्रक्षेपित मिसाइल 10 किलोमीटर की ऊँचाई पर उड़ती है, जो 3.5 माख पर 15 किलोमीटर तक ऊँची जा सकती है तथा अपना विशिष्ट मिशन पूरा कर सकती है। किरोसीन-आधारित द्वि-मोड रैमजेट प्रोपल्सन से यह 5 माख पर 23 किलोमीटर की ऊँचाई तक पहुँच जाएगी। वहीं स्क्रैमजेट प्रोपल्सन के धक्के से मिसाइल 7 माख की क्रूजिंग गति पाकर 35 किलोमीटर की ऊँचाई छू सकती है। मिसाइल निश्चित लक्ष्य पर अपना पेलोड गिरा देगी और अपने ठिकाने पर वापस लौट आएगी।

हाइपरप्लेन

हाइपरप्लेन क्या है? हम सभी अमेरिका की स्पेस शटल के बारे में जानते हैं। क्या हम कल्पना चावला को भूल सकते हैं, जिनका स्पेस शटल के पुनर्प्रवेश के चरण में अपने अन्य क्रू सदस्यों के साथ निधन हो गया था? क्या वह पुनर्प्रयोज्य प्रणाली थी? हाँ, एक स्पेस शटल जितना चाहे उतनी बार उड़ान भर सकती है।

संभवतः आप जानते होंगे कि वर्तमान पीढ़ी के विभिन्न प्रक्षेपण यानों का पेलोड फ्रेक्शन अपने प्रक्षेपण भार से एक या दो प्रतिशत से अधिक नहीं हो सकता। इस कारण एक या दो टन की सामग्री को अंतरिक्ष में भेजने के लिए सौ टन से भी अधिक का भार प्रक्षेपक चाहिए, जिनमें लगभग 70 प्रतिशत ऑक्सीडाइजर होगा। ऐसी सीमांत पेलोड फ्रेक्शन युक्त अंतरिक्षीय यातायात प्रणाली, धरती, चंद्र व मंगल मिशन पर मनुष्यों व बड़ी मात्रा में माल ढुलाई के लिए बहुत महँगी साबित होगी। निस्संदेह हमें ऐसा पुनः प्रयोज्य प्रक्षेपण यान विकसित करना होगा, जो पेलोड को परिक्रमा पथ पर स्थापित करने की वर्तमान लागत 20,000 अमेरिकी डॉलर प्रति किलो को घटाकर 2,000 डॉलर प्रति

किलो और आनेवाले समय में 200 डॉलर प्रति किलो तक ले आए।

सन् 1988 में अंतरराष्ट्रीय एस्ट्रोनॉटिकल फेडरेशन ने बेंगलुरु में एयर कमांडर (रिटा.) गोपालास्वामी के नेतृत्व में भारतीय टीम ने प्रस्ताव रखा कि अमेरिका, यूरोप व जापान द्वारा प्रस्तावित पेलोड कार्यक्षमता में 8 प्रतिशत की वृद्धि के स्थान पर 15 प्रतिशत तक सुधार हो सकता है। इसमें सुझाव दिया गया कि ऐसा हाइपरप्लेन वाहन विकसित किया जाए, जो किसी भी पारंपरिक हवाई अड्डे से उड़ान भर सके व उड़ते समय वातावरण से हवा एकत्र करे, उसे पिघलाकर उसमें से ऑक्सीजन अलग करे व वायुमंडल से बाहर निकलने के बाद और आगे बढ़ने हेतु उसे सहेजकर रखे। वह वायु व हाइड्रोजन को जलानेवाले टर्बो-जेट इंजन के उपयोग से पारंपरिक विमान की भाँति सीधी उड़ान भरे। क्रूज की ऊँचाई तक पहुँचने पर यह यान स्क्रैमजेट वायु-श्वसन प्रोपल्सन का उपयोग कर अपनी गति 4 माख से बढ़ाकर 8 माख तक कर लेगा। क्रूज करने के दौरान इसका हीट-एक्सचेंज तंत्र इंजन से गरम वायु को जमा करके उसे तरल ऑक्सीजन में परिवर्तित कर देगा। यह एकत्र हुई तरल ऑक्सीजन उड़ान के अंतिम चरण में काम आएगी, रॉकेट का इंजन इस एकत्र हुए तरल ऑक्सीजन को जला देगा, जिससे उत्पन्न हाइड्रोजन परिक्रमा पथ तक पहुँचने में यान की सहायक बनेगी। इस यान का डिजाइन इस तरह बनाया जाएगा कि यह वायुमंडल में कम-से-कम सौ बार पुनः प्रवेश कर सके। माना जा रहा है कि जब यह कार्य करने लगेगा तो यह कम-से-कम 1,000 किलोग्राम तक पेलोड भार पृथ्वी की कक्षा में पहुँचा सकेगा। इस तरह यह अंतरिक्ष में सामग्री पहुँचाने का सबसे सस्ता तरीका बन जाएगा।

यदि हाइपरप्लेन की बात करें तो इसका उद्देश्य अधिक पेलोड फ्रेक्शन प्राप्त करना है। अमेरिका के 2,000 टन का अंतरिक्ष यान द्वारा पृथ्वी की निचली कक्षा में प्रक्षेपण भार केवल 30 टन रहा है, यानी इसका पेलोड फ्रेक्शन केवल 1.5 प्रतिशत ही है। भारतीय संकल्पना में हाइपरप्लेन द्वारा 15 प्रतिशत तक पेलोड फ्रेक्शन प्राप्त करने का लक्ष्य है। इस बढ़ी हुई पेलोड दक्षता से हर मिशन की प्रक्षेपण लागत कम हो जाएगी, जिसके चलते परिवहन, पूर्व परीक्षण, पेलोड डिलीवरी व उपग्रह अंतःक्षेपण जैसे कई अन्य मिशन पूरे किए जा सकेंगे।

किसी भी सामान्य मिशन में हाइपरप्लेन 100 टन भार के साथ उड़ान भर सकेगा, जिसमें वह पहले फैन रैमजेट इंजन का उपयोग करेगा और लगभग 1000 सेकेंड बाद स्क्रैमजेट मोड में आ जाएगा, इस दौरान वह अवशेष वायु को जमा करेगा, उसे ठंडा करेगा व उसमें से ऑक्सीजन को तरल रूप में अलग कर लेगा। इससे इसके भार में 166 टन की वृद्धि हो जाएगी; इसके बाद वो इस तरल ऑक्सीजन व एकत्र हुए तरल हाइड्रोजन से रॉकेट इंजन मोड में उड़ते हुए 16 टन का पेलोड डिलीवर कर सकेगा।

किसी उड़ान में इस विशद संयोजन की परिकल्पना अपने आप में विशिष्ट है, जिसकी शुरुआत भारतीय वैज्ञानिकों ने की है।

अंतरिक्ष-आधारित सौर ऊर्जा

जहाँ तेल व प्राकृतिक गैस जैसे पुराने ईंधन लगातार घट रहे हैं व उपलब्ध अक्षय ऊर्जा स्रोत (गैर-सौर) जैसे हवा, बायोमास व समुद्री थर्मल/तरंग ऊर्जा 100 जी.डब्ल्यू. तक सीमित है, भारत अब अपने राष्ट्रीय सोलर मिशन के माध्यम से स्थलीय सौर ऊर्जा पर ध्यान केंद्रित कर रहा है, इसका लक्ष्य सन् 2020 तक 20 जी.डब्ल्यू., सन् 2030 तक 100 जी.डब्ल्यू. और वर्ष 2052 तक 200 जी.डब्ल्यू. स्थलीय सौर ऊर्जा का निर्माण करना है।

अंतरिक्ष में निहित सौर ऊर्जा को अब 24×7 स्वच्छ, बारहमासी व बहुतायत में उपलब्ध विकल्प के तौर पर देखा जा रहा है। ग्रहपथ अंतरिक्ष ऊर्जा स्टेशन के निर्माण व इसकी परिक्रमा की प्रौद्योगिकी बहुत जटिल व तकनीकी व प्रबंधकीय रूप से बहुत चुनौतीपूर्ण है; इसके अंतरिक्ष में पूर्णत: परिचालन में 10 से 15 वर्ष लगेंगे तथा इसमें अंतरराष्ट्रीय सहयोग की भी आवश्यकता होगी।

सामग्री व तकनीक में हुई प्रगति के चलते अब अंतरिक्ष से ऊर्जा उत्पादन करना आर्थिक रूप से बहुत आकर्षक हो गया है। विशिष्ट प्रगति से अब सौर सेल बन सकते हैं, जिससे इसके भार व लागत में कमी आएगी। माना जा रहा है कि सन् 2020 तक नैनोटेक्नोलॉजी आधारित सौर सेल्स से बिजली बनाना तेल से बिजली बनाने के पुराने तरीके की तुलना में आर्थिक दृष्टि से कहीं अधिक फायदेमंद साबित होगा। धरती पर सौर सारणी दिनभर में केवल छह से आठ घंटे तक ही कार्य कर सकती है, बचे समय में ऊर्जा के बेस लोड माँग की पूर्ति हेतु एस.एस.पी. प्रणाली की आवश्यकता होगी।

भारत ने 21वीं शताब्दी में वैश्विक ऊर्जा संकट को भाँपते हुए कई वर्ष पूर्व 1993 में ही अंतरिक्ष-आधारित सौर ऊर्जा स्टेशनों की आवश्यकता को समझ लिया था। तभी से किफायती अंतरिक्ष सौर ऊर्जा प्राप्त करने के लिए उन्नत अंतरिक्ष परिवहन प्रणाली के डिजाइन पर काम शुरू हो चुका है।

□

भाग-8

प्रकाश स्तंभ

"मैं शक्ति व विश्वास को सदा बाहर खोजती रही, लेकिन ये अंदर से मिलते हैं। वे हमेशा से यहीं थे।"

—अन्ना फ्रायड

ब्रह्मोस उपक्रम इसलिए महत्त्वपूर्ण है, क्योंकि इसकी उपयोगिता ने सीमाओं को पार करते हुए भारत को प्रौद्योगिकी नेतृत्व क्लब में शामिल करा दिया। यदि हम अपने आत्मनिर्भरता के लक्ष्य को हासिल करने के लिए भविष्य में सैन्य उपकरणों के विकास व उत्पादन में इसका उपयोग वास्तव में कर सकें तो इसमें पूरा खेल बदलने की क्षमता मौजूद है।

16

ब्रह्मोस से हमने क्या सीखा

यह संयुक्त उपक्रम भारत व रूस दोनों के लिए उत्तम भागीदारी साबित हुआ और आज यह अंतरराष्ट्रीय सहयोग का शानदार उदाहरण बन गया है। निर्विवाद रूप से ब्रह्मोस दुनिया की सबसे सक्षम सुपरसोनिक क्रूज मिसाइलों में से है। भारत के तत्कालीन राष्ट्रपति व सैन्य बलों के सुप्रीम कमांडर डॉ. कलाम ने सेना प्रमुख को इसके जमीनी-मोबाइल का रूपांतरण सौंपते हुए ठीक ही कहा था—'कोई भी उपलब्धि प्राप्त करने में भारत सदा पाँचवाँ या छठा राष्ट्र रहा है, चाहे वो एस.एल.वी.-3 हो, अग्नि हो या परमाणु परीक्षण रहे हों। मेरी हमेशा से इच्छा रही है कि भारत दुनिया की सबसे उन्नत प्रणाली को हासिल करनेवाला पहला देश बने। ब्रह्मोस से भारत को वह गौरव मिला, जिससे वह ऐसा पहला देश बना, जिसने अपने सैन्य बलों को सार्वभौमिक परिचालन में सक्षम सुपरसोनिक क्रूज मिसाइल प्रदान की, इसके साथ ही हमारी छठा राष्ट्र होने की ग्रंथि समाप्त हो गई।'

सबसे पहले प्राप्ति

भारत टैंक, विमानों व मिसाइलों को प्राप्त करने के लिए अन्य देशों के साथ प्रौद्योगिकी-हस्तांतरण के दौर से गुजरा है और इस प्रक्रिया के चलते हम बहुत कम सीख सके। इसका कारण यह रहा कि न तो उत्पाद अपनी श्रेणी में सर्वोत्तम होते थे और न ही लाइसेंस के साथ उसके डिजाइन दस्तावेज हमें दिए जाते थे। बल्कि यह प्रौद्योगिकी हस्तांतरण पी.एस.यू. को सुपुर्द कर दिया जाता, जिसके पास इस जानकारी को समझकर नई प्रणालियाँ डिजाइन करने की प्रौद्योगिकीय क्षमता बहुत सीमित थी। डी.आर.डी.ओ. में नई तकनीक बनाने में मिलनेवाले समय की कमी से भी स्वदेश में प्रणालियाँ विकसित करने के कार्य को बहुत हानि पहुँची। विकसित देशों से प्रौद्योगिकी रूप से पीछे छूटने के बाद इस अंतराल को भरने के हमारे प्रयास कम पड़ गए। यदि हम वास्तव में अपनी छाप छोड़ना चाहते हैं, तो हमारा उत्पाद दुनिया भर से बेहतरीन होना चाहिए।

संयुक्त उपक्रम ब्रह्मोस ने दुनिया को दिखा दिया कि हमारे पास ऐसा उत्पाद है, जो और कहीं नहीं है। संयुक्त डिजाइन, विकास, उत्पाद व सेना में तैनाती के द्वारा ब्रह्मोस ऐसा विशिष्ट उत्पाद बन गया, जो बहु-मंचीय, बहु-उद्देश्यों व बहु- लक्ष्यों के लिए उपयोगी है।

संयुक्त उपक्रम का मूल आधार प्रौद्योगिकी व कौशल जैसी मुख्य योग्यताओं को साझा करना था। ब्रह्मोस में दोनों ही भागीदार आरंभ से ही परियोजना में समान दिलचस्पी रखते थे और यह दिलचस्पी अभी भी धुँधलाई नहीं है। भारत को अपनी रक्षा क्षमता बढ़ानी थी, जिसके लिए हर संभव आधुनिक प्रणाली तेज गति से परिनियोजित करनी थी। रूस को अपने विकास कार्यक्रमों को जारी रखने के लिए धन की आवश्यकता थी। इस मिसाइल कार्यक्रम के माध्यम से उन्हें रूसी उद्योग से बड़े पैमाने पर ऑर्डर मिल सकते हैं, ताकि वे अपने औद्योगिक संकाय के प्रबंधन में कारपोरेट संस्कृति का सृजन कर सकें। प्रौद्योगिकी की दृष्टि से वो मार्ग निर्देशन व सुपरसोनिक स्टीप डाइव के द्वारा क्रूज मिसाइल की क्षमता को सटीक जमीनी प्रहारक के रूप में विकसित करने की क्षमता रखते हैं। इसी को अपना आदर्श बनाकर दोनों टीमों ने पूरे जोश से काम किया और संयुक्त उपक्रम के गठन के तीन वर्ष के भीतर ही पहली उड़ान संचालित कर ली। इसके विश्वसनीय डिजाइन व कुशल उत्पादन के परिणामस्वरूप दोनों भागीदारों के बीच आपसी ईमानदारी व विश्वास में वृद्धि हुई। निरंतर प्रौद्योगिकी व प्रबंधकीय विचार विमर्श जारी रहने से कार्यक्रम को पारदर्शिता मिली, वहीं सतर्क नियमन ने हितों के संघर्ष को दूर रखा। इसके लिए बहुत सी बहसें व विचार-विमर्श सत्र हुए। सबसे बढ़कर इसमें एक-दूसरे के राष्ट्रीय व संस्थागत हितों का भी पूरा ध्यान रखा गया।

तो ब्रह्मोस का मार्ग ही क्यों नहीं?

हमने अगले स्तर पर छलाँग लगाने के लिए तब और अब भी अपने विशिष्ट प्रबंधन मार्ग का ही पालन किया है। इसी पर चलकर हमने कई सिद्धांतों को सिद्ध किया। वे क्या हैं? हमने एक ब्रांड स्थापित किया ब्रह्मोस अर्थात् गुणवत्ता।

नवीन विचार

अंतरराष्ट्रीय संयुक्त उपक्रम ब्रह्मोस का गठन दो समान विचारोंवाले राष्ट्रों के संयुक्त उपक्रम मॉडल के नवीन विचार के बीच हुआ, जिसमें उच्च क्षमतावान हथियार प्रणाली को सफलतापूर्वक विकसित किया गया। इससे पारंपरिक क्रेता-विक्रेता संबंधों का अंत हुआ और आज दोनों देश पूरे हर्ष के साथ इसे प्रौद्योगिकी भागीदारी के शानदार उदाहरण के रूप में स्वीकार करते हैं। भारत व रूस ने इसी मॉडल को मीडियम ट्रांसपोर्ट

एयरक्राफ्ट व उन्नत फिफ्थ जनरेशन एयरक्राफ्ट कार्यक्रमों में फिर से दोहराया।

दोनों देशों ने लगभग 300 मिलियन डॉलर की समान रकम निवेश की थी और आज यह संयुक्त उपक्रम बिलियन डॉलरों से भी अधिक के उत्पादों का निर्माण कर रहा है। जब रूसी सेनाएँ ब्रह्मोस खरीदना शुरू कर देंगी और जब हमें निर्यात ऑर्डर भी मिलने लगेंगे तो इस कमाई में और अधिक बढ़ोतरी हो जाएगी। जब इससे लाभ स्पष्ट दिख रहे हों तो इसी संयुक्त उपक्रम मॉडल को कई गुना बढ़ाकर अधिक लाभ प्राप्त करने के साथ ही तकनीकी बढ़त क्यों न हासिल की जाए।

अपनी तरह का एकमात्र होने के कारण शुरू में इस संयुक्त उपक्रम के साथ बहुत सी अनिश्चितताएँ जुड़ी थीं। समय बीतने के साथ ही बहुत सी असंभावनाओं ने परिवर्तित होकर संभावनाओं का रूप ले लिया। जैसे—

(अ) यह अंतरराष्ट्रीय संयुक्त उपक्रम प्रौद्योगिकी तौर पर हम से उन्नत पूर्व महाशक्ति के साथ हुआ।

(ब) सरकार के स्वामित्ववाली निजी कंपनी

(स) निजी-सार्वजनिक भागीदारी

(द) इससे भविष्योन्मुख युद्ध-विजेता हथियार को बहुत कम समय में तैयार करने की संभावना

दोनों राष्ट्रों को लाभ

ब्रह्मोस संयुक्त उपक्रम ने पारंपरिक क्रेता-विक्रेता संबंधों को भंग कर दिया। ब्रह्मोस भारत के किसी भी अन्य देश के साथ उन्नत शस्त्र प्रणाली के डिजाइन व विकास के लिए हुआ सबसे पहला सफल संयुक्त उपक्रम था। दोनों देशों ने फंड के रूप में धन का और दो या तीन दशकों के प्रौद्योगिकी अनुभव का ज्ञान की पूँजी के रूप में निवेश किया। इस उपक्रम का प्रबंधन दोनों भागीदारों ने अपने द्वारा नामित बोर्ड ऑफ डायरेक्टरों के माध्यम से किया।

भारत व रूस दोनों के लिए इस संयुक्त उपक्रम के कई मायने थे। सैन्य क्षमता में वृद्धि के अलावा इस संयुक्त उपक्रम के माध्यम से तकनीकी, वित्तीय व कारपोरेट लाभ भी प्राप्त हुए।

सामरिक लाभ

एक मिसाइल, जिसे बिल्कुल भुला दिया गया था, उसे उथल-पुथल के बीच नया जीवन मिल गया। फंड की कमी से रूस में विकसित हुए रैमजेट इंजन के बेकार होने की पूरी संभावना थी। लेकिन संयुक्त उपक्रम की बदौलत उस इंजन के विकास में खर्च

हुआ रूस का धन व्यर्थ नहीं गया। वहीं भारत के लिए यह अधिक सरल था कि हम इसे जहाज-भेदी मिसाइल के तौर पर खरीद लें। लेकिन इससे हमारे बीच केवल क्रेता-विक्रेता का संबंध बनता, जिसे हम अगले स्तर पर ले जाने के लिए कभी भी समय की कसौटी पर नहीं परख पाते।

प्रौद्योगिकी के मोरचे पर मिसाइल को परिष्कृत आई.एन.एस. मिला, जिसे बाद में अति उच्च सटीक शस्त्रों में शामिल किया गया। शुरू में हमने जिसे जहाज-भेदी मिसाइल के तौर पर विकसित करने की योजना बनाई थी, वह अब जमीनी-प्रहारक मिसाइल भी बन गई। दुनिया ने पहली बार सुपरसोनिक जमीनी-प्रहारक क्रूज मिसाइल देखी। इस मिसाइल के वायु-प्रक्षेपण रूपांतर के विकास पर भी काम जारी है। इससे शत्रु की जमीन या समुद्र में खड़े जहाज को भी निशाना बनाया जा सकता है। इस तरह एक परित्यक्त जहाज-भेदी मिसाइल परियोजना से हमने एक सार्वभौमिक मिसाइल बना ली जिसे हमले के लिए जमीन व जहाज कहीं से भी छोड़ा जा सकता है। एक मिसाइल, जिसे सेना के छोटे से भाग में परिनियोजित किया जाना था, आज तीनों सेनाओं को सेवा दे रही है। आवश्यकता होने पर भारत व रूस अपने सैन्य बलों की माँग पर ब्रह्मोस का कोई भी रूपांतर तैयार करने में सक्षम हैं।

प्रौद्योगिकीय लाभ

भारत को रूसी डिजाइन पद्धति, जी.ओ.एस.टी मानकों, परीक्षण तथा जाँच प्रक्रियाएँ समझ आने लगी। सबसे महत्त्वपूर्ण यह रहा कि जहाज भेदी क्रूज मिसाइल का डिजाइन या विकास किए बिना ही आज हम इसके बहूद्देशीय रूपांतर विकसित कर सकते हैं। मिशन की क्षमता बढ़ाने में कैसे होगा व क्यों होगा, जैसे प्रश्न सुलझाने से हमें मिली विशेषज्ञता ने महत्त्वपूर्ण भूमिका अदा की।

क्रूज मिसाइल के उत्पादन में किसी विशेषज्ञ ने हमारा साथ नहीं दिया। यह संयुक्त उपक्रम परियोजना ही है, जिसके कारण आज भारत क्रूज मिसाइल का डिजाइन व निर्माण कर सकता है।

इस संयुक्त उपक्रम से भारत को पानी के नीचे से प्रक्षेपण में मिसाइल को सुरक्षित रखनेवाले महत्त्वपूर्ण घटकों, कैनिस्टर व अग्र-नोक को उपयोग करना, समकालिक फायर कंट्रोल प्रणाली, तुरंत कार्यशील होनेवाले आई.एन.एस. का निर्माण; सीकर के लिए सॉफ्टवेयर कोड तथा ऐसी निर्देशन प्रणाली, जो किसी समूह में से अपने लक्ष्य को छाँटकर सीधा उसी पर प्रहार करे और अत्याधुनिक मोबाइल ऑटोनोमस प्रक्षेपक जैसे कई प्रौद्योगिकीय कार्यों का प्रायोगिक अनुभव प्राप्त हुआ।

इस संयुक्त उपक्रम से ब्रह्मोस मिसाइल उद्योग का विशाल कॉम्प्लेक्स स्थापित हो

सका। आज एयरफ्रेम, आई.एन.एस. और वैमानिकी, कैनिस्टर, स्फोटक शीर्ष (वॉरहैड) के लिए विस्फोटक, ठोस प्रोपेलेंट, एम.ए.एल. और एम.सी.पी., प्रक्षेपक और जहाज-स्थापित प्रक्षेपक सभी का निर्माण भारतीय उद्योग कर रहे हैं। इसके अतिरिक्त अब भारी आभियांत्रिक क्षेत्र में कार्य कर रहे उद्योग युद्धपोत के एकीकरण में सक्षम हो गए हैं। बहुत जल्द मिसाइल का प्रत्येक घटक भारत में ही बनने लगेगा, जिससे हमारे उत्पादों की कीमत अधिक प्रतिस्पर्धात्मक हो सकेगी।

वहीं रूस ने भी ब्लॉक-II और ब्लॉक-III सुपरसोनिक स्टीप-डाइविंग क्रूज मिसाइल हासिल कर ली हैं, जो इससे पहले उनके शस्त्रागार में मौजूद नहीं थीं।

वित्तीय लाभ

भारत व रूस दोनों ने भारी मात्रा में धन की बचत की। रूस से पूँजी निवेश नहीं मिलता, तो हमारे लिए उन कठिन दिनों में यह कार्य करना संभव नहीं था। यह आवश्यक पूँजी हमें कर्ज के तौर पर मिली थी, लेकिन फिर भी यह पैसा तो उन्हीं का था। सबसे महत्त्वपूर्ण बात यह थी, जो पैसा रूस जाना था, उसे इस संयुक्त उपक्रम में निवेश कर दिया गया। इस तरह बिना किसी सीधी वित्तीय प्रतिबद्धता के रूस भी संयुक्त उपक्रम का हिस्सा बन गया। इसके साथ ही रूस द्वारा आवश्यक प्रौद्योगिकी के विकास में खर्च हुए कई मिलियन डॉलर का उपयोग इस संयुक्त उपक्रम परियोजना में हो गया।

हथियारों की खरीद में जैसे शर्त व प्रतिबंध आमतौर पर भारत को झेलने पड़ते थे, वह संभावना यहाँ कहीं नहीं थी। यदि ब्रह्मोस जैसी क्षमतावाली जहाज-भेदी मिसाइल आयात की जाती तो इसका मूल्य भारतीय सैन्य बलों द्वारा आज चुकाई जा रही कीमत से न्यूनतम दो गुना अधिक होता और उस पर शर्तें भी होतीं। सबसे अंतिम लेकिन महत्त्वपूर्ण बात, जिसकी तुलना दुनिया में किसी से नहीं हो सकती कि एक ब्रह्मोस मिसाइल से वे काम किए जा सकते हैं, जो दो या तीन सबसोनिक क्रूज मिसाइलें करती हैं।

संपूर्ण समाधान प्रदाता कंपनी

भारत में रक्षा शोध व विकास बहुत जटिल व थकानेवाली प्रक्रिया है। शस्त्र प्रणालियों के डिजाइन व विकास की जिम्मेदारी डी.आर.डी.ओ. पर है। डी.आर.डी.ओ. स्वयं ही प्रणाली विकसित करता है, उसकी सक्षमता की जाँच करता है और उपयोगकर्ता के अनुसार उसकी कार्यक्षमता को प्रमाणित भी करता है। इसके बाद डी.आर.डी.ओ. हथियार प्रणाली की यह निर्माण तकनीक उस उत्पादन एजेंसी को हस्तांतरित कर देता, जो इसे बनानेवाली है।

वह उत्पादन एजेंसी इस हथियार प्रणाली के विपणन का कार्य किसी अन्य

एजेंसी को सौंप देती। इन एजेंसियों का एक-दूसरे पर कोई नियंत्रण नहीं था। यदि कोई उपयोगकर्ता किसी हथियार की युद्ध क्षमता बढ़ाने के लिए किसी परिवर्तन का इच्छुक हो तो इसके लिए उसे कई दरवाजों पर भटकना पड़ता।

कोई भी उत्पाद तभी सफल हो सकता है, जब उसका विचार, विकास, परीक्षण, उत्पादन, विपणन व बिक्री के बाद सहायता का कार्य किसी एक ही कंपनी के जिम्मे हो। किसी एकीकृत कंपनी में ही इतना लचीलापन होता है कि वह संभावित समस्याओं को ध्यान में रखते हुए सभी तरह का समायोजन कार्य कर सके।

नवप्रवर्तन

किसी भी कार्य को सफलतापूर्वक पूरा करने की एक गुप्त विधि है। वह क्या है? हमारा रहस्य तो बहुत सरल है। लंबे समय तक जारी रहनेवाला ठोस व्यावहारिक दृष्टिकोण, नवप्रवर्तन में विश्वास तथा समवर्ती इंजीनियरिंग प्रथाओं का पालन करना। ब्रह्मोस में हमने बहुत सी नई प्रथाओं का पालन किया—

- यह संयुक्त उपक्रम अपने आप में अनूठा था, विशेष तौर पर खाड़ी युद्ध के बाद का समय इसके लिए बिल्कुल उपयुक्त था।
- सीधे सुपरसोनिक गति प्रणाली पर जाना एक और महत्त्वपूर्ण पक्ष था।
- सबसे बेहतरीन तकनीक तथा विशेषज्ञता का पूरा लाभ लेते हुए उत्पाद को सबसे कम लागत व कम समय पर परिनियोजित किया गया।
- विकास के दौरान ही परियोजना के प्रतिपादन प्रक्षेपण से सैन्य बलों से उत्पादन ऑर्डर मिले।
- भारतीय उद्योगों का उत्पादन के आश्वासन के बिना भागीदारी हेतु निवेश करना।
- ऋण अदायगी रकम का रूसी निवेश में परिवर्तन।
- विकास कार्यों के लिए शेयर धारकों से ही अनुबंध करना।
- मिसाइल की समुद्र से जमीनी लक्ष्यों तक की सार्वभौमिकता।
- मिसाइल को लक्ष्य पर गोता मारकर प्रहार करने के काबिल बनाना।

समवर्ती पद्धति तथा लगातार उन्नति

हमारा उत्पाद सफलता के आदर्श के क्षितिज पर था। अब बारी थी, इसकी निर्माण इकाइयों को स्थापित करने की। इसके परिणामस्वरूप, हमने बड़े पैमाने पर निर्माण के लिए आवश्यक बुनियादी सुविधाएँ तैयार कर लीं। जैसे ही ऑर्डर प्राप्त होने शुरू हुए, हमने उत्पादन की गति और बढ़ा दी। कुछ प्रणालियाँ सौंपने के बाद, हम उपयोगकर्ताओं

के लिए भंडारण सुविधा का निर्माण करने लगे। इस उत्पाद को भी उपयोगकर्ताओं तक पहुँचाने के बाद हमने उत्पाद सहायता केंद्र स्थापित करने शुरू किए। इस दृष्टिकोण से कार्य करते हुए हमने समय की सफलतापूर्वक बचत करते हुए पूरा लाभ प्राप्त किया।

अपने उत्पाद में निरंतर बदलाव व उसे उन्नत बनाने का ध्यान रखने से बाजार में अपनी जगह और मजबूत हो जाती है, इसलिए हमने इसके कई अन्य रूपांतर ब्लॉक-II तथा ब्लॉक-III एल.ए.सी.एम. भी विकसित किए। इसका वायु-प्रक्षेपण रूपांतर विकास के अंतिम चरण पर है। इसके बाद ब्रह्मोस-II के विकास की गति अत्यंत तेज हो जाएगी।

किसी भी सफल संस्थान को बहते पानी जैसा होना चाहिए। बादलों में भरे पानी का लक्ष्य सागर में मिलना होता है। वह बारिश के रूप में पहाड़ पर बने जंगलों में बरसता है। वहीं यह गिरता हुआ पानी बूँदों को जोड़कर प्रवाह का रूप ले लेता है। ऐसे बहुत से प्रवाह मिलकर एक बड़ा प्रवाह बन जाते हैं और यह प्रक्रिया तब तक जारी रहती है, जब तक वे नदी का रूप नहीं ले लेते। यह नदी ऊर्जा के साथ मैदानों की ओर दौड़ती है, जो अंततः समुद्र तक पहुँच जाती है। यदि इस नदी के मार्ग में कोई बड़ा गड्ढा आ जाए, तो यह वहाँ कुंड का रूप ले लेती है। वह उस गड्ढे को ऊर्जा से भरती रहती है और एक दिन वह पुनः गड्ढे से बाहर निकल अपनी यात्रा पर चल पड़ती है। उसके मार्ग में बाधा के रूप में बहुत सी चट्टानें आती हैं। लेकिन वह या तो उन बाधाओं के पास से निकलकर नया मार्ग ले लेती है या अपनी विशाल ऊर्जा से उस बाधा को तोड़ डालती है। इस यात्रा में उसके जैसी कई अन्य नदियाँ उसमें मिल जाती हैं और वह एक विशाल नदी का रूप ले लेती है और चरम पर पहुँचने पर वह कई शाखाओं में बँट जाती है, एक बड़ी आबादी का पोषण करती है और अंत में सागर में मिल जाती है।

नियंत्रण रखना

एक अन्य रहस्य है—प्रमुख जिम्मेदारियों को अपने पास रखते हुए नियंत्रण बनाए रखना। वे क्या हैं ? यद्यपि हमने बहुत सी प्रणालियाँ आउटसोर्स की थीं, परंतु डिजाइन प्रणाली, इंजीनियरिंग प्रणाली, एकीकृत प्रणाली व प्रबंधन प्रणाली को अपने ही पास रखा।

सर्वत्र विजय

कुल मिलाकर भारतीय पक्ष को जो लाभ हुए, वे इस प्रकार हैं—(क) भारतीय शस्त्रागार में एक निर्णायक युद्ध-विजेता हथियार शामिल हुआ (जो प्रतिकूल परिस्थिति में हमें प्राप्त नहीं हो सकता था); (ख) भारतीय उद्योगों का अत्याधुनिक हथियार बनाने की दिशा में प्रेरित होना; (ग) सशस्त्र सेनाओं को निरंतर उत्पाद सहयोग का आश्वासन; (घ) कई अन्य परियोजनाओं में उपयोग के लिए सबसे उत्तम तकनीक हासिल हुई; (ङ) भारी मात्रा में विदेशी मुद्रा की बचत; (च) निर्यात क्षेत्र में अंतरराष्ट्रीय खिलाड़ी बनना।

रूसी पक्ष को निम्नलिखित लाभ हुए—(क) पूर्व सोवियत संघ के विघटन के परिणामस्वरूप उत्पन्न वित्तीय संकट के दौरान उनके रक्षा अनुसंधान व विकास को सहायता मिली (इससे रूसी विशेषज्ञों के पलायन के नियंत्रण में सहायता मिलने के साथ ही उनकी कैसे करना है, संबंधी महत्त्वपूर्ण प्रौद्योगिकी भी बच गई), (ख) परीक्षण के लिए उपकरणों की उपलब्धता, (ग) उनके उद्योगों को बड़े ऑर्डर प्राप्त हुए, (घ) नई समस्याओं, उन्नयन व रूपांतरों के लिए विशेषज्ञों के साथ निरंतर बातचीत व उनका उपयोग, (ङ) भारतीय उद्योगों के साथ समीक्षा पद्धतियों व कई प्रकार के उपकरणों का आदान-प्रदान, (च) नए क्षेत्र में कार्य करना, जहाज-भेदी से जमीनी-प्रहारक भूमिका में परिवर्तन तथा स्टीप डाइव, आदि का निर्माण, तथा (छ) वैज्ञानिक योग्यता को लंबे समय तक आजीविका प्रदान करना।

□

भाग–9

पथप्रदर्शक

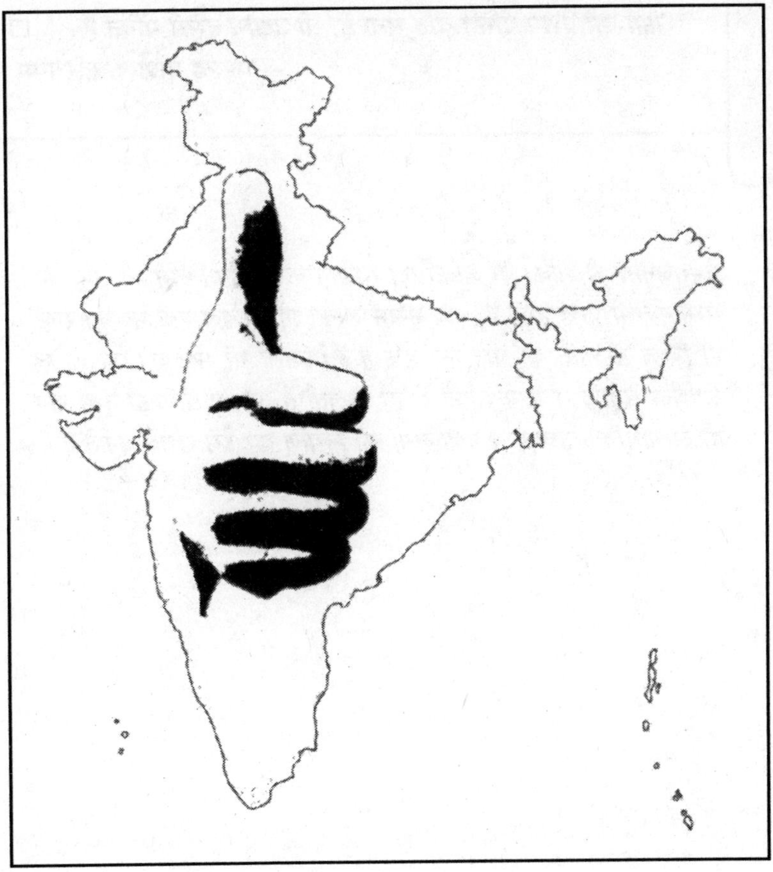

***"आधुनिक युद्ध में बड़ी सेना होना ही पर्याप्त नहीं है, बल्कि उसके पीछे औद्योगिक सामर्थ्य होना आवश्यक है।
रक्षा की प्रथम पंक्ति यदि सेना है, तो उद्योग दूसरी पंक्ति है।"***

—फील्ड मार्शल करियप्पा

भू–राजनीति में शक्ति ही शक्ति का सम्मान करती है। किसी भी राष्ट्र को सम्मान तभी प्राप्त होता है, जब उसमें शक्ति हो। केवल एक मजबूत राष्ट्र ही विश्व में शांति की बात कर सकता है। किसी भी राष्ट्र को यह शक्ति आर्थिक समृद्धि व सैन्य शक्ति से ही मिलती है और प्रौद्योगिकी तथा ज्ञान ही अत्याधुनिक उत्पाद व प्रणालियों का निर्माण कर इसे संभव बनाते हैं।

17

इतिहास से मिली सीख–आत्मनिर्भरता

किसी भी मनुष्य की सीखने की क्षमता व उसका ज्ञान ही उसकी उत्तरजीविता का प्रमुख कारण होता है। इस जैविक जगत् में मनुष्य सबसे निरीह पशु है। उसके पास न तो शिकारी पशुओं की तरह नाखून या दाँत हैं, न ही उसके पास चील जैसी तेज आँखें ही हैं। न तो मनुष्य की श्रवणशक्ति तेज होती है और न ही वह दूर तक का सूँघ पाता है। एक निरीह हिरण जैसे ही शेर की गंध पाता है, तुरंत भाग निकलता है। कहा जाता है कि कुत्ते, बिल्ली व हाथियों जैसे जानवरों में भूकंप व सुनामी जैसी प्राकृतिक आपदाओं को पहले से ही महसूस कर लेने की शक्ति होती है।

जैसा कि पहले कहा गया है, तुरंत सीखना ही मनुष्य की क्षमता है, जिससे वह नए यंत्र बनाकर शिकारियों से स्वयं का बचाव करते हुए जंगलों में भी उन पर शासन करता है। मनुष्य ने यह कहाँ से सीखा? उसने यह अपने भूतकाल से सीखा और अभिलिखित भूतकाल ही इतिहास होता है। ऐसा नहीं है कि केवल व्यक्ति ही अपनी पूर्व क्रियाओं से सीखकर पूर्व में गलतियों को फिर न दोहराए, बल्कि राष्ट्र भी ऐसा कर सकते हैं कि वे अपने भूतकाल से सीख लेते हुए उन्हीं गलतियों को भविष्य में दोहराने से बचने के लिए कदम उठाएँ। जो राष्ट्र अपने इतिहास से सीखता है, वह फलता-फूलता है और जो ऐसा नहीं करता, वह नष्ट हो जाता है। भारत के लिए अब वह घड़ी आ गई है कि अपने इतिहास से सीखे और आत्मनिर्भरता की राह पर आगे बढ़े।

एक समय भारत अन्य सभ्यताओं से बहुत आगे होते हुए समृद्धि के शिखर पर था। अशोक, चंद्रगुप्त मौर्य जैसे महान् राजाओं ने अपने शासन में प्रजा की पूरी विनम्रता से सेवा की। राजराजा चोल I व उनके पुत्र राजेंद्र चोल I के शासनकाल में कई दक्षिण-पूर्वी एशियाई देश व श्रीलंका चोल साम्राज्य का हिस्सा थे। यद्यपि भारतीय सभ्यता विभिन्न राज्यों में विभाजित थी, लेकिन विकास, शांति व सामंजस्य सभी जगह विराजमान था।

यह समृद्ध भारत विभिन्न जातियों के आक्रांताओं के लिए ललचानेवाला फल साबित हुआ, सिकंदर से शुरू होकर, तैमूर लंग तथा बाबर से लेकर यूरोपियनों तक सभी

ने भारत का धन व शांति लूटकर भारतीयों को अपना गुलाम बना लिया।

आज विचार करें तो उस समय के भारतीय राजा उन्नत हथियारों से लैस शत्रुओं को घुसपैठ करते हुए केवल देखते ही रहे। उन्होंने कभी भी घुसपैठियों को रोकने के लिए स्वयं श्रेष्ठतर हथियारों को प्राप्त करने के प्रयास नहीं किए। इससे हम भारतीयों को यह सीख मिलती है कि बुनियादी विकास व औद्योगिक आधार का विकास करना महत्त्वपूर्ण कार्य है।

औद्योगिक क्रांति

मनुष्य के विकासक्रम में आग की खोज, पौधों का उनके ही बीज से उगने की जानकारी और पहिए के आविष्कार जैसे कुछ विशेष परिदृश्य इतिहास के निर्णायक मोड़ सिद्ध हुए। पहिए के आविष्कार के बाद की कुछ शताब्दियों में कोई दिलचस्प घटना नहीं घटी। इसके बाद एक और क्रांति हुई—औद्योगिक क्रांति। यूरोप में शुरू हुई औद्योगिक क्रांति के पश्चात् कई नए उद्योगों का उदय हुआ। व्यापारिक वस्तुओं के निर्माण में तेजी लाने के लिए लोगों को नई मशीनें विकसित करने के लिए प्रेरित किया गया। इससे एक समय असंभव मानी जानेवाली चीजों को संभव बनाने के लिए अनुसंधान व विकास का मार्ग प्रशस्त हुआ। जल्द ही हर उत्पादन क्षेत्र में मशीन ने मनुष्यों की जगह लेना शुरू कर दिया। उपभोक्ता वस्तुएँ ही नहीं बल्कि सैन्य हथियार प्रणालियों का निर्माण भी मशीनों द्वारा होने लगा। जब गोला-बारूद का निर्माण भी मशीनों से होने लगा तो लोगों को पता चला कि हम अकल्पनीय लागत पर भी इनका निर्माण कर सकते हैं। युद्धकाल में युद्धरत सेनाओं को मिलनेवाले हथियारों की कीमत महत्त्वपूर्ण कारक हो गया। यूरोपीय देशों रूस व अमेरिका ने सैन्य निर्माण के लिए समर्पित उद्योगों की स्थापना की, जिनका काम केवल हथियार व गोला-बारूद बनाने का ही था। अचानक छोटे राष्ट्रों को भी महसूस होने लगा कि वे भी इन बड़ी सैन्य शक्तियों को समर्थन देकर स्वयं को शक्तिशाली बना सकते हैं। इस तरह सैन्य उद्योग को स्थापित करने, चलाने व बनाए रखने की दौड़ शुरू हो गई।

पश्चिम का सैन्य उद्योग

18वीं सदी के अंत में सैन्य उद्योग किसी भी राष्ट्र की सैन्य क्षमता का अभिन्न अंग हो गया। इन सैन्य उद्योगों, शोध क्षमताओं व सेना के योगदान को सैन्य उद्योग कॉम्प्लेक्स के रूप में एकल इकाई माना जाने लगा, जो देश की सुरक्षा की दूसरी पंक्ति बन गई। दूसरे विश्वयुद्ध के दौरान एलाइड एक्सपेंडीट्री फोर्स के सुप्रीम कमांडर व बाद में अमेरिका के राष्ट्रपति बने जनरल आइजनहावर ने सबसे पहले मिलिट्री इंडस्ट्रियल कॉम्प्लेक्स (एम.आई.सी.) का नाम लिया। इन सैन्य उद्योग कॉम्प्लेक्स ने उस काल में

बहुत से उच्च तकनीक हथियारों का निर्माण करने के साथ ही ये शत्रुओं पर बढ़त बनाए रखने के लिए अपनी एम.आई.सी. को लगातार उन्नत करते रहे।

प्रथम विश्वयुद्ध के दौरान युद्धरत पक्षों ने महसूस किया कि उनकी युद्ध-छेड़ने की क्षमता वास्तव में उनके एम.आई.सी. पर निर्भर करती है, न कि उनके सैनिकों की शक्ति पर। युद्ध समाप्त होने पर यूरोप के लगभग हर देश ने, चाहे वहाँ के राजनीतिक हालात कैसे भी हों, तेजी से अपने सैन्य उद्योग कॉम्प्लेक्स स्थापित करने शुरू कर दिए।

> दूसरे विश्वयुद्ध के दौरान अमेरिका, सोवियत संघ, ब्रिटेन व जर्मनी ने संयुक्त रूप से लगभग 280,000 बख्तरबंद वाहन (टैंक, बख्तरबंद निजी वाहन व अन्य बख्तरबंद वाहन), 105,000 तोपखाने (होव्हिटजर्स, बंदूकें, रॉकेट लॉञ्चर्स), 730,000 लड़ाकू विमान (सभी तरह के विमान, बमवर्षक व यातायात यान), 700 युद्धपोत (मालवाहक, क्रूजर, विशाल जंगी जहाज), और 1,500 पनडुब्बियों का उत्पादन किया।

दूसरे विश्वयुद्ध के दौरान जर्मनी ने सोवियत संघ के साथ हुई आक्रमण न करने की संधि को तोड़ते हुए उस पर हमला कर वहाँ तबाही मचा दी। लेकिन सोवियत संघ ने इन कठिन परिस्थितियों में भी युद्ध लड़ा और जर्मनी के दाँत खट्टे कर दिए। सोवियत संघ ने युद्ध की शुरुआत में ही एक महत्त्वपूर्ण कदम उठाया था, जिससे उन्हें जीत हासिल हुई। सोवियत संघ जानता था कि उनकी औद्योगिक शक्ति अधिक प्रबल है। वे स्पष्टत: जानते थे कि इस युद्ध को केवल अपने उद्योगों के बल पर ही जीत सकते हैं। तो उन्होंने अपने उद्योगों को जर्मन बमवर्षकों की पहुँच से दूर करने के लिए बड़े पैमाने पर अपने सुदूर पूर्व के हिस्से में भेजना शुरू कर दिया। जो रेलगाड़ी सैन्य टुकड़ियों को सीमा पर पहुँचातीं, वे लौटते समय सोवियत उद्योगों के पुर्जे ले आतीं।

सोवियत संघ को इन पुर्जों को जोड़कर रूस के अंदरूनी भागों में उद्योग स्थापित करने के कार्य में बहुत समय लगा। इसके बाद उनमें आवश्यक सैन्य सामग्री का निर्माण व सुपुर्दगी आरंभ कर दी। शुरुआत में उत्पादन की गति बहुत धीमी थी, लेकिन धीरे-धीरे इसने गति पकड़ ली और बाद में तो इनमें पूरी गति से काम होने लगा। वे नवीन उत्साह से अपनी सेनाओं को सभी आवश्यक हथियार प्रणालियाँ सौंपने लगे। जर्मन सेनाओं को पीछे धकेलते हुए सोवियत सैनिक बर्लिन तक पहुँच गए और उन्होंने रैहस्टाग पर अपना हथौड़े व हँसियावाला झंडा फहरा दिया।

ज्ञात हो कि दूसरे विश्वयुद्ध के दौरान ही जर्मनी ने अपनी पहली निर्देशित मिसाइल वी-2 तैनात की थी। वी-1 तथा वी-2 रॉकेट विकसित करनेवाले प्रसिद्ध अंतरिक्ष वैज्ञानिक वेर्नहर वॉन ब्रॉन ने उनका प्रदर्शन हिटलर के सामने किया। वी-2 को देखकर हिटलर चकित रह गया। उसने इनकी युद्ध में तैनाती के आदेश दे दिए। हिटलर ने वॉन

ब्रॉन से पूछा कि वे इन्हें कितनी संख्या में बना सकते हैं। वैज्ञानिक ने शिष्टापूर्वक जवाब दिया कि वह एक वर्ष में 250 मिसाइलें निर्मित कर सकता है। हिटलर गुर्राया, 'अगले महीने से तुम प्रतिमाह 250 मिसाइलें बनाओगे। इसके लिए तुम्हें जिस भी इंडस्ट्री की आवश्यकता हो, तुम उसका उपयोग कर सकते हो।' जर्मनी ने हर महीने 250 वी-2 मिसाइलें बनाईं, उन्हें तैनात भी कर दिया। इस तरह निर्देशित मिसाइलों व उन्हें बनानेवाले सैन्य उद्योग कॉम्प्लेक्स की घुसपैठ ने युद्धपटल पर क्रांति का बिगुल फूँक दिया।

मानवता ने अब तक शस्त्रों के उत्पादन में इतनी जल्दबाजी कभी नहीं देखी थी। जरा कल्पना करें कि इतनी अधिक शस्त्र प्रणालियाँ बनाने में कितना स्टील, कोयला, डीजल, ईंधन व कर्मचारी लगे होंगे। इन सभी स्टील, पेट्रोलियम व कोयला उद्योगों को खनन उद्योग तथा संसाधन व रिफाइनरी उद्योगों की सहायता की आवश्यकता रही होगी। साथ ही यह भी कल्पना करें कि इन उद्योगों व लॉजिस्टिक्स के लिए कितनी मशीनों की आवश्यकता पड़ी होगी। अभी मैंने इनमें ट्रकों, जीपों व अन्य वाहनों को गिना भी नहीं है, जिन्होंने इस युद्ध के प्रभाव क्षेत्र को बढ़ाने में महत्ती भूमिका निभाई।

भारतीय परिदृश्य

हमारी सार्वजनिक क्षेत्र की इकाइयों को सरकार से बेहतरीन फंड मिलता है, लेकिन वे अकेले ही सैन्य उद्योग कॉम्प्लेक्स का निर्माण नहीं कर सकतीं। अब भी 60 प्रतिशत से अधिक रक्षा प्रणालियाँ आयात होती हैं। यदि हम आत्मनिर्भरता का सूचकांक बढ़ाना चाहते हैं, तो हमें भारतीय उद्योगों में ही बड़े पैमाने पर हथियार व अन्य उपकरणों का निर्माण करना होगा। इसलिए भारत के सैन्य उद्योग कॉम्प्लेक्स को सार्वजनिक व निजी, दोनों क्षेत्रों का संकाय बनाना होगा। भारत के दूसरे फील्ड मार्शल के.एम. करिअप्पा के शब्दों में—'आधुनिक युद्ध में बड़ी सेना होना ही पर्याप्त नहीं है, बल्कि उसके पीछे औद्योगिक सामर्थ्य होना आवश्यक है। रक्षा की प्रथम पंक्ति यदि सेना है तो उद्योग दूसरी पंक्ति है।'

ब्रह्मोस में 205 भारतीय व 7 रूसी उद्योग भागीदार हैं, इससे एक ऐसा औद्योगिक संकाय बन गया है, जो आवश्यकता के अनुसार शस्त्र तथा शस्त्र प्रणालियों का निर्माण कर सकता है। ब्रह्मोस ने औद्योगिक कॉम्प्लेक्स के शानदार मॉडल का निर्माण किया है, जिसका उपयोग सैन्य उद्योग कॉम्प्लेक्स के निर्माण में सार्वजनिक व निजी उद्योगों को साथ लाने में किया जा सकता है।

क्या भारत में एम.आई.सी. है ? इसका उत्तर है—नहीं। भारत में कोई एम.आई.सी. संस्थान नहीं है, जिसके पीछे कई कारण हैं। जब औद्योगिक क्रांति आरंभ हुई, तब भारत गुलामी की जंजीरों में जकड़ा हुआ था। अंग्रेजों को चूँकि अपने उद्योग चलाने के लिए भारत से कच्चा माल चाहिए था, इसलिए भारत को किसी भी अन्य विकास से

दूर रखा गया। इस दमन के परिणामस्वरूप भारतीय उद्योग की आधारभूत संरचना का बहुत न्यून विकास हो पाया।

स्वतंत्रता के बाद सैन्य उपकरणों के निर्माण हेतु सार्वजनिक क्षेत्र की इकाइयाँ स्थापित की गईं। अब इस स्वदेशी विकास में बहुत से निजी उद्योग भी सहायता करते हैं। फिर भी एक वास्तविक एम.आई.सी. की गैर-मौजूदगी से देश की आत्म-निर्भरता को बहुत ठेस पहुँच रही है।

भारत की अनुमानित सैन्य आवश्यकताएँ

भारत दुनिया की 10वीं सबसे ताकतवर अर्थव्यवस्था है। सन् 1991 में आर्थिक उदारीकरण से भारत की जी.डी.पी. उच्च दर से बढ़ रही है। सन् 2012-13 में वास्तविक जी.डी.पी. वृद्धि लगभग 4.9 प्रतिशत रही। योजना आयोग की रिपोर्ट के अनुसार, इसमें कृषि का 1.79 प्रतिशत, उद्योगों का 3.12 प्रतिशत व सेवाओं का 6.59 प्रतिशत योगदान रहा। उत्पादन में गिरावट खतरे की घंटी है और इसे दूर करने के लिए कदम उठाए जाने चाहिए। यूरोमॉनिटर इंटरनेशनल की भविष्यवाणी के अनुसार, पर्चेजिंग पावर पैरिटी (पीपीपी) के पैमाने पर सन् 2020 में भारत तीसरी सबसे बड़ी आर्थिक शक्ति होगा। जहाँ बड़े पैमाने पर कुशल मानव संसाधन क्षमता मौजूद होगी, वहीं देश की कुल आबादी का 65 प्रतिशत हिस्सा 35 वर्ष से कम आयु वर्ग का होगा। आई.एस.डी. के शोध के अनुसार सन् 2012 में भारत का रक्षा खर्च 41.2 बिलियम अमेरिकी डॉलर था, जो सन् 2016 तक सी.ए.जी.आर. में 13.08 प्रतिशत की वृद्धि के बाद 67.87 बिलियन अमेरिकी डॉलर तक पहुँच जाएगा। वहीं मैकेंजी के विश्लेषण के अनुसार सन् 2017 में भारत की विमान, टैंक, जहाज व रेडार जैसे प्लेटफॉर्मों की खरीद लगभग 150 बिलियन डॉलर होगी।

सैन्य सेक्टर के अतिरिक्त नागरिक विमानन क्षेत्र भी लाभदायक बाजार है। कहा जा रहा है कि भारतीय नागर विमानन बाजार आनेवाले वर्षों में धीरे-धीरे बढ़त लेगा, जहाँ बड़ी संख्या में विमानों की आवश्यकता होगी। फिलहाल स्वदेशी विमान न होने के कारण एयरलाइन ऑपरेटर विदेशी विमानों का उपयोग कर रहे हैं। यदि इन एयरलाइन ऑपरेटर्स को स्वदेशी विमान मिलने लगें, तो जरा कल्पना कीजिए कि बिल्कुल वैसा ही विमान विदेश से मँगवाने में होनेवाले उनके खर्च में कितनी कमी आएगी।

आनेवाले दशकों में इस वृद्धि को बनाए तथा जारी रखने के लिए भारत को ऊर्जा की बड़ी मात्रा में आवश्यकता होगी। माना जा रहा है कि भारत को सात गुना अधिक बिजली की आवश्यकता होगी। इस आवश्यकता की पूर्ति केवल परमाणु ऊर्जा के निर्माण से ही हो सकती है। इस तरह परमाणु ऊर्जा का निर्माण भी लाभप्रद बाजार बन सकता है, जहाँ भारतीय एम.आई.सी. अपना योगदान दे सकती है।

हम यह कैसे कर सकेंगे?

हम सामरिक सैन्य प्रणालियों, जैसे परमाणु नोकवाली बैलेस्टिक मिसाइलों के मामले में लगभग आत्मनिर्भर हैं। लेकिन सामरिक सैन्य प्रणालियों का उपयोग केवल परीक्षण व प्रशिक्षण कार्यों में ही होता था। ये केवल शक्ति संतुलन का माध्यम हैं, इसलिए कोई भी इन सामरिक प्रणालियों का उपयोग नहीं करता। वहीं दूसरी ओर टैक्टिकल सैन्य प्रणालियाँ जैसे टैंक, युद्धपोत, लड़ाकू विमान तथा संबंधित हथियार को धार देने व युद्ध-कौशल को बढ़ाने के लिए इसका लगातार उपयोग होता रहता है। इन्हें निरंतर नई प्रणालियों में परिवर्तित करते रहना चाहिए। टैक्टिकल सैन्य प्रणालियों के लिए हम केवल आयात पर निर्भर हैं। आज भारत हथियारों का सबसे बड़ा आयातक है। लेकिन क्या हथियार प्रणालियों को आयात करना देश के हित में है?

हथियार प्रणालियों के आयात में समस्याएँ

(क) विक्रेता स्वामी व भारत आश्रित की भूमिका में होता है।

(ख) विक्रेता देश की नीतियाँ भारत को प्रभावित करेंगी। विक्रेता देश के कहने पर भारत को अपनी नीतियों के विरुद्ध होने पर भी उन राष्ट्रों को समर्थन देना होगा।

(ग) विक्रेता की देरी भारत की परेशानी बन सकती है। विक्रेता के सुपुर्दगी में देरी करने से भारत को आर्थिक व सैन्य, दोनों मोरचों पर कीमत चुकानी होगी। समय पर मिसाइल देने के बाद भी विक्रेता उसके पुर्जे व सहायक प्रणालियाँ देने में देरी कर सकता है।

(घ) कोई भी देश ऐसा हथियार प्लेटफॉर्म विक्रय नहीं करता, जो उसके अपने सैन्य बलों में सेवा दे रहा हो। निर्यात-गुणवत्तावाली हथियार प्रणालियाँ अलग होती हैं। जहाँ असैन्य व्यापार में निर्यात-गुणवत्तावाली सामग्री उत्तम होती है; वहीं सैन्य व्यापार में इससे बिल्कुल उलट होता है। निर्यात होनेवाली हथियार प्रणाली हमेशा निर्माणकर्ता देश से न्यून स्तर की होती है। यदि हम कोई सैन्य विमान खरीदते हैं तो महत्त्वपूर्ण सेंसर्स, जैसे उसके रेडार निचले दर्जे के या उसके साथ मिले हथियार पुराने होते हैं। कोई भी देश स्वयं के समान या उससे अच्छे दर्जे की हथियार प्रणाली कभी नहीं बेचता है। धन की आवश्यकता के चलते अपवादस्वरूप ही कोई विक्रेता देश ऐसा करता है। लेकिन ऐसा होना बहुत विरल है।

(च) विक्रेता किसी भी महत्त्वपूर्ण प्रणाली के सॉफ्टवेयर का सोर्स कोड कभी भी क्रेता को नहीं देता, जिससे क्रेता उसमें अपनी आवश्यकताओं के अनुरूप परिवर्तन नहीं कर पाता। किसी भी परिवर्तन के लिए क्रेता को विक्रेता पर

ही निर्भर रहना पड़ता है, जिससे विक्रेता उस क्रेता की मंशा समझ जाता है। मान लीजिए, हम किसी रेडार की खोज क्षमता में किसी ऐसी विशेष हथियार प्रणाली को पहचानने के लिए परिवर्तन करवाना चाहते हैं, जिसे विक्रेता ने ही किसी अन्य देश को बेचा हो। हमें यह परिवर्तन करवाने के लिए विक्रेता को फोन करना होगा, जिससे उसे भी पता चल जाएगा कि हम किस प्लेटफॉर्म को खोजने के लिए ऐसा कर रहे हैं।

(छ) उपकरण की देखरेख व कार्य काल का खर्च बहुत अधिक हो सकता है। विक्रेता मिसाइल बहुत कम कीमत पर बेच देगा। देखने पर यह ऑफर ऐसा लगेगा मानो उत्पाद हमें मुफ्त ही मिल गया हो। लेकिन बाद में हमें पता चलेगा कि मिसाइल तो हमें कम कीमत पर बेची गई है, लेकिन उसकी सहायक प्रणालियों की कीमत हमारी सोच से भी कहीं अधिक है। यह सहायक प्रणाली न होने से मिसाइल का अधिकतम उपयोग करना संभव नहीं हो सकेगा। इसलिए यह सहायक प्रणाली खरीदना भी हमारे लिए आवश्यक होगा!

(ज) मोटी धनराशि देने के बाद भी किसी संकट के दौरान हम पर लगे प्रतिबंधों के कारण युद्ध जारी रखने के लिए आवश्यक पुर्जों की आपूर्ति अवरुद्ध की जा सकती है।

(झ) विक्रेता देश उपयोगकर्ता अनुबंध में शर्तें रख सकता है। इस अनुबंध में यह माँग भी शामिल हो सकती है कि यह हथियार प्रणालियों का उपयोग किसी भी आक्रामक कार्य में नहीं हो सकता।

(ट) विक्रेता उस मिसाइल की कीमत में सुपुर्दगी शुल्क भी जोड़ सकता है।

(ठ) भारत देखरेख के लिए हमेशा विक्रेता पर निर्भर रहेगा। जब भी ओ.ई.एम. से संपर्क साधा जाएगा, तभी वह अपने इंजीनियर को हमारे बेस पर देखरेख के लिए भेजेगा।

(ड) यदि जहाज-भेदी रूपांतर हो तो उसका नवीनीकरण कार्य ओ.ई.एम. के स्थान पर ही होगा। इसके लिए जहाज को उस स्थान पर जाना होगा। वहाँ वे हथियार प्रणाली के नवीनीकरण में समय लगाएँगे।

(ढ) हथियार का परीक्षण ओ.ई.एम. की सुविधानुसार होगा।

(ण) हथियार प्रणाली के परीक्षण के लिए अलग से शुल्क माँगा जा सकता है।

(त) काम पूरा होने के बाद वह जहाज वापस भारत लौटेगा, जिसमें बड़ी मात्रा में ईंधन की खपत होगी।

(थ) जब किसी देश को बड़े पैमाने पर खरीद ऑर्डर मिलेगा, तो उस देश में भारी मात्रा में रोजगार सृजन होगा। जैसे यदि हम देश के लिए 10 परिवहन विमान खरीदें, तो विक्रेता देश में लगभग 30,000 नौकरियाँ तैयार हो जाएँगी। कल्पना

करें कि यदि भविष्य में उनसे 45,000,000 करोड़ रुपए के हथियार खरीदे जाएँ तो वहाँ कितना रोजगार सृजन होगा। यदि यह खरीद भारत में ही की जाए तो ये नौकरियाँ भारत में भारतीयों को ही मिल सकेंगी। अंततः उस पर खर्च हुई रकम अपने ही देश में रहेगी, जिससे हमारी वित्तीय हालत में सुधार होगा।

(द) वर्तमान में रेडियो फ्रीक्वेंसी आइडेंटिफिकेशन (आर.ई.आई.डी.) टैग नाम की प्रणाली कार्यरत है। जब उस परीक्षण प्रणाली से यह विशेष सिग्नल प्राप्त होता है तो यह टैग रेडियो फ्रीक्वेंसी सिग्नल विसर्जित करता है। प्रत्येक आर.एफ.आई.डी. टैग से जवाब देने के लिए विशिष्ट कोड उत्पन्न होता है। इस तरह से इन टैगों का उपयोग सामग्री की गति को ट्रेक करने व लॉजिस्टिक्स उद्योग के लिए महत्त्वपूर्ण औजार के रूप में कार्य कर सकता है। लेकिन इन आर.एफ.आई.डी. टैग्स को हथियार प्रणाली में केवल इसे बेचनेवाला विक्रेता ही स्थापित कर सकता है। यदि किसी गुप्त तरीके से उन आर.एफ.आई.डी. की जानकारी प्राप्त कर ली जाए तो वह आर.एफ.आई.डी. उसे भी उत्तर दे देंगी। इस उत्तर की भौगोलिक स्थिति पहचानकर उस हथियार प्रणाली को सरलता से ढूँढ़ा जा सकता है। हालाँकि आज तक ऐसी किसी ट्रेकिंग घटना की कभी रिपोर्ट नहीं मिली है, लेकिन हम यह नहीं कह सकते कि ऐसा आगे कभी नहीं होगा!

(ध) यदि विक्रेता को लगे कि उस शस्त्र प्रणाली से युद्ध में नियमों का उल्लंघन हो सकता है तो संभव है कि विक्रेता उस शस्त्र प्रणाली का कोई छोटा सा हिस्सा उपग्रह के माध्यम से बंद कर दे।

किसी शस्त्र प्रणाली के आयात में निम्न तरह की समस्याएँ आ सकती हैं।

न्यून प्रणाली

सबसे पहली बात कि कोई भी देश ऐसा शस्त्र प्लेटफॉर्म नहीं बेचेगा, जिसका वह अपनी सेना में उपयोग कर रहा हो। वह हमेशा निर्यात गुणवत्तावाली हथियार प्रणाली होगी। जहाँ गैर-सैन्य व्यापार में निर्यात गुणवत्ता सामग्री का अर्थ बेहतरीन सामग्री होता है, वहीं सैन्य व्यापार में इससे बिल्कुल उलट स्थिति है। यहाँ निर्यात गुणवत्तावाली शस्त्र प्रणाली हमेशा विक्रेता देश द्वारा वर्तमान में उपयोग की जानेवाली प्रणाली से घटिया होती है। यदि हम कोई लड़ाकू विमान, रेडार जैसे महत्त्वपूर्ण सेंसर्स खरीदते हैं, तो वे या तो पुराने होते हैं या उनसे जुड़ा कोई हथियार पुराना होता है। कोई भी देश ऐसी शस्त्र प्रणाली नहीं बेचता, जो उससे बेहतर या उसके समकक्ष हो। अपवादस्वरूप जब किसी देश को धन की आवश्यकता हो, तो वह ऐसा करेगा। लेकिन ऐसा बहुत-बहुत कम होता है।

आसमान छूती कीमत

किसी भी राष्ट्र से खरीदी गई शस्त्र प्रणाली आसमान छूती कीमत पर ही मिल पाती है। वह प्रणाली उस देश की सेना द्वारा उपयोग में लाई जानेवाली प्रणाली से घटिया होती है। हालाँकि यह बात इसलिए स्वीकार्य है, क्योंकि कोई भी देश स्वयं द्वारा उपयोग में लाई जानेवाली प्रणाली को नहीं बेचता! वह मैक्यावली के विचार का अनुसरण करते हैं। उन्होंने उस प्रणाली को विकसित करने में काफी धन लगाया है। अपनी लागत निकालने के लिए वे अपनी उस हीन निष्कृष्ट प्रणाली को आयातक को ऊँचे दामों पर बेच देते हैं। साथ ही हमसे एक न्यून प्रणाली की आकाश छूती कीमत प्राप्त कर उसी पैसे से अपनी सेना को उन्नत प्रणाली सौंप देते हैं।

अमान्य नियम व शर्तें

कभी-कभी विक्रेता उपयोगकर्ता अनुबंध के नाम पर कुछ शर्तें भी लाद देते हैं। इस अनुबंध में वह यह माँग भी कर सकता है कि वह हथियार प्रणाली, जो वास्तव में आक्रमण के लिए ही बनी है, किसी आक्रामक कार्य में उपयोग नहीं की जाएगी। बल्कि विक्रेता देश अपने यहाँ से कुछ विशेषज्ञों को भी भेज देता है, जो यह जाँच करते हैं कि कहीं प्रणाली किसी आक्रामक कार्य में तो उपयोग नहीं हो रही?

संकट काल में सहयोग बंद

भारी मात्रा में धन राशि देने के बाद भी संकट काल में लगे प्रतिबंधों के चलते युद्ध को जारी रखने के लिए आवश्यक पुर्जों की आपूर्ति ठप्प कर दी जाती है। भारत के लिए ऐसे प्रतिबंध कोई नई बात नहीं हैं!

उलट ट्रेकिंग

यह एक समसामयिक तकनीक है, जिसे रेडिया फ्रीक्वेंसी आइडेंटिफिकेशन (आर.एफ.आई.डी.) टैग्स कहते हैं। जब कोई जाँच प्रणाली कोई विशिष्ट सिग्नल भेजती है तो यह टैग उसे पकड़कर रेडियो फ्रीक्वेंसी सिग्नल विसर्जित करता है। प्रत्येक आर.एफ.आई.डी. टैग प्रत्युत्तर के लिए विशिष्ट कोड बनाता है। इस तरह इन टैग्स के माध्यम से वस्तु की परिचालन स्थिति पता लगती है, लॉजिस्टिक उद्योग में यह महत्त्वपूर्ण भूमिका अदा करता है। परंतु इन आर.एफ.आई.डी. टैग को शस्त्र प्रणालियों में विक्रेता देश ही स्थापित करता है। यदि किसी गुप्त तरीके से उन आर.एफ.आई.डी. से प्रश्न पूछा जाए तो वे आर.एफ.आई.डी. उत्तर देती हैं। इस उत्तर की भौगोलिक पहचानकर उस हथियार प्रणाली की स्थिति की पहचान बहुत सरलता से की जा सकती है। हालाँकि

अभी तक इस तरह के ट्रेकिंग घटनाओं की रिपोर्ट नहीं हुई है, परंतु केवल रिपोर्ट न होने से ही हम यह नहीं मान सकते कि ऐसा हो नहीं रहा है।

नाकाम करना

कल्पना करें कि हमने ऐसी शस्त्र प्रणाली खरीदी, जिसके साथ एंड यूजर शर्तें जुड़ी हैं। स्वाभाविक है कि यह प्रश्न उठेगा ही कि इन शर्तों के भंग होने पर विक्रेता देश क्या करेगा। जैसा कि पिछले बिंदु पर बताया गया, वह प्रणाली की स्थिति को खोजेगा। यदि विक्रेता को शर्तें टूटने का आभास हुआ तो संभव है कि वह युद्ध के बीचोबीच उपग्रह के माध्यम से उस हथियार प्रणाली का छोटा सा हिस्सा बंद कर दे। यद्यपि ऐसी किसी घटना की जानकारी नहीं है, लेकिन क्या इसी से इसका संभव न होना मान बैठें!

सदा के लिए विक्रेता पर निर्भरता

यदि खरीदी गई शस्त्र प्रणाली से जुड़ी किसी समस्या का समाधान करना हो, तो इसमें डिजाइन स्तर पर परिवर्तन करना होता है, जिसके लिए हमें विक्रेता पर निर्भर रहना होता है। अब विक्रेता इसमें हमारे सामने यह शर्त रख सकता है कि भले ही यह परिवर्तन हमारा विचार रहा हो, परंतु इच्छित परिवर्तन के बाद हम अपने सुझाए परिवर्तन पर बौद्धिक संपदा अधिकार राइट्स (आई.पी.आर.) का दावा नहीं करेंगे!

बिक्री बाद सहायता घटिया या देरी से मिलना

यदि किसी कारणवश विक्रेता सुपुर्दगी में देरी कर देता है तो इसका मोल केवल हमें ही युद्ध क्षमता में कमी के रूप में चुकाना पड़ता है! यह भी संभव है कि विक्रेता देश इस देरी के लिए कई कहानियाँ गढ़कर सुना दे।

स्वदेशी अनुकूलन असंभव

विक्रेता कभी भी किसी महत्त्वपूर्ण सॉफ्टवेयर का सोर्स कोड नहीं देता, जिससे क्रेता उस प्रणाली में अपने अनुसार परिवर्तन नहीं कर पाता। प्रत्येक परिवर्तन के लिए हमें विक्रेता पर निर्भर रहना होता है, जिससे वह हमारी उस काम के पीछे की मंशा समझ जाता है। जैसे मान लीजिए कि हम किसी रेडार में किसी ऐसे हथियार प्लेटफॉर्म की खोज हेतु परिवर्तन चाहते हैं जो उसी विक्रेता ने किसी अन्य देश को बेचा है। हमें विक्रेता को फोन कर इस परिवर्तन की बात बतानी होगी और वह तुरंत समझ जाएगा कि इस परिवर्तन से हम किस तरह के प्लेटफॉर्म की खोज करना चाहते हैं। यदि हमें

किसी तरह उस प्रणाली के सोर्स कोड मिल जाएँ तो निश्चित रूप से वह प्रणाली समकालीन नहीं रह पाएगी!

विक्रेता देश के सामने झुकना

सबसे बढ़कर विक्रेता देश की विदेश नीति का प्रभाव हम पर पड़ेगा। हमें उन देशों को भी समर्थन देना होगा, जो भारतीय नीति के विरुद्ध हों या उस विक्रेता देश के कहने पर अपने मित्र राष्ट्रों का विरोध करना होगा।

रोजगार सृजन/कटौती

आजकल रोजगार सृजन का नवीन विचार जोर पकड़ता जा रहा है। यदि किसी विक्रेता देश को बड़े पैमाने पर खरीद ऑर्डर प्राप्त हो जाएँ तो उस देश में भारी मात्रा में रोजगार सृजन होगा। जैसे यदि हम किसी देश से 10 परिवहन विमान खरीदने को कहें तो उस देश में लगभग 30,000 नौकरियाँ तैयार हो जाएँगी।

जरा कल्पना कीजिए कि निकट भविष्य में हमारे द्वारा 45,000,000 करोड़ के हथियार खरीदने पर कितनी नई नौकरियाँ सृजित होंगी। यदि यह खरीद भारत में ही की जाए तो ये नौकरियाँ भारत में भारतीय लोगों को ही मिलेंगी। जिसके फलस्वरूप खर्च की हुई रकम भारत में ही रहेगी, जिससे हमारी वित्तीय हालत में सुधार होगा।

भ्रष्टाचार, आक्रामक विपणन और बाहरी दबाव

भ्रष्टाचार शस्त्र सौदों का अंतर्निहित हिस्सा है। यह स्थिति केवल भारत ही नहीं अपितु सारे विश्व की है। परंतु भारत के परिप्रेक्ष्य में इसका महत्त्व कहीं अधिक है। जैसे ही कोई शस्त्र प्रणाली विदेश से आयात की जाती है, उसमें भ्रष्टाचार की आवाजें उठने लगती हैं।

हमने वह घटना भी देखी, जहाँ एक विदेशी कंपनी ने हमारे न्यायतंत्र से माँग की कि हमारे सैन्य बलों को आपूर्ति करनेवाले विशेष टेंडर भारतीय कंपनी की जगह उन्हें दिया जाए। वहीं विक्रेता देशों के आक्रामक विपणन को झेलना भी कुछ हद तक कष्टप्रद ही होता है। कुछ विक्रेता देश अपनी प्रणालियाँ बेचने के लिए विशेष रूप से राजनैतिक-कूटनीतिक दबाव तक डलवाते हैं।

आयात का मिथक

डॉ. सिद्धार्थ के अनुसार—(अ) कोई भी देश अच्छा उत्पाद नहीं बेचता। हमें जो कुछ भी बेचा जाता है, वह निम्न स्तरीय प्रौद्योगिकी होती है। (ब) डिजाइन की जानकारी

साझा नहीं की जाती और उत्पाद भी लाइसेंस के तहत बेचा जाता है, जिससे वह उसके निर्माण की लागत निकाल लेते हैं। (स) विक्रेता देश पुर्जे व महत्त्वपूर्ण जानकारियों द्वारा हमें सदा के लिए उन पर निर्भर बना लेते हैं।

क्या हमें हथियार व प्रणालियों का आयात हमेशा जारी रखना होगा? हम अपना आत्मविश्वास कैसे बढ़ा सकते हैं? हम सबसे बेहतरीन उत्पाद हासिल करने के लिए स्वदेशी योग्यताओं को कैसे प्रेरित कर सकते हैं? इसका एक ही उपचार है—सैन्य उद्योग कॉम्प्लेक्स।

□

18

सैन्य उद्योग कॉम्प्लेक्स

*यह बहुत आश्चर्यजनक है कि जहाँ अन्य देश स्वयं अपनी युद्ध सामग्री तैयार करना चाहते हैं, वहीं भारत के कुछ बहुत वरिष्ठ अधिकारी व मंत्री भी सैन्य सामग्री की आपूर्ति के लिए सदा अन्य राष्ट्रों व सरकारों पर निर्भर रहना चाहते हैं, इसी कारण वे स्थानीय उत्पादन की दिशा में कोई कदम नहीं उठा रहे। ये लोग यह नहीं समझ रहे कि कोई भी राष्ट्र अपनी सैन्य आवश्यकताओं के लिए हमेशा दूसरे राष्ट्रों पर निर्भर नहीं रह सकता, क्योंकि यदि कभी युद्ध छिड़ गया तो वे देश आपूर्ति ठप्प कर प्राप्तकर्ता राष्ट्र को ऐसे समय पर घातक संकट में डाल देंगे, जब उसे सहायता की सबसे अधिक आवश्यकता होगी।**

—पंडित जवाहरलाल नेहरू

**बी.एन. मलिक, माइ ईयर्स विद नेहरू 1948-1964*
(एलाइड पब्लिशर्स, 1972, पृ. 130)

आज भी हम अपनी अधिकांश आवश्यकताओं के लिए आयात पर ही निर्भर हैं। इस के पीछे कई कारण हैं। इनमें सबसे पहला कारण है, विकसित देशों के पास लगभग एक सदी पुराना बुनियादी ढाँचा मौजूद है। इतने लंबे समय से इस व्यापार में होने से उन्होंने अपनी नींव मजबूत कर ली है, जिससे उनके उत्पादों की विशेषताओं में निरंतर वृद्धि होती रहती है या वे नई प्रवृत्तियों के अनुसार नए उत्पाद तैयार करते रहते हैं। जब भारत स्वतंत्र हुआ, तब भारत में बहुत कम उद्योग मौजूद थे।

सरकार के पास मौजूद स्वल्प धन से तुरंत किसी बड़े औद्योगिक ढाँचे का निर्माण संभव नहीं था। बाद में सरकार ने औद्योगिक विकास हेतु सार्वजनिक क्षेत्र के उपक्रमों (पी.एस.यू.) का गठन किया।

सार्वजनिक क्षेत्र के उपक्रम (पी.एस.यू.)

सरकार ने लगभग हर क्षेत्र के लिए पी.एस.यू. का गठन किया। जैसे सार्वजनिक परिवहन क्षेत्र के लिए, राज्य सरकारों ने सार्वजनिक परिवहन कंपनियाँ बनाईं; हवाई परिवहन के लिए दो पी.एस.यू. बनाए गए, एयर इंडिया व इंडियन एयरलाइंस। विमान बनाने के लिए हिंदुस्तान एयरोनॉटिक्स लिमिटेड (एच.ए.एल.) का गठन हुआ। तेल की खोज व ऐसे ही अन्य कार्यों के लिए ऑयल एंड नैचुरल गैस कॉर्पोरेशन (ओ.एन.जी.सी.) की शुरुआत हुई। वहीं तेल व गैस उत्पादों के विक्रय हेतु हिंदुस्तान पैट्रोलियम कॉर्पोरेशन लिमिटेड (एच.पी.सी.एल.) और इंडियन ऑयल कॉर्पोरेशन लिमिटेड (आई.ओ.सी.एल.)। स्टील निर्माण के लिए स्टील अथॉरिटी ऑफ इंडिया लिमिटेड (एस.ए.आई.एल.) की स्थापना हुई। आज भारत के लगभग प्रत्येक क्षेत्र में इस तरह की लगभग 250 कंपनियाँ संबंधित क्षेत्र के मंत्रालय के नियंत्रण में काम कर रही हैं। शुरुआत में कोई अन्य विकल्प नहीं होने से इनकी बहुत आवश्यकता थी।

रक्षा व आयुध फैक्ट्रियों के पी.एस.यू. में एच.ए.एल., बी.ई.एल., बी.ई.एम.एल., बी.डी.एल., एम.डी.एल., जी.आर.एस.ई. और एच.एस.एल के पास ही लाइसेंस होने के चलते अपने उत्पाद के निर्माण में इनका एकाधिकार था। इनकी अपनी क्षमता सीमित थी, लेकिन आयातित सामग्री बहुत अधिक थी। सब जानते थे कि पी.एस.यू. न तो कभी इच्छानुरूप कार्य कर सकेंगे और न ही कभी सैन्य उद्योग कॉम्प्लेक्स स्थापित करने की स्थिति में आ पाएँगे। तो अब इसका उपचार क्या था?

सैन्य उद्योग विकसित करना

कोई भी उन्नत प्रौद्योगिकीय उत्पाद बनाने में शोध, विकास, प्रौद्योगिकी हस्तांतरण समावेश और कार्यकुशल, गुणवत्तापूर्ण व कम लागतवाली प्रणाली का निर्माण करना शामिल होते हैं। इसके तीन मार्ग हैं—

मार्ग 'क' (कैसे होगा) है निर्माण रेखाचित्र व विदेशी निर्माताओं प्रदत्त उत्पादन प्रक्रिया द्वारा लाइसेंस हासिल करना। संबंधित उद्योग उस उत्पाद का निर्माण कर देता है, लेकिन इस प्रक्रिया में बहुत खर्च के बाद भी उद्योगों को केवल कैसे होगा कि सीमित जानकारी ही मिल पाती। इससे केवल निचले दर्जे के प्रौद्योगिकीय क्षेत्रों में विकास हो पाता। इस पूरी प्रक्रिया में हम केवल बड़ा बुनियादी ढाँचा, कर्मचारी व उपयोगकर्ता को हथियार सौंपने पर ही ध्यान केंद्रित कर पाते हैं। हमें स्वदेशी डिजाइन क्षमता नहीं मिलती। इससे बढ़कर, इसके कलपुर्जों के लिए भी हम विदेशी निर्माता पर ही निर्भर रहेंगे। इस दृष्टिकोण के परिणामस्वरूप किसी भी कोण से इच्छित तकनीक प्राप्त नहीं होती बल्कि तकनीकी अंतर और अधिक बढ़ जाएगा।

मार्ग 'ख' (क्यों होगा) डिजाइन से लेकर विकास तक सबकुछ स्वदेश में होगा व निर्माण भी अपने ही देश में होगा। इससे उद्योगों को केवल कैसे होगा ही नहीं, क्यों होगा की भी जानकारी मिलेगी, साथ ही इसकी लागत भी बहुत कम होगी। इससे न केवल महत्त्वपूर्ण प्रौद्योगिकी की खोज होगी, बल्कि उच्च प्रौद्योगिकी क्षेत्र के बहुत से मुख्य व संबद्ध उद्योगों का भी विकास होगा। इसमें मुख्य बाधा है समय व तेजी से बढ़ती लागत।

मार्ग 'ग' में स्वदेशी शोध व अनुसंधान सहित व मुख्य तकनीकों के निर्माण हेतु सीमित भागीदारी करना। इस विकल्प में स्वदेशी शोध व अनुसंधान पर जोर रहेगा। इस प्रकिया में विकास के प्रयास व लागत भागीदारों के साथ बाँटी जाएगी, जिससे अत्याधुनिक तकनीक द्वारा उत्पाद का तेजी से निर्माण होगा, जिसके परिणामस्वरूप हम वैश्विक प्रतिस्पर्धा के टिक सकेंगे।

डिजाइन सहित कम लागत पर गुणवत्तापूर्ण उत्पादन

उत्पाद की गुणवत्ता की स्थापना में डिजाइन बहुत महत्त्वपूर्ण भूमिका अदा करता है। डिजाइन से ही गुणवत्ता, विश्वसनीयता, उत्पादकता व कीमत निर्धारित होती है। वहीं डिजाइन के पीछे ज्ञान का हाथ रहता है।

प्रतिस्पर्धा

उच्च प्रतियोगी उत्पाद होने पर ही प्रौद्योगिकी प्रतिस्पर्धा में खड़ा हुआ जा सकता है। उत्पाद श्रेष्ठता, कम-लागत व समय पर सुपुर्दगी ही प्रतिस्पर्धा के आयाम हैं।

जमीन से जमीन पर मार करनेवाली मिसाइल पृथ्वी को बनाने में समवर्ती इंजीनियरिंग क्रिया को अपनाया गया। इसमें 200 तकनीकी पैकेज हैं, जिनमें से 20 महत्त्वपूर्ण हैं। इस मिसाइल को विकसित करने में विभिन्न उपप्रणालियों को बनाया गया तथा इस मिसाइल व प्रत्येक उपप्रणाली के निर्माण हेतु प्रोडक्शन एजेंसियों (पी.ए.) की पहचान की गई। एक पी.ए. को मिसाइल के संपूर्ण एकीकरण की जिम्मेदारी दी गई। विभिन्न उप्रणालियों के डिजाइनों की कई स्तरों पर समीक्षा की जाती है। डिजाइन व निर्माण एजेंसियों तथा अकादमिक संस्थानों से बुलाए गए विशेषज्ञों द्वारा इन प्रणालियों के डिजाइनों की डिजाइन समीक्षा की गई है। इस महत्त्वपूर्ण डिजाइन समीक्षा कमेटी की संस्तुतियों के आधार पर निर्माण एजेंसी डिजाइन में आवश्यक परिवर्तन करती है। डिजाइन की परिकल्पना के समय से ही उपयोगकर्ता इससे जुड़ा रहता है। एकीकरण केंद्र पर इन विभिन्न उपप्रणालियों को जोड़ा जाता है। एकीकरण के बाद उपयोगकर्ता मिसाइल का परीक्षण करते हैं। कठोर परीक्षणों के बाद ही मिसाइल को सैन्य बलों को सौंपने योग्य माना जाता है। समवर्ती इंजीनियरिंग दर्शन के कारण ही हम विकास संबंधी प्रयासों के पाँच वर्ष बचा सके।

जब हमने जमीन से हवा में मार करनेवाली मध्यम दूरी की मिसाइल 'आकाश' का विकास आरंभ किया तो इस विकास का समय दो महत्त्वपूर्ण प्रौद्योगिकियों पर निर्भर था। पहली थी—ठोस प्रणोदक-आधारित रैमजेट प्रणोदक और दूसरी, बहु-लक्ष्य ट्रेकिंग व गाइडेंस क्षमतावाले फेज्ड ऐरे रेडार सहित कमांड गाइडेंस। इसका कार्य था कि जमीनी रेडार को कई लक्ष्यों पर लॉक करके बीम की इलेक्ट्रॉनिक शुरुआत कर कई मिसाइलों को उन लक्ष्यों को भेदने के लिए प्रक्षेपित करना। रेडार प्रणाली के डिजाइन व विकास का कार्य डी.आर.डी.ओ. को सौंपा गया। इस रेडार में कई ऐरे थे, प्रत्येक ऐरे में भिन्न फ्रीक्वेंसीवाले हजारों फेराइट फेज शिफ्टर थे। कंप्यूटर-नियंत्रित लॉजिक द्वारा फेज शिफ्टर की प्रोग्रामिंग कर अंतरिक्ष में इन रेडार बीम का इलेक्ट्रॉनिकली मार्ग परिवर्तन व नियंत्रण किया जाता है। यह तकनीक दुनिया में केवल दो देशों के ही पास है, जिसे पूरी सुरक्षा में रखा जाता है। भारत के पास इस प्रणाली के डिजाइन, विकास या निर्माण की कोई विशेषता नहीं थी।

इस फेज शिफ्टर को डिजाइन करने व बनाने की जिम्मेदारी भारतीय प्रौद्योगिकी संस्थान (आई.आई.टी.), दिल्ली को सौंपी गई, क्योंकि पूरे भारत में फेज शिफ्टर की जानकारी केवल दो शिक्षकों, प्रोफेसर भारती भट्ट व प्रोफेसर कौल को ही थी। डी.आर. डी.ओ. की एक अन्य लेबोरेटरी, सॉलिड स्टेट फिजिक्स लेबोरेटरी ने इसके लिए विशेष सामग्री बनाने में मदद दी, वहीं सार्वजनिक क्षेत्र के उपक्रम सी.ई.एल. ने आई.आई.टी. द्वारा प्रदत्त रिसीविंग प्रौद्योगिकी के निर्माण में सहायता दी। अनुसंधान व विकास लेबोरेटरी की लगातार समीक्षा के बाद ही इस नई तकनीक को बनाने का कार्य इन संस्थानों को दिया गया, जिसमें एक उद्योग ने भी समवर्ती निर्माण सहयोग दिया था।

प्रौद्योगिकी को इस तरह विकसित व स्थापित करने के परिणामस्वरूप यह कार्य तीन वर्ष के छोटे से काल में ही पूरा हो गया। चौथे वर्ष से इसका उत्पादन शुरू हो गया।

भारतीय उद्योगों का क्रमिक विकास

साठ के दशक के शुरुआती वर्षों में तकनीक हस्तांतरण के बाद उद्योगों ने प्रणाली के निर्माण की संरचना, उपकरण व प्रशिक्षण की प्रक्रिया शुरू कर दी। परंतु डी.आर. डी.ओ. के शुरू किए सोनार, ई.डब्ल्यू. व आई.जी.एम.डी.पी. जैसे कार्यक्रमों से उद्योग क्रमिक वृद्धि करते हुए विकास व निर्माण के स्तर तक पहुँच गए। '90 के दशक में उद्योग डिजाइन बनाने का स्तर प्राप्त कर लिया, यानी डी.आर.डी.ओ. के डिजाइन पर भारतीय उद्योग, हल्के लड़ाकू विमानों जैसी प्रणालियों का निर्माण करने लगे। एक दशक में डिजाइन व निर्माण का स्तर पाने के बाद उद्योग विनिर्देशों के अनुसार निर्माण करने में सक्षम हो गए। इस तरह सार्वजनिक व निजी दोनों तरह के उद्योगों की साझेदारी

से एक परिपक्व रक्षा उद्योग निर्मित हुआ, जिसमें अनुसंधान व विकास भी रणनीतिक साझेदार बन गए।

ब्रह्मोस का तरीका

आई.जी.एम.डी.पी. युग में कई कम्पनियों ने लौह व अलौह धातुओं, समग्र दक्षता सामग्री, परिशुद्धता निर्माण उपकरण व बड़े आकार की संरचनाओं, इलेक्ट्रॉनिक प्रणालियों, विमानन, सेंसर्स, रेडार, रसायन, केबल, कनेक्टर्स आदि के कच्चे माल से लेकर प्रणालियों तक के निर्माण में मूलभूत सामर्थ्य हासिल कर ली। अब ब्रह्मोस मिसाइल व जमीनी प्रणालियों के सहायतार्थ पर्याप्त औद्योगिक आधार मौजूद है। हमें अपनी इस क्षमता में और वृद्धि करनी होगी, जिसके लिए उद्योगों को उनकी क्षमता बढ़ाने की सलाह देने के साथ ही इनसे साझेदारी बनानी होगी, जिससे बड़े पैमाने पर निर्माण संभव हो सके।

हम अपने पूर्व के अनुभवों से जानते थे कि सभी एजेंसियों से समन्वय बनाते हुए प्रणाली को पूरा कर उसे उपयोगकर्ता तक पहुँचाने का संपूर्ण उतरदायित्व किसी एक उद्योग को सौंपना बहुत कठिन कार्य था। इसलिए हमने अपना स्वयं का एकीकृत समूह बनाकर अपने औद्योगिक नेटवर्क के माध्यम से सभी उपकरण व उपप्रणालियों को विकसित करने का निर्णय किया। संयुक्त उपक्रम के पास उपकरणों के उत्पादन के लिए उद्योग स्थापित करने के लिए धन नहीं था। इसलिए अपने अन्य उद्योगों से एयरफ्रेम जैसी उपप्रणालियों के लिए विशेष उत्पादन सुविधाएँ बनाने का अनुरोध किया तथा डी.आर.डी.ओ. से संयुक्त उपक्रम द्वारा चालित एकीकृत समूह बनाने के लिए कहा। इसके अलावा संयुक्त प्रयास क्रिया के चलते उपयोगकर्ता तक गुणवत्तापूर्ण प्रणाली की तय समय पर सुपुर्दगी के लिए सब कार्य पूरा करने हेतु इसमें दोनों देशों द्वारा अपेक्षित सहयोग की होना आवश्यक था।

ब्रह्मोस के सूत्र

- विशिष्ट विश्व स्तरीय क्षमता से युक्त मजबूत डिजाइन (विश्व में सर्वश्रेष्ठ)।
- प्रणालियों का प्रणालीगत मान्यकरण, सतत अनुकरण, जाँच प्रक्रियाएँ तथा विकास के प्रत्येक चरण पर विश्वसनीयता स्थापन समीक्षा।
- पृथ्वी व अग्नि से मिले पूर्व अनुभवों की सीखों को समाविष्ट करना व उत्पाद की कार्यक्षमता से कदम आगे विचार करना।
- कार्यक्षमता में लगातार सुधार, उन्नयन व ग्राहक की प्रसन्नता के लिए नए रूपांतर बनाना, भारत व रूस के विशेषज्ञों का उपयोग करना।

- ब्रांड हेतु मजबूत ग्राहक निष्ठा।
- संयुक्त उपक्रम के डिजाइन, एकीकरण और प्रबंधन के लिए उद्योग संकाय से साझेदारी। सभी भागीदारों को एकीकृत प्रबंधन प्रणाली से जोड़े रखना व कार्यों में पारदर्शिता।
- संयुक्त उपक्रम का स्वायत्त संचालन होने से कार्यों का तेजी से निष्पादन व सशक्तीकरण।
- युवा ऊर्जावान प्रतिभाओं में देश के लिए विश्वस्तरीय मिसाइल बनाने में सहयोग देने का गर्व भरना।

खरीद नीति से आत्मनिर्भर को आकार देना

भारत सरकार ने सन् 2013 में अपनी डिफेंस प्रोक्यूरमेंट पॉलिसी (डी.पी.पी.) में अपनी खरीद नीति का निर्धारण किया है। डी.पी.पी.-2013 का उद्देश्य स्वदेशी उत्पादन को बढ़ाते हुए सार्वजनिक व निजी दोनों तरह के भारतीय रक्षा उद्योग को प्रोत्साहन दिया। इसमें तीन प्रकार के मुख्य अधिग्रहण हैं—(क) खरीददार, (ख) खरीददार व निर्माता (भारत) और (ग) निर्माता। खरीददार का अर्थ है, उपकरण की केवल खरीद करनेवाले। इसमें कुल लागत की न्यूनतम 30 प्रतिशत स्वदेशी सामग्री रखने पर जोर दिया गया है। इसमें भागीदारी व सहायतार्थ बड़ी संख्या में मध्यम-आकार के उद्योगों को रखा गया है। खरीद व निर्माता (भारत) अधिग्रहण में आवरण प्रणाली का विकास विदेशी उद्योगों व निर्माण के लिए तकनीक भारतीय उद्योगों से प्राप्त करने का प्रावधान है। इसमें कुल लागत का न्यूनतम 50 प्रतिशत स्वदेशी सामग्री होना आवश्यक है। निर्माण (भारत) के तहत आनेवाले अधिग्रहणों में सामरिक, जटिल व सुरक्षा-सचेतन प्रणालियों का निर्माण (जिनका आयात संभव न हो); स्वेदश में डिजाइन, विकास व निर्माण की गई प्रणालियाँ (डी.आर.डी.ओ. + उद्योग या उद्योग संघ या एक उद्योग); संयुक्त उपक्रम के तहत संयुक्त रूप से डिजाइन, विकसित व निर्मित की गई प्रणालियाँ, संयुक्त उपक्रम द्वारा निर्मित (जैसे ब्रह्मोस) शामिल थे। इसमें कुल लागत का कम-से-कम 30 प्रतिशत सामग्री स्वदेशी होनी चाहिए। प्रणालियों के निर्माण में स्वदेशी सामग्री के अधिकाधिक उपयोग से जुड़ी इस समायोजन नीति से राष्ट्र विकास के प्रतिभागियों में भारतीय उद्योगों की संख्या दिनोदिन बढ़ती जाएगी।

वर्तमान माहौल व आवश्यकताएँ

वर्तमान संदर्भों में महत्त्वपूर्ण पहलू यह है कि सरकार सैन्य बलों, अनुसंधान व विकास संस्थानों तथा उद्योग जैसे साझेदारों के बीच सतत रिश्ते न होने के साथ ही

सुसंगति का भी अभाव है। इसके परिणामस्वरूप बड़े पैमाने पर हथियारों व उपकरणों का आयात जारी है, जिसके चलते पुर्जों/उपकरणों के लिए हमारी अन्य देशों पर निर्भरता बनी रहती है; अनुसंधान व विकास संस्थानों व उद्योगों के बीच किसी एक बिंदु पर भी फलोत्पादक सामंजस्य नहीं है, जिसमें विचार से बाजार की सोच कहीं नहीं दिखती।

इन चार क्षेत्रों के साझेदारों में लाभ व हानि दोनों मौजूद हैं। इनके बीच अवरोधों को पहचानकर उन्हें दूर करके इन सभी साझेदारों की शक्ति के तालमेल से आला दर्जे की प्रौद्योगिकी युक्त उत्पाद विकसित हो सकते हैं। आगे मैं आपको इन सभी साझेदारों की शक्तियों व कमजोरियों के बारे में विस्तारपूर्वक बताऊँगा।

सरकार के पास प्रणालियों व उपकरणों के स्वदेशी विकास में तेजी लाने के लिए उत्तरोत्तर सुधारी गई डिफेंस प्रोक्यूरमेंट पॉलिसी है। इसके साथ ही समायोजन नीति के निर्देशों से प्रणालियों के विकास में उद्योगों की सक्रिय भागीदारी की शुरुआत होगी। इस प्रोक्यूरमेंट नीति के अन्य लाभों का उल्लेख पिछले अनुच्छेदों में किया जा चुका है। सरकार को आगे चलकर रक्षा उद्योग के विकास हेतु लंबे समय तक जारी रहनेवाली रक्षा रणनीति व विजन पर बल देना चाहिए, जिसमें बड़ी संख्या में निजी कंपनियों को उत्पादन साझेदार बनाया जाए। सरकार को विश्व की जानी-मानी कंपनियों को भारतीय उद्योगों के साथ साझेदारी में प्रवेश का अवसर देना चाहिए, जिसके परिणामस्वरूप हमारे उद्योग नई निर्माण तकनीकें व अत्याधुनिक प्रौद्योगिकी को साझा कर सकेंगे। इससे उच्च गुणवत्ता के तकनीकी उत्पादों का निर्माण संभव हो सकेगा। सरकार द्वारा अनुसंधान व विकास तथा उन्नत शोध प्रयोगशालाओं, ढलाईघर की स्थापना तथा पोषण हेतु बुनियादी ढाँचा बनाने के लिए अधिक धन प्रदान करने से उद्योगों के सहायतार्थ हमारी स्वदेशी अनुसंधान व विकास क्षमता को अधिक मजबूती मिलेगी। कई अन्य देशों की तरह केवल स्वदेशी हथियारों का उपयोग के कानूनी प्रावधान से स्वदेशी उद्योगों की बढ़त के साथ ही उनका अनुसंधान व विकास में निवेश सुनिश्चित हो जाएगा, जिससे उच्च तकनीकी उत्पादों हेतु अधिक संयुक्त उपक्रम गठित हो सकेंगे। रक्षा पी.एस.यू., ओ.एफ. व मुख्य रूप से चिह्नित निजी उद्योगों का एकल अस्तित्व होना चाहिए।

हमारी उच्च प्रतिबद्धतावाले सैन्यबलों के पास देश की सुरक्षा प्रक्रिया में शत्रुओं से लड़ने के लिए समसामयिक व अत्याधुनिक हथियार प्रणालियाँ होना आवश्यक है। कोई भी देश किसी अन्य देश को स्वयं से बेहतर हथियार नहीं देता। वहीं जब घर में बनी तकनीकों से स्वदेशी प्रणालियों को विकसित करने की बात आती है तो इन प्रणालियों की स्वीकार्यता के कुछ स्तर स्थापित होने भी आवश्यकता है। गुणवत्ता संबंधी अपेक्षाएँ (क्यू.आर.) तैयार करते समय उपयोगकर्ता वर्तमान में कार्यरत प्रणालियों को आधार बनाकर उसके लिए कठोर विनिर्देश स्थापित करते हैं। एक बार क्यू.आर. बनने के बाद

उसे अंतिम मान लिया जाता है और उसमें बीच में कोई बदलाव नहीं होता। इससे समय सीमा पर असर पड़ता है, क्योंकि क्यू.आर. में परिवर्तन से डिजाइन से निर्माण तक की पूरी श्रृंखला का मान्यकरण प्रभावित होता है। सैन्य बलों में प्रशिक्षित कर्मचारियों को बदलने से उपकरण के उपयोग पर प्रभाव पड़ता है। ब्रह्मोस के मामले में सैन्य बलों ने ब्रह्मोस नाम से एक अलग रेजिमेंट का ही निर्माण कर दिया है। इस क्रू को विभिन्न स्तर का प्रशिक्षण दिया जाता है, जिससे वे प्रणाली के सरलता से परिचालन को समझ सकें। इस तरह कर्मचारियों में बारंबार परिवर्तनों के परिणामस्वरूप कार्य में देरी व प्रशिक्षण में अधिक मानवीय प्रयास लगते हैं।

डी.आर.डी.ओ. के पास बुद्धिमान लोग हैं, जो रक्षा प्रणालियों के विभिन्न मिशनों व विकास के लिए प्रयासरत हैं। बीते पाँच दशकों में मूल अनुसंधान से शुरू करके आज डी.आर.डी.ओ. ने बड़ी प्रणालियाँ बनाने की क्षमता प्राप्त करते हुए तकनीकी परिपक्वता हासिल कर ली है। अब तक 170,000 करोड़ रुपए की कीमत के हथियार निर्मित कर उपयोगकर्ताओं को सौंप दिए गए हैं। डी.आर.डी.ओ. का ट्रैक रिकॉर्ड शानदार है, जिसमें कई मिशन मोड परियोजनाओं को सफलतापूर्वक अंजाम दिया गया है। बदलते तकनीकी वातावरण में जहाँ तकनीक चलन से बाहर हो रही हों, वहाँ अपने स्थान पर बने रहने के लिए तेज व सक्रिय अनुकूलन आवश्यक है। प्रौद्योगिकी निषेध एक और समस्या है, जिससे तकनीक प्राप्ति बाधित हो जाती है। सीमित संसाधनों व कर्मचारियों तथा एक साथ कई परियोजनाएँ चलाने से परियोजना समय पर पूर्ण नहीं हो पाती। परियोजनाओं को समय पर पूरा करने में प्रक्रियाओं कभी बाधा नहीं बननी चाहिए। कई परियोजनाओं को एक साथ संसाधन प्रदान करने के न्यायिक प्रावधान से इसका निवारण संभव है। हस्तांतरित प्रौद्योगिकी की गुणवत्ता संबंधी दृष्टिकोण से दस्तावेज व उत्पादन-प्रक्रिया को बल देने से उद्योगों को तकनीक सरलता से हस्तांतरित हो सकेगी।

सैन्य बलों के सहायतार्थ विशिष्ट उत्पाद आपूर्ति हेतु भारतीय रक्षा पी.एस.यू. के पास बड़े पैमाने पर औद्योगिक ढाँचा मौजूद है (एस.यू-30 एम.के.आई., टी-90एस, रेडार, मिसाइलें व जहाज)। इसकी स्थापना का मूल उद्देश्य वर्तमान आवश्यकताओं के अनुरूप रक्षा प्रणालियाँ विकसित करना, बाहर से तकनीकी अंतर्वाह की खोज करना था। इसका परिणाम तकनीकी रूप से कैसे होगा की दृष्टि से मिलेगा, न कि तकनीक की कम समझ होने से केवल 'क्यों होगा' तक पर ही रुक जाना। उद्योगों में कमजोर अनुसंधान व विकास के चलते स्थिति और विकट होती गई। तकनीकी अप्रचलन व आधुनिक निर्माण तकनीक के अनुरूप मशीनों का उन्नयन न होने से जहाँ उत्पादन में गिरावट आई, वहीं कम मात्रा में उत्पादन का परिणाम उत्पाद की ऊँची लागत के रूप में सामने आया। इसके अलावा सैन्य बलों में प्रणालियों व उपकरणों की तीव्र आवश्यकता

के चलते उद्योगों द्वारा उत्पाद सुपुर्दगी में अत्यधिक देरी से उनका आयात करना पड़ता है। इस खेल में निजी खिलाड़ियों के तौर पर बड़े व्यापारिक घराने के शामिल होने से इसमें शानदार तेजी आई है। बस आवश्यकता तकनीक को तुरंत अपनाने व अनुसंधान व विकास प्रयासों की गति बढ़ाने की है। यदि नीतियाँ आकर्षक होंगी तो और अधिक निजी खिलाड़ी शामिल होंगे, जिससे प्रतिस्पर्धा में वृद्धि होगी।

सैन्य उद्योग कॉम्प्लेक्स अपनी आज की आवश्यकताओं की पूर्ति के लिए इन सभी साझेदारों को आपस में जोड़कर सबसे बेहतरीन परिणाम प्राप्त कर सकता है।

समय की माँग—सैन्य उद्योग कॉम्प्लेक्स

अब समय आ गया है कि राष्ट्रीय स्तर पर मिलिट्री इंडस्ट्री कॉम्प्लेक्स (एम.आई.सी.) की स्थापना की जाए, जिसमें रक्षा पी.एस.यू. के साथ सभी बड़े व मध्यम आकार के उद्योगों को एम.आई.सी. सदस्य के तौर पर शामिल किया जाए। उन प्रक्रियाओं को तैयार किया जाए, जिनके तहत प्रतिभागी उद्योगों के बीच से आर.एफ.पी. चुनकर प्रणालियों का डिजाइन, विकास व निर्माण कार्य शुरू करें (फिर चाहे वे निजी हों या सार्वजनिक)। स्वदेशी अनुसंधान व विकास को शक्तिशाली बनाने के लिए सरकार अनुसंधान व विकास के लिए निजी कंपनियों को भी धन मुहैया कराने पर बल दे। निजी कंपनियों के रक्षा प्रणालियाँ निर्माण करने के प्रबंधन में अमेरिका जैसे नियम व नियंत्रण लागू किए जाएँ। एम.आई.सी. प्राधिकरण का गठन होने से भारत के भीतर ही निर्माण क्षमता व सामर्थ्य के पर्यवेक्षण में सहायता मिलेगी। भारत व विश्व के अन्य रक्षा उद्योगों के बीच उच्च तकनीकी गठजोड़/संयुक्त उपक्रम को प्रोत्साहन देने से न केवल प्रतिस्पर्धा में वृद्धि होगी, बल्कि उत्पाद के निर्यात की भी संभावना बन सकेगी। अब भारत के पास इस मुद्दे पर सोच-विचार में गँवाने को और अधिक समय नहीं है। संपन्न भारतीय सैन्य उद्योग कॉम्प्लेक्स जिसका नियामक एम.आइ.सी. प्राधिकरण होगा, अब परम आवश्यक हो गया है।

इससे विश्व का भारत के प्रति नजरिया बदलेगा और वह हमें आयातक देश के स्थान पर दिग्गज निर्यातक के रूप में देखने लगेगा।

□

भाग-10

मंजिल पर पहुँचना

"हमेशा याद रखें, आपकी वर्तमान परिस्थिति ही आपकी अंतिम मंजिल नहीं है। आगे और भी बेहतर होगा।"

—अज्ञात

शुरुआत से मंजिल तक पहुँचने तक की राह में जहाज के समक्ष बहुत सी 'देखी व अनदेखी' बाधाएँ आती हैं। उस जहाज को नियंत्रित करनेवाला कप्तान ही सुरक्षित यात्रा की जिम्मेदारी भी उठाता है। ऐसे ही किसी संस्थान को बनाने व उसे सफलता के मार्ग पर ले जाने की जिम्मेदारी उसके प्रमुख व उसके द्वारा शिक्षित टीम की होती है और जहाज अपने मिशन पर आगे बढ़ता जाता है...

19

कप्तान का भाषण

एन.पी.ओ. मशीनोस्त्रेनिया के अपने एक दौरे पर वहाँ के डिप्टी डायरेक्टर-जनरल व अन्य सभी मुख्य मैनेजरों के कमरों में इस विशिष्ट तसवीर को देखकर मैं चकित रह गया। यह मेरा चित्र था, जहाँ में कप्तान के रूप में ब्रह्मोस नाम के जहाज के पास खड़ा था। मैं अपनी विनम्र क्षमता में स्वयं को केवल टीम का सदस्य व भारतीय तथा रूसी वैज्ञानिकों के बीच एक पुल ही मानता हूँ, जिसका काम चीजों को आपसी समझदारी व हर स्तर पर चर्चा द्वारा पूर्णता तक पहुँचाना था।

वह चित्र प्रमुखता से दरशाए जाने की बात पूछने पर उनका उत्तर था, एन.पी.ओ.एम. में हर कोई आपका आभारी है और यह तसवीर इसी भाव को प्रतिबिंबित करती है। हम एक बहुत बड़े मिशन पर काम कर रहे हैं, जिसके लिए हम आपका बहुत सम्मान करते हैं। तब मुझे महसूस हुआ, उद्देश्य के प्रति अधिकतम ईमानदारी व लक्ष्य की स्पष्टता से प्रेरित होकर भारत हमारी व रूस की टीमें अपना सर्वोत्तम प्रदर्शन कर सकीं। टीम को यह सतत प्रोत्साहन कहाँ से मिला?

प्रतिभा पूल

यह कार्य प्रतिभा प्रबंधन व उत्तम कार्य हेतु निरंतर प्रोत्साहन ने मिलकर किया। विदेश जाकर उच्च शिक्षा हासिल करने की इच्छा रखनेवाले विश्वविद्यालयों के टॉपर्स को एक साथ लाने से ही बेहतरीन प्रतिभा पूल का निर्माण संभव हो सका। इस प्रतिभा पूल को देश में ही कार्य करने के प्रेरित करने के लिए सभी प्रयास किए जाने आवश्यक थे, कार्य को दीर्घ काल तक जारी रखने में सबसे महत्त्वपूर्ण आवश्यकता युवा शक्ति हमारे पास मौजूद है। ब्रह्मोस ने अपने यहाँ 30 वर्ष से कम आयु के सबसे गुणी कर्मचारियों का प्रतिभा पूल तैयार करने का कार्य बखूबी अंजाम दिया। प्रतिवर्ष कैंपस भरती के माध्यम से देशभर में ख्याति प्राप्त संस्थानों के 20 से 25 सर्वोत्तम छात्रों को हमने अपने यहाँ जगह दी। उन्हें छह माह का प्रशिक्षण दिया गया, जिसमें उन्मुखीकरण कार्यक्रम, प्रयोगशालाओं व उद्योगों की यात्रा, जहाँ उन्हें परियोजना में हाल ही में हुए विकास से परिचित कराया गया। उन्हें

एक भविष्य की प्रणाली को स्वतंत्र रूप से विकसित करने की जिम्मेदारी सौंपी गई। वह जगह उनके लिए अपने विचारों व रचनात्मकता का उपयोग करने के लिए सबसे आदर्श थी। लगभग 10 वर्ष बाद यह महत्त्वपूर्ण कर्मी प्रबंधन में शामिल होकर परियोजना को नई ऊँचाइयों पर ले जाएँगे। यह ब्रह्मोस की सफलता का विशिष्ट मंत्र है।

'उत्कृष्टता केंद्र' स्थापित करना

अकादमिक संस्थानों के शोध से डिजाइन व विकास में सदा सहायता मिली है। अकादमिक संस्थान ज्ञान का समृद्ध स्रोत होते हैं, इसलिए शोध घटकों को अनुसंधान व विकास से जोड़े रखना आवश्यक है। मैंने अकादमिक संस्थानों की अमूल्य योगदान की पहले भी चर्चा की है। एक उदाहरण में उन्होंने भारत में ही 'फेज्ड ऐरे रेडार' का सफलतापूर्वक स्वदेशी निर्माण किया था। जटिल तकनीकों के विकास में बहुत से संस्थानों ने हमारा साथ दिया। अकादमियों के इन सर्वोत्तम योगदानों को ध्यान में रखते हुए हमने उत्कृष्टता केंद्रों की स्थापना की, जहाँ उन्नत हथियारों के विकास से जुड़ी भविष्यकालीन प्रौद्योगिकी संबंधी अध्ययन होता है। अकादमिक संस्थानों के इसी सामर्थ्य को पहचानकर उन्हें ही उत्कृष्टता केंद्र का आधार बनाया गया, जिसका कार्य उन जटिल तकनीकों को विकसित करना था, जो प्रौद्योगिकीय रूप से उन्नत सामग्री को बनाने के लिए आवश्यक होंगी। इस तरह वे भी विकास में साझेदार बन जाएँगे।

भागीदारी फोरम

चाहे वह कोई व्यक्ति हो या उद्योग, उसे विकास व प्रोत्साहन हेतु पहचान मिलना आवश्यक है। फोरम वह मंच है, जहाँ भागीदार किसी परियोजना को प्राप्त करने के लिए उस पर अपने विचार को व्यक्त व साझा करते हैं।

19 फरवरी, 2013 को संयुक्त उपक्रम में अंतर सरकारी अनुबंध के 15 शानदार वर्ष पूरे करने पर ब्रह्मोस ने आर्धिक दिवस (साझेदारी दिवस) का आयोजन किया। इस अवसर पर इस संयुक्त उपक्रम के गठन व विकास में योगदान देनेवाले प्रत्येक व्यक्ति को आमंत्रित किया गया था।

30 जुलाई, 2013 को हैदराबाद में औद्योगिक समागम आयोजित किया गया, जिसमें ब्रह्मोस को विश्वस्तरीय व सर्वश्रेष्ठ हथियार प्रणाली बनाने में सार्वजनिक व निजी उद्योगों के महत्त्वपूर्ण योगदान को प्रकाश में लाया गया। इस अवसर पर परियोजना से जुड़े 205 भारतीय उद्योगों व 7 रूसी उद्योगों के योगदान को सराहा गया। इन उद्योगों द्वारा एक उच्च गुणवत्तावाली प्रणाली/उपप्रणालियों के निर्माण के प्रति जताई निष्ठा प्रशंसनीय थी। इस भव्य आयोजन को आशीर्वाद देनेवालों में भारत के पूर्व राष्ट्रपति डॉ. ए.पी.जे. अब्दुल कलाम भी थे, जिन्होंने ब्रह्मोस संयुक्त उपक्रम को साहस व श्रेष्ठ नेतृत्व का उत्तम उदाहरण बताया।

ग्राहकों सहित संचालन समिति

भारतीय नौसेना व भारतीय थलसेना के लिए अलग से संचालन समिति का गठन किया गया। संबंधित वाईस प्रमुखों की अध्यक्षता में बनी इन कमेटियों में ब्रह्मोस व सैन्यबलों के सदस्य शामिल थे। निर्माता व उपयोगकर्ता के बीच पुल बनाने के लिए आवधिक समीक्षाएँ की जातीं। उपयोगकर्ताओं के आवश्यकताओं संबंधी निर्णयों को उठाया जाता और उन पर सर्वोच्च स्तर पर स्वीकृति ली जाती। इससे विकासकर्ता व अनुसंधान व विकास संस्थानों को प्रणाली की आवश्यकताओं को समझने में सहायता मिलती। कुछ क्रियाएँ, जैसे प्रक्षेपक का स्थापन व संबंधित प्रणालियों की आवश्यकता के लिए भारतीय नौसेना की सतत भागीदारी आवश्यक थी। उच्च स्तर के हस्तक्षेप व निर्णय लेने से परियोजना को आगे बढ़ने में सहायता मिली।

उद्यम संसाधन योजना (ई.आर.पी.)

कार्यक्षमता को सुचारु बनाए रखने के लिए, व्यापार प्रक्रिया को तर्कसंगत बनाना आवश्यक था। दक्षता बढ़ाने के लिए वर्तमान प्रक्रियाओं के स्वचालन व सहज एकीकरण की असंदिग्ध आवश्यकता थी। एंटरप्राइस रिसोर्स प्लानिंग (ई.आर.पी.) एक सॉफ्टवेयर टूल था, जो किसी भी संस्थान को अपनी व्यापार क्रिया प्रबंधन में सहायता देता है, जिनमें उत्पाद योजना व विकास, निर्माण व सूची प्रबंधन शामिल हैं। यह ऐसी एकीकृत प्रणाली है, जो सभी अनुप्रयोगों को लगभग 'रियल टाइम डेटाबेस' समान रूप से प्रदान करती है। ई.आर.पी. के बहुत से लाभ हैं। यह आंतरिक व्यापार प्रक्रिया की धाराप्रवाह क्रियान्वयन द्वारा गुणवत्ता व कार्य क्षमता में बहुत सुधार कर देती, जिसके परिणामस्वरूप उत्पादकता बढ़ने से बेहतर ग्राहक संतुष्टि प्राप्त होती। इसने सर्वोच्च प्रबंधन को जटिल निर्णय लेने में सहायता देकर संस्थान के व्यापार में बढ़ोतरी की। हमने ब्रह्मोस में ई.आर.पी. समाधान का उपयोग किया, जिसने मुख्तः निर्माण व उत्पाद सहयोग में बड़े बदलाव हुए। ब्रह्मोस हमेशा अपने उपयोगकर्ताओं को समय पर सुपुर्दगी के पक्ष में रहा है।

महत्त्वपूर्ण रणनीतिक मुद्दे

किसी भी संयुक्त उपक्रम के प्रबंधन में महत्त्वपूर्ण रणनीतिक मुद्दे हैं—

- साझेदारों को पर्याप्त मूल्य देना व साझा करना, जिससे सबको लाभ हो
- दोनों साझेदारों के बीच पर्याप्त रणनीतिक सामंजस्य व सुसंगता बनाए रखना।
- प्रबंधन संबंधी महत्त्वपूर्ण मामलों की जटिलताओं को संयुक्त नेतृत्व के समक्ष ले जाना।
- साझेदारों के बीच विश्वसनीयता, आलोचनात्मकता, विकास की गति, उत्पाद के विपणन संबंधी विचारों को स्थापित करना।

सफल संयुक्त उपक्रम व साझेदारी के लिए ये चार बातें होना आवश्यक है—

(अ) एक-दूसरे पर भरोसा करना; (ब) एक-दूसरे के प्रति रचनात्मक तरीके से असहमति जताना; (स) टीमों को साथ जोड़े रखने की क्षमता; और (द) किसी एक पक्ष में कमी आने पर दूसरे का उसे सहायता देना।

हमारे द्वारा पार किया गया प्रत्येक मील का पत्थर किसी अग्निपरीक्षा जैसा था, जहाँ टीम के तौर पर हमने सभी समस्याओं को चुनौती मान उन पर सफलता प्राप्त की। प्रबंधन कार्य में 3 चीजें होना आवश्यक है—संप्रेषण, प्रतिबद्धता व सहयोग। परिणाम लेने के लिए टीम को संगठित व प्रेरित करना चाहिए, न कि स्तरीय आदेश देना या नियंत्रित करना। अंततः प्रबंधन और नेतृत्व का पैमाना सुपुर्दगी होता है। इन महत्त्वपूर्ण बिंदुओं का ध्यान रखना चाहिए—(क) परिणाम पर दृष्टि बनाए रखना; (ख) कार्य योजना व जिम्मेदारियाँ तय करना; (ग) निरंतर समीक्षा व समस्या निवारण; (घ) तय कार्यों को पूरा करने के लिए संस्थान का ढाँचा चाक-चौबंद रखना; (च) अधिकाधिक कार्य आउटसोर्स करने के लिए साझेदारों के संपर्क में रहना; (छ) डिजाइन प्रणाली, इंजीनियरिंग प्रणाली, एकीकरण प्रणाली व प्रबंधन प्रणाली को पूरी तरह नियंत्रण में रखना; (ज) अच्छे एच.आर. प्रबंधन से कर्मचारियों को विकास का मौका देते हुए प्रोत्साहन देना; (झ) उपयुक्त कार्य-प्रमाणन प्रणाली विकसित करना; और सबसे बढ़कर (ण) निर्णय लेने में साहस दरशाना।

उत्पाद में लगातार उन्नयन तथा अधिक क्षमतावाले नए रूपांतरों के निर्माण से बाजार में प्रमुखता व प्रतिस्पर्धी बढ़त बनाए रखने में सहायता मिलती है। अपनी दृढ़ता से मिले प्रोत्साहन के चलते हम असफलताओं के बाद भी रुके नहीं और इन अनंत बाधाओं को लगातार मौकों में परिवर्तित करते रहे। ऊँची छलाँग लगाने की साहसी अवधारणा, विशिष्ट विजनरी सोच व रणनीतिक नेतृत्व द्वारा कार्य को परिणति पर पहुँचाना से हमारे संयुक्त उपक्रम को अभूतपूर्व सफलता प्राप्त हुई।

डॉ. अब्दुल कलाम ने छात्रों को सदा प्रोत्साहन देते हुए कहा है, 'कोई महान् लक्ष्य बनाओ, कड़ी मेहनत करो, ज्ञान प्राप्त करो, और ऐसी लगन जगाओ, जिससे तुम्हें हर चुनौती पर जीत हासिल करने की शक्ति मिले।' यह सलाह प्रत्येक संस्थान के लिए उत्तम है।

जब मैं हार्वर्ड बिजनेस स्कूल में था, 'तो वहाँ सैम वॉल्टन ने भाषण दिया था। उन्होंने कहा था, अपने कार्य के लिए प्रतिबद्ध रहें, किसी भी अन्य चीज से अधिक इसी पर विश्वास रखें, इस पर गंभीरता से विचार करें, उसे जियो और पूरे जोश के साथ अपनी कमियों पर काबू पाओ। उद्यमिता कमजोर हृदयवालों के लिए नहीं है क्योंकि इसके हर निर्णय में जोखिम होता है। डरपोक लोग अच्छे नेता नहीं बन सकते। जोखिम उठाने के लिए निर्भीक होना आवश्यक है।'

निष्कर्ष

जो लोग अपनी बुद्धि बढ़ाने के लिए समाचार कार्यक्रमों व समाचार-पत्रों पर निर्भर रहते हैं, उन्हें ये अनुभव कभी नहीं मिल पाते। वो हमारे शोध संस्थानों में कार्यरत मिशन की टीमों द्वारा झेले गए दर्द, त्याग व निराशा को कभी नहीं समझ सकते। लोग प्राय: टिप्पणी करते हैं—यह शोध संस्थान कोई परिणाम क्यों नहीं दे रहे ? हमारे टैक्स का पैसा इन पर खराब हो रहा है। मैं बारंबार यह दुहराना चाहूँगा कि हमारे वैज्ञानिक व सैन्यकर्मी किसी से कम नहीं हैं। वे हर क्षण प्रयासरत हैं। इस पुस्तक का एक उद्देश्य त्याग व प्रसन्नता थी, उन बातों को प्रकाश में लाना है, जो प्रसिद्धि से बहुत दूर हैं। बर्बर आक्रमणकारियों ने हमें लूटा; हमारी संपत्ति छीनकर उसे संग्रहालयों में प्रदर्शन की वस्तु बना दिया गया; हमारी पारंपरिक शिक्षा व्यवस्था को समूल नष्ट कर दिया; हमें औद्योगिक क्रांति से जानबूझकर दूर रखा; और औपनिवेशक शासकों ने जाने से पहले हमारे देश को चालाकी से तोड़ दिया। लेकिन अब हम फिर से एकजुट हो रहे हैं; नई पीढ़ी पूरी तरह से तैयार है; और मुझे क्षितिज पर एक शक्तिशाली व आत्मनिर्भर भारत उभरता हुआ दिख रहा है।

सफल नेता कभी समस्याओं से हार नहीं मानते।
वे परिस्थितियों को काबू कर समस्याओं को ही हरा देते हैं।

ज्ञान की बात

भारत महान् देश है—यह ज्ञान का भंडार है। हम सभी को विरासत में महान् सभ्यता के जीन मिले हैं। भारत की आवश्यकताएँ बहुत अधिक हैं और इनमें लगातार बढ़ोतरी हो रही है। इस आवश्यकताओं की पूर्ति के लिए वैश्विक नेता बनने के लिए व तीन प्रमुख राष्ट्रों में शामिल होने के लिए हमें विश्व स्तरीय संस्थानों व उद्योगों की आवश्यकता है। हमें इस मजबूती से बनी नींव का सहारा लेकर और आगे बढ़ना है। युवा वैज्ञानिक व प्रौद्योगिकी समुदाय को आगे बढ़कर भारत को अधिक-से-अधिक शक्ति प्रदान करनी होगी। कुछ भी असंभव नहीं है।

इसलिए भारत के प्रत्येक युवा को हमेशा अपने दिमाग में यह बात बैठाए रखनी चाहिए—

यदि हम ऐसे परिणाम चाहते हों, जो आज तक कभी हासिल नहीं हुए तो हमें वो पद्धतियाँ उपयोग में लानी होंगी, जो इससे पहले कभी नहीं अपनाई गईं, लेकिन ऐसा पूरी ईमानदारी के साथ करना होगा।

—ए. शिवताणु पिल्लै

□

उपसंहार

उत्पाद प्रतिस्पर्धा वैश्विक बाजारों का बहुत महत्त्वपूर्ण पहलू है। इस प्रतिस्पर्धा के तीन मुख्य घटक हैं—(1) उत्पाद श्रेष्ठता, (2) कम कीमत और (3) उत्पाद की अभीष्ट मात्रा की नियत समय में सुपुर्दगी। यदि हम ग्राहक को प्रसन्न देखना चाहते हैं तो ये तीन पहलू महत्त्वपूर्ण हैं।

उत्पाद श्रेष्ठता का अर्थ है प्रदर्शन, गुणवत्ता, विश्वसनीयता, नई तकनीकें व गुणवत्ता प्रक्रिया व प्रमाणीकरण। कम कीमत में हमें उत्पाद की प्रभाविता, जीवन-चक्र प्रबंधन को प्रभावी बनाना, इंजीनियरिंग मूल्य व लागत नियंत्रण उपायों का लगातार ध्यान रखना होगा। समय पर सुपुर्दगी बहुत आवश्यक होती है। यदि प्रणाली उपयोगकर्ता की अपेक्षाओं पर खरी न उतरे, तो चाहे जो भी प्रयास किए जाएँ, वे निष्फल ही होंगे। समय पर सौंपने के लिए उत्पादन हेतु बुनियादी ढाँचा, प्रशिक्षित कर्मचारी, ठेकेदार प्रबंधन, उद्यम संसाधन योजना तथा आपूर्ति श्रृंखला के प्रबंधन की आवश्यकता होती है। ये सब योजनाएँ कार्यक्रम की शुरुआत में ही बना लेनी चाहिए।

किसी भी उत्पाद के निर्माण के कई विकल्प होते हैं।

मार्ग 'क' है प्रौद्योगिकी हस्तांतरण। जैसे मिग-21 के मामले में हमें उत्पादन लाइसेंस तो मिला लेकिन उसके संबंध में कैसे करें तथा जानकारी बेहद कम मात्रा में थी। इसका परिणाम यह हुआ कि हमने उसके हिस्सों की किट का उपयोग कर उनका भारत में ही निर्माण करने लगे, लेकिन उसके पुर्जों के लिए हमें अब भी अन्य देशों पर ही निर्भर रहना पड़ता था।

मार्ग 'ख' है पूर्ण स्वदेशी। ऐसा हमने पृथ्वी व अग्नि के मामले में कर दिखाया। यहाँ हमें कैसे होगा व क्यों होगा तो पता था, लेकिन इससे जुड़ी सभी तकनीकें विकसित करने में बहुत लंबा समय लग गया।

मार्ग 'ग' है चुनिंदा क्षेत्रों में सही साझेदारों के साथ प्रौद्योगिकी भागीदारी करना। यहाँ हम स्वदेश में अनुसंधान व विकास कर स्वदेशी प्रणाली विकसित करेंगे और जिस

कार्य में हमें कठिनाई होगी, उसमें किसी सहायता के लिए किसी उच्च प्रौद्योगिकी जानकार के साथ सीमित भागीदारी कर लेते। ब्रह्मोस में हमने यही प्रयास किया है।

तीसरा विकल्प मार्ग 'ग' द्वारा बहुत कम समय में श्रेष्ठ उत्पाद बनाया जा सकता है, बशर्ते यह भागीदारी पूरी निर्दोष हो तथा इसका प्रबंधन भी ठीक से किया जाए। इसके लाभ हैं—

- दोनों देशों द्वारा कच्चा तकनीकी माल व धन के योगदान से नए उत्पाद के विकास की लागत बहुत घट जाती है।
- नए उत्पाद में विशिष्ट प्रदर्शन के गुण होना।
- हर स्तर पर निरंतर प्रश्न उठाने व सुधार के चलते न्यूनतम असफलताएँ।
- कम समय में ही उत्पाद सुपुर्दगी के लिए तैयार हो जाता है।

ब्रह्मोस में अपनी विभिन्न संस्कृतियों, भाषा, अपेक्षाओं व कार्य करने की पद्धति तथा निरीक्षण के भिन्न मानकों के चलते हमें बहुत चुनौतियों का सामना करन पड़ा। इन चुनौतियों के बावजूद, हमारी चेष्टा सदा दोनों ही पक्षों को लाभ पहुँचाने की रही। अंततः संयुक्त उपक्रम से हमें बहुत लाभ हुए, जिनमें दीर्घकाल तक जारी रहनेवाली भागीदारी, रणनीतिक साझेदारी, जटिल तकनीक में मूलभूत सक्षमता व अंतरराष्ट्रीय अभिस्वीकृति प्राप्त होना शामिल हैं। ब्रह्मोस एक अंतरराष्ट्रीय उत्पाद बना, जिसने निर्यात के लिए संभावनाएँ खोल दीं।

संयुक्त उपक्रम में प्रबंधन सबसे महत्त्वपूर्ण होता है और हमने जो ढाँचा अपनाया, वह सबसे विशिष्ट है। हमारे निदेशक मंडल में 6 सदस्य हैं, जिनमें 3 रूसी और 3 भारतीय हैं। इस निदेशक मंडल के ऊपर पर्यवेक्षण परिषद् है, जिसका गठन दोनों देशों की सरकारों ने किया है। कार्यक्षमता में वृद्धि के लिए, ब्रह्मोस संयुक्त उपक्रम ने अपनी कार्यप्रणाली, नीतियाँ, नियम आदि स्वयं बनाए हैं। इसमें नियंत्रण के साथ ही लचीलापन भी है, इस तरह हमने संयुक्त उपक्रम को तैयार किया।

इस यात्रा में उद्योग हमारे साझेदार बने। इस संयुक्त उपक्रम ने कहीं भी निवेश नहीं किया। सारा निवेश हमारे उद्योगों ने किया। आज वे सभी इसके लाभ भुना रहे हैं। आज ऑर्डरों की सं या बढ़ने के साथ ही निर्यात भी हमारा दरवाजा खटखटा रहा है, इस कारण हम अपनी निर्माण क्षमता लगातार बढ़ा रहे हैं। हालाँकि हमारी प्राथमिकता अपने सैन्य बल हैं। भारत सरकार भी इस कार्यक्रम की सहायतार्थ उत्पादन सुविधाएँ बढ़ाने हेतु वित्त पोषण के लिए आगे आई है। इसी तरह रूसी सरकार भी रूसी उद्योगों को उत्पादन सुविधाएँ बढ़ाने हेतु धन मुहैया करा रही है। हम मिलकर काम कर रहे हैं। दोनों साझेदारों में कोई दुराव नहीं है और हर कार्य में पूरी पारदर्शिता रखी जाती है।

हमने प्रत्येक चरण पर उपयोगकर्ता को साथ जोड़े रखा, जिनमें हमारे औद्योगिक

साझेदार व अन्य निरीक्षण एजेंसियाँ भी शामिल हैं। प्रत्येक साझेदार पूरी तरह इस प्रणाली का हिस्सा बन गया है। यह इकलौती परियोजना है, जहाँ निरीक्षण एजेंसी प्रक्षेपण से पहले ही मिसाइल के लक्ष्य-भेदन के प्रति 100 फीसदी विश्वस्त होती है। यह इस कार्यक्रम को गति देने में यह एक महत्त्वपूर्ण कारण है।

ब्रह्मोस के सन् 2001 के जून में हुए पहले प्रक्षेपण से आज तक दुनिया में इस प्रणाली का कोई मुकाबला नहीं है। यह विश्वस्तर पर प्रतिस्पर्धी उत्पाद है, जो गति, सटीकता व शक्ति में सबसे श्रेष्ठ है। इससे यह साबित होता है कि संयुक्त उपक्रम से उच्च प्रौद्योगिकी उत्पाद को किफायती लागत द्वारा कम समय के भीतर ही निर्माण में मदद मिलती है। दोनों देशों की दृढ़ प्रतिबद्धता, संयुक्त वित्त पोषण, साझेदारी में न्यायसंगति, समान विजन, उच्च स्तर की प्रतिबद्धता, माँग पर विशेषज्ञों का जुटना, बेहतरीन प्रदर्शन के लिए साथ सीखना, सर्वोत्तम प्रौद्योगिकी तक पहुँच बनाने व लंबे समय तक आपसी सहयोग जारी रखना ही ब्रह्मोस की सफलता में योगदान देनेवाले कारक हैं।

भारत की दृष्टि से देखें तो इससे देश की रक्षा क्षमता में वृद्धि हुई है; यह सैन्य बलों तक सीधी पहुँचनेवाली सबसे किफायती सुपरसोनिक क्रूज मिसाइल है; तैयार कच्चा माल व दस्तावेज हमारे ही पास हैं; और इसमें नए तकनीकी उन्नयन करना संभव है। वहीं रूस के लिए संयुक्त उपक्रम का अर्थ वित्त का प्रवाह व विकास क्रियाओं का जारी रहना; रूसी उद्योगों के लाभ में, भारत से लगातार बड़े पैमाने पर ऑर्डर मिलना; विविध क्षमताओंवाले तकनीकी लाभ शामिल हैं। इस संयुक्त उपक्रम से दोनों ही देशों को महत्त्वपूर्ण लाभ प्राप्त हुए हैं।

□□□